职业教育生物类专业教材系列

酿酒实用技术

张崇军　吴　霞　主　编
唐贤华　周　文　副主编

科学出版社

北　京

内 容 简 介

全书共包含啤酒生产、白酒生产及葡萄酒生产三个模块，其中啤酒生产选取了酿造用水改良和酒花选择、浅色麦芽的制备、麦汁的制备、啤酒的发酵、啤酒的过滤和啤酒的包装六个项目；白酒生产选取了小曲的生产、大曲的生产、浓香型大曲白酒的生产和小曲白酒的生产四个项目；葡萄酒生产选取了酿酒葡萄的选用、葡萄汁的制备、葡萄酒的酿造、澄清和稳定性处理、葡萄酒副产物资源化利用五个项目。

本书可作为职业教育生物类专业系列教材，也可作为酿酒企业职工的培训教材，以及从事酒类（白酒、啤酒、葡萄酒）生产、管理及营销工作人员的参考用书。

图书在版编目（CIP）数据

酿酒实用技术/张崇军，吴霞主编. —北京：科学出版社，2021.4
（职业教育生物类专业教材系列）
ISBN 978-7-03-066134-0

Ⅰ.①酿… Ⅱ.①张… ②吴… Ⅲ.①酿酒–职业教育–教材
Ⅳ.①TS261.4

中国版本图书馆CIP数据核字（2020）第 174924 号

责任编辑：沈力匀 / 责任校对：赵丽杰
责任印制：吕春珉 / 封面设计：耕者设计工作室

科学出版社 出版

北京东黄城根北街 16 号
邮政编码：100717
http://www.sciencep.com

三河市骏杰印刷有限公司 印刷

科学出版社发行 各地新华书店经销

*

2021 年 4 月第 一 版 开本：787×1092 1/16
2021 年 4 月第一次印刷 印张：16
字数：400 000
定价：80.00 元

（如有印装质量问题，我社负责调换〈骏杰〉）

销售部电话 010-62136230 编辑部电话 010-62135235

前　言

　　中国是世界上最大的饮料酒生产和消费国，酿造历史悠久、酒类品种丰富。酿酒产业是我国的传统产业，也是我国食品工业的重要组成部分，在国民经济中占有举足轻重的地位。为了适应新时代酿酒产业高质量发展对技能型人才的需求，本书在编写过程中将理论与实际紧密结合，充分体现了专业与产业的对接、教学内容与职业标准的对接、教学过程与生产过程的对接，并注重学科发展前沿的信息，关注行业发展的动态，将新技术、新方法、新工艺与新标准融入其中，突出实用与适用的特点，体现了职业教育教材的特色。

　　本书以工作过程为导向，以典型任务为载体，突出"教、学、做一体"的特点，将知识学习与能力养成有机地统一在一起，注重专业能力与职业综合素质的协同培养。本书内容涉及啤酒生产、白酒生产与葡萄酒生产三个模块，共 15 个项目，精选了生产过程中重要的工艺环节，配以体现工艺技术指标的数据表格。全书图文并茂，可读性强。

　　本书由四川工商职业技术学院张崇军、吴霞担任主编，并负责编写结构的整体设计和统稿。参与编写的人员还有四川工商职业技术学院唐贤华、周文，成都长城川兴酒厂酒体设计师司远，泸州醇窖酒业有限公司质量部部长黎华东，四川省宜宾市叙府酒业有限公司生产管理部副部长刘超。本书由四川工商职业技术学院江建军主审。

　　在编写过程中，编者参考了部分专家学者的研究成果及技术文献，还得到了啤酒、白酒及葡萄酒相关企业的大力支持，在此表示衷心的感谢。

　　由于编者水平有限，书中难免有不妥之处，敬请各位专家、学者及读者批评指正。

目　录

模块一　啤酒生产

模块二　白酒生产

模块三　葡萄酒生产

模块
一

啤酒生产

项目一

酿造用水改良和酒花选择

知识目标

（1）掌握啤酒生产过程中的各种用水形式和不同质量要求。

（2）了解生活饮用水和啤酒酿造用水的区别。

（3）掌握酒花的种类并熟悉国内外知名的酒花品种。

（4）了解酒花的植物习性、构造及贮存要求。

技能目标

（1）能对啤酒酿造用水进行评价。

（2）掌握酒花的酿造功效。

酿造用水改良
和酒花选择

任务一　酿造用水的改良

🍷 任务分析

> 　　水是啤酒酿造最重要的原料，酿造用水被称为"啤酒的血液"。酿造用水不仅决定产品的质量和风味，而且还直接影响啤酒酿造的全过程。本任务通过将实际生产用水与啤酒酿造用水的质量要求进行比对，选择适当的方法进行水质改良，以达到酿造用水的要求。

🍺 任务实施

啤酒酿造用水的改良

【相关知识】

1. 水的硬度和碱度

　　水的硬度是由溶解在其中的钙离子和镁离子形成的，其单位为德国度（°dH）。我国规定 1L 水中含有 10mg 氧化钙为 1°dH。1°dH 相当于 24.3mg/L 硫酸钙，相当于 19.8mg/L 氯化钙。淡色啤酒要求使用 8°dH 以下的软水，深色啤酒可用 12°dH 以上的硬水。DIN2000（DIN 是德国工业标准）将水按硬度值划分，如表 1-1 所示。

表 1-1　DIN2000 水按硬度值划分的标准

硬度值/°dH	0~4	5~8	9~12	13~18	19~30	大于 30
水质	很软	软水	中硬	比较硬	硬	很硬

　　水的碱度是指水中碱性物质的总量，主要包括钙、镁、亚铁、锰、锌等离子盐。碱

度单位为德国度（°dH）。

水中的碳酸盐和碳酸氢盐的含量被称为碳酸盐硬度（KH），也称暂时硬度或总碱度。

水中的碳酸盐硬度与非碳酸盐硬度之和称为水的总硬度，水的总硬度也可分为钙硬度和镁硬度。钙硬度主要由 $Ca(HCO_3)_2$、$CaSO_4$、$CaCl_2$、$Ca(NO_3)_2$ 所引起，而镁硬度主要由 $Mg(HCO_3)_2$、$MgSO_4$、$MgCl_2$、$Mg(NO_3)_2$ 所引起。

水中的氯化钙、硫酸钙、氯化镁和硫酸镁中钙离子、镁离子的含量被称为非碳酸盐硬度（NKH）。

2. 啤酒生产用水的种类

啤酒生产用水包括酿造用水、洗涤用水、冷却用水和锅炉用水四种类型。其中，酿造用水包含投料水、洗糟水、啤酒稀释用水，它们直接参与啤酒酿造的全过程。

3. 啤酒酿造用水的要求

啤酒酿造用水一般应符合《生活饮用水卫生标准》（GB 5749—2006）的要求，水质优良，清洁、无污染，水温低，硬度适中。咸水、苦水不利于酵母发酵，不宜使用。

除了符合生活饮用水的卫生标准外，酿造用水还须符合下列质量要求。

（1）感官上无色、无味、清澈透明。

（2）总硬度为 1～15°dH。

（3）碳酸盐硬度≤2°dH。

（4）KH∶NKH 为 1∶（2.5～3）。

（5）镁硬度≤30°dH。

（6）硝酸盐含量≤10mg/L。

（7）铁离子含量≤0.05mg/L。

（8）锰离子含量≤0.03mg/L。

（9）氯离子含量≤50mg/L。

（10）pH 值为 6.8～7.2。

（11）杀虫剂和杀菌剂残留量最多为 0.005mg/L，没有活性氯，无腐蚀性的 CO_2 和氨离子。

啤酒生产用水
改良

4. 其他生产用水的要求

1）锅炉用水

锅炉用水一般要求无任何固形悬浮物，总硬度应较低，有机物质含量低。

锅炉用水若含有沙子或污泥等固形物，则会形成层渣而增加锅炉的排污量，并影响炉壁的传热，或堵塞管道和阀门；若水的硬度过高，则易造成锅炉壁结垢，影响传热，严重时会引起锅炉爆炸；若含有大量的有机物质，则会引起炉水泡沫、蒸汽中夹带有机物质，从而影响蒸汽的质量。

2）冷却、洗涤用水

冷却、洗涤用水不与生产原料直接接触，故只需水温较低、总硬度适当即可。若总硬度过高，会使冷却设备结垢过多而影响冷却的效果。为节约用水，冷却用水应尽可能回收予以二次利用。

5. 去除水中悬浮物质的方法

水中悬浮物质是指进入水中未溶解的土壤和植物物质，它的分离过程通常分两个步骤进行。

1）在沉淀池中预澄清

沉淀池预澄清的原理是通过降低水的流速，使水中的悬浮物质缓慢沉降下来。当水的流量相同时，沉淀池体积越大，其澄清效果就越好，因为此时水的流速几乎为零。在沉淀池中，悬浮物质分离率可达60%～70%。原水经过沉淀池的预澄清，悬浮物质还不能全部除去，因此需对其进行过滤。

2）预澄清水过滤

过滤时，预澄清水要穿过一层大小均匀且灼烧过的纯石英砂石，当水流过石英砂石时，悬浮物质会被石英砂石的孔洞截留。

小型啤酒厂适宜采用封闭式石英砂石过滤器进行过滤，其石英砂石直径为0.8～1.2mm，堆放高度为2m。过滤时，石英砂石被置于带喷嘴的过滤器底部，水由上而下流过得以过滤。

封闭式石英砂石过滤器的反冲洗分为三个阶段：压缩空气；空气/水；水。

空气/水的冲洗主要起到清洗的效果。反冲洗对于避免水中微生物的生长很重要，但石英砂石过滤不是无菌过滤。封闭式石英砂石过滤器的过滤速度为每平方米过滤面积10～20m³/h，如果过滤器压力上升，则表明过滤器需要清洗。

6. 去除水中溶解盐的方法

水中的溶解盐主要以离子形式存在，如溶解在水中的铁离子盐和锰离子盐。啤酒生产时，随着时间的推移，水中的这些溶解盐可能会堵塞或腐蚀管道。

铁离子盐和锰离子盐的去除方法：通过喷淋、喷雾、喷射或其他形式进行通风，可使这些盐变为不溶于水的沉淀以析出。其中，进行通风的设备分为敞开式和封闭式两种。

7. 去除水中碳酸盐的方法

去除水中碳酸盐即降低碳酸盐的硬度主要方法有加热法、石灰水法和离子交换法。

1）加热法

加热法是去除碳酸盐最为经济、简便的一种方法。其反应式为

$$Ca(HCO_3)_2 \xrightarrow{\text{加热}} CaCO_3\downarrow + CO_2\uparrow + H_2O$$

若蒸汽锅炉中出现水垢，则容易导致锅炉发生爆炸，因此锅炉用水必须在使用前降低其硬度。

2）石灰水法

此法是去除碳酸盐常用的方法，石灰水中的氢氧化钙与水中的碳酸氢钙反应可形成不溶于水的碳酸钙。其反应式为

$$Ca(HCO_3)_2 + Ca(OH)_2 \longrightarrow CaCO_3\downarrow + 2H_2O$$

石灰水法简单、经济，并能去除铁离子盐、锰离子盐和其他重金属盐，使水得到净化。其缺点是必须排出石灰沉淀泥。水质不同时，石灰水的用量可灵活调整。

3）离子交换法

离子交换法一直用于酿造用水的水质改善，且处理成本低，适用范围广，对不同水质有较好的处理效果。离子交换树脂是一种人造树脂类的固体物质，为球形颗粒状，其中装有由电解液中吸取的正离子或负离子物质。在离子交换过程中，这些离子将被具有相同电荷的其他等价离子所置换。

离子交换树脂从电解质溶液中摄取正离子或负离子，并把等物质的量的其他带有相同电荷的离子交换给电解质溶液。离子交换树脂分为阳离子交换树脂和阴离子交换树脂两大类，其中，阳离子交换树脂包括弱酸阳离子交换树脂和强酸阳离子交换树脂，阴离子交换树脂包括弱碱阴离子交换树脂和强碱阴离子交换树脂。

通过阴离子交换器可以去除水中的阳离子，降低水的硬度。在原水水质较差的情况下，需要在阳离子交换器之前安装一个石灰水软化设备，以降低阳离子交换器的处理负担，节约再生剂。通过阴离子交换器处理水，可使水中无机酸的阴离子被去除。若两种交换器联合使用，就可制备去离子水。离子交换剂可通过洗涤再生，重复使用。

8. 可采用活性氯、臭氧等方法

啤酒酿造用水必须符合生活饮用水质量要求。为使水质达到规定要求并保持纯净状态，可采用臭氧、活性氯或二氧化氯等方法。

9. 水的除气方法

水中溶解了许多 O_2，O_2 会影响啤酒质量的稳定性。因此，此处所谓的除气即除去 O_2。

O_2 在水中的溶解度随着温度的上升而降低，温度很高的水，如洗糟水几乎不含 O_2，但低温水中会含有许多 O_2，如啤酒生产过滤时的酒头和酒尾，注入过滤器中的水，硅藻土预涂用水，投料水等。

水中除气的方法有 CO_2 洗涤法、真空除气法、氢还原法、热除气法、空心纤维膜除气法等。

【实施步骤】

啤酒酿造用水的改良步骤如下所述。

（1）去除悬浮物。先将水在沉淀池里经过预澄清处理，去除部分悬浮物后，使用敞开式过滤器（表面积高达 $150m^2$，石英砂石位于过滤器底部，厚度为 $2m$，底部装有喷嘴）过滤悬浮物。封闭式过滤器可借助压缩空气进行反向冲洗，使整个过滤材料得以疏

松，石英砂石上的杂物也被除去。

（2）去除溶解盐。用喷淋、喷雾、喷射或其他形式进行通风，用敞开式或封闭式通风设备去除铁离子盐、锰离子盐等溶解过多的盐，并对析出的絮状沉淀物进行过滤。在使用封闭式通风设备时必须注意，空气的压力应大于水的压力。

（3）去除碳酸盐含量。利用加热法，把水加热至 $70\sim80℃$，碳酸氢钙会脱去 CO_2 转变成不溶于水的碳酸钙，作为水垢沉降于容器壁上。

（4）采用通氧、氯气等方法除菌。①添加臭氧，最大用量为 10mg/L；采用活性氯和臭氧处理后的水中三卤素甲烷及残余氯的含量最高不得超过 0.001%；②添加活性氯，最大用量为 1.2mg/L（若添加次氯酸，最大用量为 0.4mg/L）。

（5）往水中充入足量的 CO_2 以除去水中的 O_2，从而减低水中含氧量。

思考题

（1）什么是水的硬度？

（2）啤酒酿造用水的要求是什么？

（3）降低水中碳酸盐硬度的办法有哪些？

（4）淡色啤酒酿造对水的硬度有何要求？

标准与链接

一、相关标准

1.《生活饮用水卫生标准》（GB 5749—2006）

2.《啤酒》（GB/T 4927—2008）

二、相关链接

1. 食品伙伴网　http://www.foodmate.net

2. 中华酿酒传承与创新教学资源库　http://jszyk.36ve.com

任务二　酒花的选择

任务分析

酒花（图1-1），又称忽布、啤酒花。本任务根据酒花质量标准对酒花及酒花制品进行质量评价，能按照啤酒产品特点进行酒花及酒花制品的选择与使用，并学习酒花制品的制备，掌握酒花及酒花制品妥善保存的方法。

图1-1　酒花

任务实施

酒花的质量评价

【相关知识】

1. 酒花的概述

酒花（蛇麻莛草酮，*Humulus Lupulus* L.）为多年生雌雄异株的攀缘草本植物，它属于荨麻植物族。酒花雄花花体小，无酿造价值，故啤酒厂仅用雌性酒花。种植酒花应排除雄花，以防授粉结籽。雌性酒花含有苦味树脂和芳香油。

酒花的种植地区应满足酒花生长所需的光照、温度、雨水、土壤、通风等条件。酒花收获之后，为便于长期保存和减少质量的损失，需进行干燥和加工。

酒花成熟采摘的时机为 8 月底，整个采摘过程应在 14d 内完成。采摘时，将酒花藤蔓从架线上松开，然后摘下带有短茎的花朵（雌性）。采摘酒花多使用酒花采摘机。

2. 酒花的酿造功效

（1）赋予啤酒爽口的苦味和愉快的香味。
（2）增强麦汁和啤酒的防腐能力。
（3）增强啤酒的泡持性。
（4）有利于啤酒的非生物稳定性。
（5）改善啤酒的光照稳定性。
（6）赋予啤酒特殊的口味。

3. 酒花的主要成分

酒花的主要成分如表 1-2 所示。

表 1-2　酒花的主要成分含量　　　　　　　　　　　　（单位：%）

酒花树脂	酒花油	多酚物质	蛋白质
18.5	0.5	3.5	20.0

1）酒花树脂
酒花树脂分为软树脂和硬树脂。

新鲜成熟的酒花，所含苦味成分主要是 α- 酸和 β- 酸。在酒花干燥和贮藏过程中，α- 酸和 β- 酸会不断氧化，变成软树脂，进而氧化成硬树脂，而硬树脂在啤酒酿造中无任何价值。

（1）α- 酸。α- 酸是莛草酮及其同族化合物莛草酮、加莛草酮、前莛草酮和后莛草酮的总称。α- 酸是啤酒中苦味的主要成分，具有强烈的苦味和很强的防腐能力，能增加啤酒泡沫的稳定性。

α- 酸为浅黄色菱形结晶，在水中溶解度很小，能溶解于乙醚、石油醚、乙烷、甲醇等有机溶剂。α- 酸的含量因酒花品种、产地、年份、收获时间和处理方法等不同而有所不同。新鲜酒花 α- 酸的含量为 5%～10%，干酒花 α- 酸的含量为 3%～15%。α- 酸在热、碱、光能等作用下，可变成异 α- 酸，后者的苦味比 α- 酸强烈。在麦汁煮沸过程中，酒花中 α- 酸异构率为 40%～60%。

异 α- 酸为黄色油状，味奇苦。用新鲜酒花酿制的啤酒，其苦味 85%～95% 来自异α- 酸。

当酒花的包装不严密或贮藏仓库光线过强时，极易发生氧化聚合，软树脂可变成硬树脂，使酒花的 α- 酸含量降低，从而降低甚至失去其特有的苦味和防腐能力。当酒花与麦汁共沸 2h 时，α- 酸可能转化为无苦味的葎草酸或其他苦味不正常的衍生物，因此麦汁煮沸的时间不宜过长。

（2）β- 酸。新鲜酒花 β- 酸含量约为 11%，干酒花 β- 酸的含量为 3%～6%。β- 酸为白色针状或长菱形结晶，很难溶于水，其苦味、防腐能力和酸性比 α- 酸弱，在空气中的稳定性也小于 α- 酸，易氧化成苦味较大的软树脂。啤酒中的苦味物质有 15% 左右来自 β- 酸。β- 酸不能与醋酸铅作用形成不溶性铅盐，故利用这种性质可将 α- 酸和 β-酸分开。

2）酒花油

酒花含有 0.5%～1.2% 的酒花油，它包括 200～250 种煮沸时易挥发掉的化合物，酒花油在蛇麻腺中形成，并赋予酒花典型的香味。酒花油中单个成分所占的比例只有通过气相色谱仪才能测定出来，人们无法得知各香味成分是如何共同作用并形成整体香味的，所以在判断酒花质量时，人们仍然采用感官检验的方法。

尽管酒花油是挥发性的，通过麦汁煮沸过程会被蒸发出来，但仍有一部分酒花油会残留在啤酒中，赋予啤酒特有的香味。为了能在酒花添加量最少的情况下保持酒花油的芳香味，通常在麦汁煮沸较晚的时刻添加一部分酒花油。

3）多酚物质

酒花干物质中多酚物质含量为 2%～5%，酒花的多酚物质几乎仅存在于苞叶和花轴中，对于酿造而言，多酚物质有一些非常重要的特性：①口感多为涩；②能与复合蛋白质结合并形成沉淀；③氧化后可形成红棕色的化合物栎鞣红；④与铁盐结合后，可形成黑色的化合物。

多酚物质的这些特性会导致啤酒出现浑浊，同时对啤酒口味和色泽也会产生影响。多酚物质是苯基结合形成的复杂或简单的化合物，由单宁、黄酮醇、儿茶酚、花色苷等混合组成。

多酚物质中，花色苷的数量最多，约占酒花多酚物质的 80%。麦芽中的花色苷主要存在于糊粉层中，与酒花中花色苷的结构基本相同。麦汁组成正常时，80% 的花色苷来自麦芽，20% 的花色苷来自酒花。

酒花中的多酚物质与麦芽中的多酚物质的主要区别在于前者的聚合度高，易发生反应。

4）蛋白质

酒花绝干物质中蛋白质含量为 12%～20%，其中 30%～50% 溶入啤酒中。酒花中的蛋白质因其含量极少，对啤酒酿造（泡沫形成，醇厚性）几乎没有影响。

4. 酒花的质量评价

1）感官评价

（1）酒花的采摘情况（0～5个加分点）。酒花中不应含有脏物、秆茎和叶片，花序上的秆茎超过 2.5cm 才算秆茎，秆茎和叶片含量在 3% 以下为合格。

（2）干燥状况（0～5个加分点）。压缩酒花的花序不应粘在一起或破碎，花轴不应折断。温度高时酒花会变为深棕色，霉菌易繁殖，产生霉味。

（3）颜色和光泽（0～15个加分点）。酒花应呈黄绿色并具丝绸般光泽，若为灰绿色，则说明采摘时酒花未成熟；若为黄红色至棕红色，则说明酒花采摘过迟；若为深棕色，则说明干燥时含水量过高；若有红色斑点直至棕色斑点，则说明受到了红蜘蛛的侵害而导致黑穗病或受到了冰雹的打击；若为烟熏色，则说明受到了黑霉菌的侵袭；若为浅黄色的花朵、绿色的花茎，则说明硫熏过度；枯萎花朵上的白色痕迹则表明酒花受到了粉霉病的侵害。

（4）花体（0～15个加分点）。花朵应大而均匀，呈闭合状态。香型酒花的花轴应多节，绒毛浓密，花朵闭合好，可使酒花充分成熟，并在干燥时保持闭合状态，阻止蛇麻腺的散落。

（5）蛇麻腺（0～30个加分点）。蛇麻腺应尽量多且呈柠檬黄至金黄色，有光泽，有黏性。若蛇麻腺为红棕色、无光泽、干燥，则说明干燥温度过高或酒花老化。

（6）香气（0～30个加分点）。酒花香气应纯净、非常细腻、持久。在感官评价时，通过用手揉搓辨别香味的纯净度、细腻度和强度。每种酒花都有自己的香气状况评价，评价时也可能会出现异味，如烟熏味、洋葱味、青草味、硫磺味等。

（7）病虫害及结籽（0～15个减分点）。正常的酒花不应遭受霜霉病、叶虱黑病、红铜病（蜘蛛螨）、红色顶端病、花朵坏死病等病虫害，也不应发生结籽。

（8）错误处理（0～15个减分点）。由于干燥温度过高造成蛇麻腺被烧焦。另外，干燥时水分高，花朵破碎严重，会有斑点和异味等。

2）苦味物质的含量

酒花中苦味物质的含量对啤酒品质有重要影响。苦味物质的含量只能在实验室精确测定。为了能够精确计量酒花苦味物质的含量，颗粒酒花的真空包装袋或盒上总是以克为单位注明其所含 α- 酸的总量。

例如，酒花 1350g 真空包装袋上除了标明产地、品种、年份外、还会注明"196g α"，即 1350g 酒花粉或颗粒酒花中含有 196g α- 酸。

5. 酒花的贮存

新鲜收获的酒花含水量为 75%～80%，必须经人工干燥至含水量为 6%～8%，使花梗脱落，然后回潮至含水量为 10% 左右再包装存放。水分过低，花片易碎。干燥温度在 50℃以下，可减少 α- 酸的损失。

6. 酒花的分类

酒花是啤酒酿造中最重要的原料。因此种植和购买酒花时，对酒花品种的选择具有特殊的意义。除了苦味值高的酒花外，苦味值低的酒花也很受欢迎，按其特性可分为以下四类。

（1）A类：优秀香型酒花，如捷克萨兹（Saaz）、德国斯巴顿（Spalter）、德国泰特朗（Tettnager）、英国哥尔丁（Golding）等。这一类酒花中 α- 酸含量为 3%～5%，α- 酸/β- 酸为 1.1～1.5，酒花油含量为 2%～2.5%。

（2）B类：兼香型酒花，如英国威沙格桑（Wye Saxon）、美国哥伦比亚（Columbia）、德国哈拉道（Hallertauer）等。这一类酒花中 α- 酸含量为 5%～7%，α- 酸/β- 酸为 1.2～2.3，酒花油含量为 0.85%～1.6%。

（3）C类：特征不明显的酒花，如美国加利纳（Galena）。

（4）D类：苦型酒花，如德国北酿（Northern Brewer）、金酿（Brewers Gold）、英国威诺次当（Wye Northdown）、中国新疆的青岛大花和青岛小花。优质苦型酒花 α- 酸含量为 6.5%～10%、α- 酸/β- 酸为 2.2～2.5。

目前世界生产的酒花中，D类占 50% 以上，A类占 10%，C类占 25%，主要发展香型和苦型两大类。

我国主要酒花的品种：以前种植青岛大花、青岛小花，一面坡 3 号、长白 1 号等苦型酒花，近年来种植香型酒花，如斯巴顿、捷克 6 号、哈拉道尔；苦型酒花，如北酿、金酿。不同类型酒花的主要成分见表 1-3。

表 1-3 不同类型酒花的主要成分

名称	产地	分类	α- 酸含量/%	β- 酸含量/%	α 酸/β 酸	酒花油含量/（mL/100g）
斯巴顿	德国	A	4.8	4.4	1.1	2.5
哈拉道	德国	B	5.0	4.5	1.2	2.0
加利纳	美国	C	12.7	8.0	1.6	1.2
金酿	德国	D	6.8	3.1	2.2	1.2
青岛大花	中国	D	7.0	5.5	1.3	0.7

【实施步骤】

酒花的评价包括对全酒花的感官评价，对酒花和酒花制品的苦味物质含量的测定，酒花的包装与贮存方式。

（1）全酒花的感官评价。评价酒花有 100 个加分点及 30 个减分点，主要依据酒花的采摘情况、干燥状况、颜色和光泽、花体、蛇麻腺、香气、病虫害及结籽、错误处理等来评价。

总体评价后等级如下：

<60 分　　　差；

60～66 分 中等；

67～73 分 好；

74～80 分 很好；

>80 分 非常好。

（2）酒花和酒花制品的苦味物质含量的测定。测定酒花的 α- 酸含量。

（3）酒花的包装和贮存的方式。酒花包装应严密、压榨要紧，并置于干燥（相对湿度在 60% 以下）、低温（0～2℃）、光线较暗的房间内进行贮存。

酒花制品的制备

【相关知识】

1. 酒花制品与全酒花比较

传统的酒花使用方法是在麦汁煮沸时以全酒花形式添加到麦汁中，其存在诸多缺点：有效成分利用率低，仅为 30% 左右；酒花贮存体积大，且要求低温贮藏；贮藏过程中易发生氧化变质。

将传统酒花进行加工制成酒花制品（如颗粒酒花、酒花浸膏、酒花精油等）使用，具有以下优点：贮运体积大大缩小；可以常温保存；减少麦汁损失，相应增加煮沸锅的有效容积；废除酒花糟过滤设备，减少排污水；可较准确地控制苦味物质的含量，提高酒花的利用率；有利于推广漩涡分离槽，简化糖化工艺。

2. 颗粒酒花

1）浓缩型颗粒酒花

浓缩型颗粒酒花，主要是指 45 型颗粒酒花。为制作蛇麻腺含量丰富的 45 型颗粒酒花，必须利用蛇麻腺中的总树脂和酒花油。蛇麻腺的颗粒大小约为 0.15mm。

为了能对蛇麻腺进行机械加工，必须使蛇麻腺变硬并失去其黏附力，它的液体内容物必须凝固。所以粉碎和筛选应在很低的温度下进行，一般选择 −35℃。颗粒酒花在粉碎前均需干燥处理。制备 45 型颗粒酒花时，通过粉碎和筛选机，可使蛇麻腺从花朵中分离，并除去部分叶片和茎秆。加工后，细粉碎物含有蛇麻腺和一半干燥酒花，粗粉碎物由叶片和茎秆组成，属于不需要的杂物。生产浓缩型颗粒酒花（45 型颗粒酒花）的前提是：蛇麻腺完整不破碎。

一个筛分过程无法分离蛇麻腺，只有通过反复的粉碎及筛分才能使所有完好的蛇麻腺都进入细粉碎物中，避免其进入粗粉碎物中。因此，对于蛇麻腺的分离而言，选择粉碎技术及所用筛子的孔径（150～500μm）就十分重要。

通过蛇麻腺的进一步分离和浓缩还可获得 25 型颗粒酒花。90 型颗粒酒花，因减少了部分水分及梗叶等杂物，其质量占原酒花的 90%。

2）异构化颗粒酒花

加入氧化镁可使 α- 酸异构，相对于传统颗粒酒花而言，异构化颗粒酒花有许多优点，因为人们不再需要为了 α- 酸的异构而长时间地煮沸：①异 α- 酸的收得率会提高；②煮沸时间可缩短；③用于酒花和能源的支出费用可降低；④异构化颗粒酒花无须冷藏；⑤热凝固物减少。

生产异构化颗粒酒花比生产浓缩型颗粒酒花增加以下步骤：在成型压缩前，颗粒和氧化镁混合，氧化镁是 α- 酸异构化的催化剂。同氧化镁混合的颗粒采用锡箔纸和纸盒包装后置于 50℃ 的热箱中，直至异构过程结束。整个过程严格监控，由于颗粒被密封在锡箔纸中，氧气无法进入。

3）颗粒酒花的特点及包装

颗粒酒花的苦味物质收得率比全酒花约高 10%，主要是由于颗粒酒花可迅速分散于煮沸麦汁中，从而增加了其表面积，使酒花苦味物质的浸出和异构更加迅速。

颗粒酒花对 O_2 很敏感，采用密封型包装可提高其贮藏能力。为了将含氧量减少至 0.5% 以下，包装内可充入惰性气体，包装材料可采用带有铝阻隔层的 4 层锡箔纸，以阻止 O_2 进入包装内。

【实施步骤】

90 型颗粒酒花（图 1-2）制作步骤如下所述。

（1）干燥酒花。依次采用 20～25℃ 的空气、40～50℃ 的热空气干燥酒花的花朵，使其含水量降至 7%～9%。

（2）粉碎压制。将干燥好的酒花粉碎成粒径为 1～5mm 的粉末，在带有洞模的颗粒成型机中压制成颗粒形状。

（3）包装。将颗粒酒花冷却并在无 O_2 状态下进行包装。CO_2 或 N_2 作为保护气体被充入包装物内，以保证内容物的质量不发生变化。

图 1-2　90 型颗粒酒花

❓ 思考题

（1）酒花的酿造功效有哪些？
（2）酒花主要有哪些类型？
（3）酒花应如何贮存？

（4）酒花的有效成分对啤酒酿造各有什么影响？

⊶ 标准与链接

一、相关标准

1.《啤酒花》（DB65/T 2769—2007）

2.《啤酒花产地环境要件》（DB65/T 2772—2007）

3.《啤酒花制品》（GB/T 20369—2006）

二、相关链接

1. 食品伙伴网　http://www.foodmate.net

2. 中华酿酒传承与创新教学资源库　http://jszyk.36ve.com

酒花制品

项目二

浅色麦芽的制备

知识目标

（1）理解麦芽制备的基本工序。

（2）理解制麦的目的和要求。

（3）了解浸麦的目的。

（4）理解浸麦过程中影响大麦颗粒吸水的因素和供氧的手段。

（5）理解浸麦工艺的方法和添加剂的使用。

（6）掌握发芽的目的和发芽的条件。

（7）熟悉发芽设备的结构和作用。

（8）理解绿麦芽干燥的目的。

技能目标

（1）能掌握大麦的预处理技能，认识麦芽生产的主要设备。

（2）能按照浸麦工艺进行浸麦操作。

（3）能检查和评价浸麦的质量。

（4）能进行发芽操作。

（5）能制订浅色麦芽的干燥计划。

浅色麦芽的制备

任务一 预 处 理

🍷 任务分析

> 麦芽制备的全过程可分为大麦预处理、浸麦、发芽、干燥等步骤。本任务预处理是指把新收获的大麦（图2-1）经过粗选、精选、分级、输送进行贮存的过程。通过预处理可除去麦粒中的杂质，并将麦粒按等级划分贮存。

图 2-1 大麦

任务实施

大 麦 粗 选

【相关知识】

新收获的大麦（原大麦）中含有很多杂质，如麦秆、绳头、包装袋、砂石、木块、铁钉、螺钉、金属丝、杂麦粒、破损麦粒、豆粒、粉尘等。由于这些杂质在形状、质量、体积等方面存在差别，因此必须依靠具有不同功能的粗选机进行分离。

粗选机的部件、粗选机的分离原理及影响粗选效果的因素如下所述。

（1）粗选机的抽风机。若抽风机的风力太大，则会使小颗粒的大麦粒在下料口下落时被抽到粉尘沉降箱中；若抽风机的风力太小，则会使除尘效果变差。因此在日常的工作中应密切注意设备运转的效果。

（2）粗选机的分离筛。粗选机的分离筛大多为长眼筛（筛面麦粒层流向与长边平行），较少为圆眼筛（图 2-2）。长眼筛分离杂质是根据颗粒横截面的最小尺寸进行分离的，而圆眼筛分离杂质是根据颗粒横截面积的最大尺寸进行分离的。长眼筛的筛孔一般在筛面上呈直线式排列，使分离筛的牢固性好。圆眼筛的筛孔呈等边三角形排列，有效流通面积大（有效流通面积为 50%）、麦粒分布均匀、分离筛的牢固性好。

（3）粗选机分离的原理。粗选机的分离技术就是利用筛析、风析和振析的组合，以实现麦粒与部分杂质的分离。粗选机主要分离出宽度大于 3.5mm 的或小于 2.0mm 的杂质和粉尘。经过粗选了的大麦的宽度大小为 2.0～3.5mm，但仍会有一定量的杂质残留。

图 2-2　大麦粗选机的圆眼筛

因此仅靠粗选机是不可能实现麦粒与杂质的完全分离，须在粗选后再用其他专用分离设备进行后续分离工作。

（4）影响大麦粗选效果的因素。

① 粗选机的性能。

② 原大麦的干净程度：若原大麦中杂质较多，则粗选效果差。

③ 分离筛的振动频率：若振动频率太小，则分离效果差。

④ 振动筛的完好性和筛孔的堵塞情况。

⑤ 筛面上麦层的厚度：若麦层太厚，则分离效果差。

⑥ 各出口的畅通性。

【实施步骤】

大麦粗选的主要设备是粗选机，其工作原理如图 2-3 所示，具体如下所述。

1. 下料

原大麦从入料口下料，下料速度由进料闸板进行调节。

2. 排出轻微杂质

下料时轻微杂质被风机抽入粉尘沉降箱中，沉降分离后由粉尘出口排出，而更轻的粉尘从出风口进入除尘设备。

3. 排出粗大杂质

原大麦下落于 1 号筛面上，1 号筛的规格为 5.5mm×20mm，因此大杂质如大砂石、绳头、麦秆、包装物等便被 1 号筛面所截留，并从 1 号大杂质出口滑出。进入 2 号筛面上的物料，由于 2 号筛的规格为 3.5mm×20mm，因此比原大麦麦粒大的杂质便从 2 号大杂出口滑出。

4. 排出细小杂质

由于 3 号筛的规格为 2.0mm×20mm，因此比原大麦麦粒小的杂质（大多为小砂石、碎屑）便从 3 号杂质出口排出；为防止小杂质堵塞 3 号筛，在该筛的底部安装有自动清扫硬毛刷，以清理 3 号筛的筛孔。

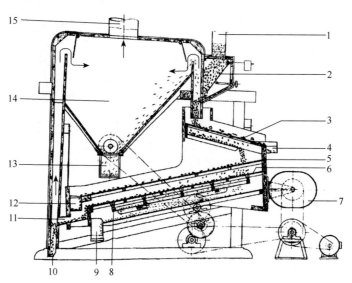

1. 原大麦入料口；2. 进料闸板；3. 1 号筛；4. 1 号大杂质出口；5. 2 号筛；6. 3 号筛；
7. 驱动装置；8. 砂子清扫刷；9. 3 号杂质出口；10、11. 已粗选原大麦粒出口；
12. 2 号大杂质出口；13. 粉尘出口；14. 粉尘沉降箱；15. 出风口

图 2-3　大麦粗选机工作原理

5. 出料

已粗选的原大麦从大麦粒出口滑出。在下料口和麦粒出料口都有抽风口。另外，这三层筛子的振动由驱动装置来完成。

大 麦 精 选

【相关知识】

1. 精选机的分离原理

精选机又称杂谷分离机，国内俗称窝眼分选机。经过粗选的麦粒中仍含有很多与大麦颗粒横截面积相同但粒形较短的圆形破损麦粒、圆形杂谷粒等，若不将这些杂粒分离出去，它们则会在大麦贮存、浸麦和发芽期间发生霉变，进而影响麦芽质量和啤酒质量。精选机就是利用这些粒形较小的圆形杂粒与大麦颗粒在长度上的差别来进行分离的。

精选机的外形是卧式圆筒状，圆筒由钢板卷成，内壁冲压成窝眼，窝眼直径大多为6.5mm(±0.2mm)。圆筒的安装坡度为6%。主旋转轴是由星形齿轮和锥形齿轮所传动的。

2. 精选的方式

一般采用的精选方式有以下六种。

（1）筛析：除去粗大和细碎夹杂物。

（2）震析：震散泥块，提高筛选效果。

（3）风析：除灰尘和轻微杂质。

（4）磁吸：除去铁质等磁性物质。

（5）滚打：除麦芒和泥块。

（6）洞埋：利用精选机中孔洞，分出圆粒或半截粒杂谷。

3. 影响精选机精选效果的因素

（1）有效分选面积。有效分选面积越大，则分选效率就越高。

（2）窝眼的尺寸。分离不同的谷类原料，其窝眼的尺寸是不同的。另外，在窝眼长时间使用后，麦皮上的硅酸会造成窝眼腐蚀，因而影响分离效果。

（3）圆筒的转速。虽然转速过大，有效分选面积就会越大，但转速若太快，也不利于分离过程。

（4）进料速度。进料速度太快，会使圆筒内表面装料太厚，不利于分离。

（5）收集槽的位置或角度的调整。这里的位置是指朝向圆筒旋转方向的收集槽的位置。若位置太高，杂粒又会回到麦粒中，已精选的原大麦颗粒中会仍有杂麦粒；若位置太低，完好原大麦粒会落入收集槽中，杂麦粒中会有完好的原大麦颗粒。

（6）圆筒的稳定性。若分离过程中圆筒出现晃动，则窝眼中的颗粒会被振动抛出。

（7）待精选大麦的干净程度。若杂粒较多，会使精选效果变差。

【实施步骤】

精选机的工作原理如图 2-4 所示。大麦精选的工作过程如下所述。

1. 进料

已粗选的原大麦从大麦入口进入滚筒，通过主旋转轴的转动使滚筒一起转动，这样麦粒就会嵌入窝眼中而被提升至一定的高度。

2. 排出杂粒

完好的原大麦粒只有部分嵌入窝眼中，当升至较小高度时，就仍回落入至原大麦流中，从大麦出口流出；而较短的圆形杂粒则完全落入窝眼中，只有升至较大高度时才能从窝眼中分离，落入滚筒中的圆形杂粒收集槽中，在螺旋输送机的作用下输送至圆形杂粒出口排出。

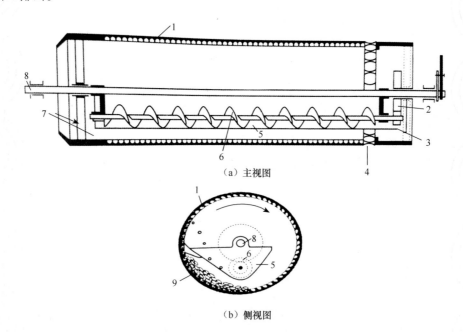

（a）主视图

（b）侧视图

1. 精选机外壳；2. 螺旋输送机传动装置；3. 圆形杂粒出口；4. 大麦出口；
5. 圆形杂粒收集槽；6. 螺旋输送机；7. 大麦入口；8. 主旋转轴；9. 窝眼
图 2-4   大麦精选机的工作原理

大 麦 分 级

【相关知识】

1. 分级的目的

（1）为均匀地浸麦创造前提条件。颗粒大小不同的大麦，其吸水速度是不一样的。

为保证浸麦的均匀性，必须在浸麦前进行大麦分级。

（2）为均匀地发芽创造前提条件。颗粒大小不同的湿麦粒，其在发芽过程中对发芽条件的要求是不一样的。颗粒小的麦粒，在发芽层中的颗粒紧密性要大于颗粒饱满的麦粒，因此麦层的透气性差、麦层温度上升快，发芽质量难以保证。

（3）为获得较高的麦芽浸出率创造条件。通过分级，把粗选、精选中仍未分离的瘪粒分离出去，在制备麦汁时，可获得较高的麦芽浸出率。

（4）利于麦芽粉碎的质量。均匀的麦粒便于啤酒厂粉碎麦芽时合理地调整麦芽粉碎机的辊间距，利于麦芽粉碎的质量。

2. 分级标准

大麦麦粒分级标准见表 2-1。

表 2-1　大麦麦粒的分级标准

等级	分级机筛孔规格	麦粒腹径/mm	用途
一级	2.5mm×25mm	>2.5	制麦
二级	2.2mm×25mm	2.2～2.5	制麦
等外级	筛底	<2.2	饲料

3. 分级机

大麦分级机一般有两种形式，即圆筒分级机和平板分级机。圆筒分级机在滚筒上安装两段不同的筛孔的圆筒筛，分两段分级。

平板分级机多为多层上下重叠安装的平板分级筛组成，进入分级机的麦流按规定被分为许多的分麦流，以实现大小不同的筛孔对不同大麦麦粒进行分级。

【实施步骤】

以圆筒分级机（图 2-5）为例，大麦分级步骤如下所述。

1. 第一段分级

在一个滚筒上安装两段大小不同筛孔的可更换圆筒筛。精选大麦首先从分级机的一端进入第一段分级筛，此筛为窄长眼筛，规格为 2.2mm×25mm，然后进入第二段宽长眼筛，规格为 2.5mm×25mm。这样从第一段分级筛漏下的是小于 2.2mm 小颗粒大麦，即饲料大麦。

2. 第二段分级

从第二段分级筛漏下的是 2.2～2.5mm

图 2-5　圆筒分级机

的二级大麦，从第二段分级筛的终端出来的是一级大麦（＞2.5mm）。一级大麦和二级大麦均可用于制备麦芽。

麦 粒 输 送

【相关知识】

麦粒输送就是通过机械方式输送，避免人工劳动力大的问题。

物流输送的方式主要有两大类：气流输送和机械输送。

由于各车间固体物料的性质不同、生产设备不同、输送流程不同、达到的目的地不同，因此所采用输送的方式也不同。有的是一种输送方式，也有的是几种输送方式的组合。

【实施步骤】

以吸引式气流输送为例，麦粒输送步骤如下所述。

1. 吸料

吸嘴是真空气流输送系统的进料装置。为防止堵塞，应选用喇叭形双筒吸嘴（套管式）。内管吸引物料和一次空气，内管与外管之间的环隙吸进二次空气（防止物料堵塞）。套管可上下调节到最有利的位置。

2. 物料提升

物料提升采用垂直生料管。

3. 卸料

卸料一般使用离心卸料器。其利用气流做旋转运动，使物料颗粒产生离心力，将悬浮于气流中的物料分离出。离心卸料器的上部为切线方向带有气流入口的圆柱壳体，下部连有倒圆锥形的壳体。有悬浮物料颗粒的气流，以一定的速度自离心卸料器入口进入。由于入口是与圆柱部分呈切线的方向，所以进入的气流将高速旋转产生离心力，物料颗粒将被甩到四壁，沿壁落下，由下部闭风器的出料口排出。闭风器的出料口只能出料，不能排气，气流自上而下在离心卸料器的环隙中旋转，到下部后由于没有排气口，只能从中心处继续旋转而向上，由离心卸料器的顶部中央出气口排出。

4. 除尘

从离心卸料器顶部中央排出的空气中含有粉尘，故需要除尘设备进行除尘。除尘设备一般有三种形式：旋风除尘器、振摇式袋滤器和湿式除尘器，前两种在麦芽厂和啤酒厂使用较多。

5. 抽真空

净化后的空气再次被风机抽出，风机是整个气流输送系统的动力。真空气流输送经常使用的风机为水环式真空泵和往复式真空泵。真空负压系统的最大操作压力为 53.32kPa。

思考题

（1）原大麦在贮存前为什么至少要进行粗选？
（2）粗选机主要是除去什么特征的杂质？
（3）精选机主要是除去什么特征的杂质？

标准与链接

一、相关标准

《啤酒大麦》（GB/T 7416—2008）

二、相关链接

1. 食品伙伴网　http://www.foodmate.net

2. 中国酒业协会　https://www.cada.cc

任务二　浸　麦

任务分析

麦粒吸水是其萌发的前提，只有当麦粒吸收足够的水分之后，其他生理作用才能逐渐开始。本任务主要以长断水法浸麦工艺（图 2-6）为例，介绍大麦麦粒的浸渍环节，使其达到相应的浸麦度，便于萌发。

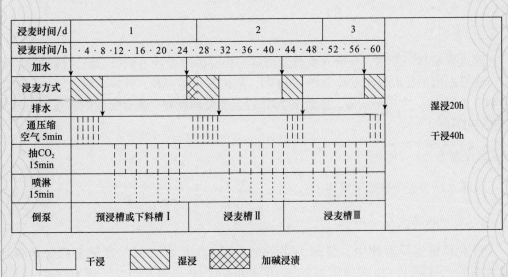

图 2-6　长断水法浸麦工艺

任务实施

长断水法浸麦

【相关知识】

1. 浸麦的目的

（1）提高大麦的含水量，以利于发芽、产酶及麦粒胚乳内物质的溶解。大麦含水量须达到43%～48%才能使胚乳充分溶解。

（2）对大麦进行洗涤、杀菌，以除去麦粒表面的灰尘、杂质及微生物。精选后的大麦仍可能混有杂质，通过浸麦过程中翻拌、换水等操作，将大麦清洗干净，并将漂浮在表面的麦壳捞出。

（3）浸出有害物质。麦壳中含有发芽抑制剂，尤其会抑制大麦休眠的解除，浸麦时必须将其洗出并分离。麦壳中还含有酚类物质、苦味物质等对啤酒口味不利的物质，浸麦时应尽可能将其分离。在浸麦水中添加适当的石灰乳、碳酸钠、氢氧化钠、氢氧化钾、甲醛等化学试剂，可加速麦皮中酚类物质、谷皮酸、苦味物质等的浸出，提高发芽速度，还可适当提高浸出率，降低麦芽的色度。

2. 浸麦度

浸麦度是指浸渍后大麦含水量的百分数。一般浅色麦芽的浸麦度为41%～44%，深色麦芽的浸麦度为45%～48%。

$$浸麦度（\%）=\frac{浸麦后大麦质量-（原大麦风干质量-原大麦含水量）}{浸麦后大麦质量}\times100\%$$

3. 露点率

露点率又称萌发率，是指开始萌发而露出根芽的麦粒所占的百分数。检测方法如下：在浸麦槽中任取浸渍麦粒200～300颗，数出露点的麦粒，计算出露点率。一般重复测定2～3次，求出平均值。露点率70%以上为浸渍良好，优良大麦的露点率一般为85%～95%。

【实施步骤】

长断水法浸麦步骤如下所述。

1. 第一次湿浸

将麦粒输送浸麦槽中，时间为4～6h，水的温度为12℃，直至麦粒含水量达30%左右，每隔1～2h需通压缩空气10～20min。此步骤开始时，则为洗麦、排浮麦的过程。

2. 第一次干浸

第一次干浸时间为 14～20h，具体时间则应根据大麦水敏性的不同而不同。水敏性高的大麦，则此次干浸时间必须长一些，有时甚至达 24h。在此过程开始时，麦粒吸收附着在其表面的水，从而使麦粒含水量升高 1%～2%，麦粒表面上的水膜会阻碍麦粒对 O_2 的吸收。麦层温度逐渐升至 15～17℃，每隔 1h 抽 CO_2 10～15min，并喷淋 10～15min。在此阶段的后期，因麦粒呼吸加剧故需要连续抽气，抽气量约为 50m³/（t·h）。

3. 第二次湿浸

第二次湿浸采用 12～15℃水温，湿浸时间为 2～4h，每 1h 通压缩空气 10～20min，麦粒吸水并达到含水量 38% 左右。也有浸麦工艺为大麦含水量达 38% 左右后，停止浸麦，然后在发芽开始时再喷水至发芽所需的含水量。

4. 第二次干浸

第二次干浸时间为 14～24h，麦粒吸收表面附着的水分后，含水量从 38% 上升至 39%～40%，非常有利于麦粒均匀萌发，并达到理想的露点率。麦粒温度逐渐升至 18～22℃。每隔 1h 抽 CO_2 10～15min，并喷淋 10～15min。在后期，因麦粒呼吸强度的增加须连续抽气，抽气量为 100～200m³/（t·h）。

5. 第三次湿浸

第三次湿浸水的温度为 12～18℃，直至达到工艺规定的浸麦度。湿浸 1～3h 后，麦水一同下料于发芽箱。每 1h 通压缩空气 10～20min。在下料前务必通压缩空气，以松散麦粒，便于下料顺畅、彻底。

在浸麦过程中，随着麦粒含水量的增加和麦粒呼吸强度的增加，湿浸后期应缩短通风时间的间隔；在干浸的后期应加强通风甚至连续通风或抽 CO_2。为了改善供氧效果，干浸时间总是不断呈上升趋势，可占总浸麦时间的 60%～80%。

❓ 思考题

（1）浸麦的目的是什么？
（2）浸麦中常使用的化学试剂有哪些？
（3）什么是浸麦度？
（4）简述长断水法浸麦工艺步骤。

⊶⊷ 标准与链接

一、相关标准
《啤酒大麦》（GB/T 7416—2008）

二、相关链接

1. 中国酒业协会　https://www.cada.cc
2. 中华酿酒传承与创新教学资源库　http://jszyk.36ve.com

任务三　发　　芽

🍷 任务分析

发芽处于制麦的重要环节。发芽质量的好坏直接影响麦芽成品质量的高低。

发芽方式一般分为地板式发芽和通风式发芽，本任务将以典型的通风式发芽（萨拉丁箱）为例介绍麦粒的发芽。浸麦结束后的湿大麦通过进料、摊平、发芽，可制成符合啤酒酿造需要的绿麦芽。

🍺 任务实施

通风式发芽（萨拉丁箱）

【相关知识】

湿大麦发芽的基本条件（常称发芽三要素）如下：适宜的发芽含水量、适宜的发芽温度和适宜的通风供氧环境。

1. 发芽过程中的变化

1）根芽的生长

浸麦后期，由胚根而长成的根芽已从麦粒底端长出，先长出一个主根，然后再长出

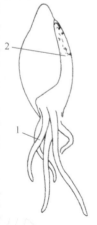

3～4个须根。根芽的外观变化是发芽各阶段的典型特征，根据这些特征变化可将传统发芽分为润湿堆积阶段、露点阶段、分叉阶段、旺盛阶段、继续生长阶段、缠根阶段和老化阶段。

根芽对啤酒酿造无价值，绿麦芽干燥后必须除去。所以在发芽过程中应尽可能降低根芽的生长。发芽温度越高，发芽含水量越大，供氧越多，则根芽生长就越快。发芽时间越长，根芽长得就越长，因此发芽应尽可能在低温、短时环境中进行。

湿大麦发芽完毕后，对于生产浅色麦芽而言，根芽的长度应为麦粒长度的1.5倍左右；对于生产深色麦芽而言，根芽长度应为麦粒长度的2倍左右。在浸麦和发芽过程中可添加抑制剂抑制根芽的生长。

2）叶芽的生长

发芽中麦粒生长的变化如图2-7所示。由胚芽长成的叶芽在发芽中首先冲破种皮和果皮，然后在麦粒背部的谷皮下向麦粒顶端生长，但不应长出。在发芽中可通过谷皮下的小梗而识别。

1. 根芽；2. 叶芽
图 2-7　发芽中麦粒生长变化图

3）酶的形成和胚乳内容物的转化

大麦本身含有的酶并不多，因此需要通过制麦，尤其是要通过发芽阶段来形成、激活和积累更多的酶。酶的形成、激活和积累是在麦粒胚乳内容物转化过程中发生的，因此酶的形成、根芽和叶芽的生长、内容物的转化这三者之间是互相联系的。根芽、叶芽的生长并不是制麦的目的，而是通过它们的生长来达到促进酶的形成、激活和积累，以及胚乳适度的溶解。

制麦中形成的许多酶需要赤霉酸（GA）作为生长剂，也有的酶的形成并不需要赤霉酸。许多酶是在糊粉层中形成的，也有的酶仅在胚乳中形成，还有一些酶在糊粉层和胚乳中均能形成。

2. 发芽物的品温控制

发芽物（麦粒）的品温控制是发芽控制技术的核心问题。品温越高，根芽、叶芽的生长就越快，呼吸就越快，因此根芽损失和呼吸损失就越高，这既不利于提高制麦率，也不利于制麦汁时麦芽的浸出率达标，同时品温越高，染菌的概率也越大。

低温发芽（12～16℃）：在这个工艺过程中，根芽、叶芽的生长较慢，但生长总体较为均匀，根芽、叶芽的生长与胚乳细胞溶解平行进行，呈一致性。因为用于合成根芽、叶芽的可溶性蛋白质分解物相对较少，而贮存于绿麦芽胚乳中的可溶性氮含量相对较多，因此成品麦芽的可溶性氮含量多，α-氨基态氮含量高，蛋白质溶解度相对较高，制麦损失少，则麦芽浸出率高。其特点是发芽周期较长，酶的形成缓慢，同时发芽成本相对较高，但生长均匀。此工艺常用于生产浅色麦芽。

高温发芽（18～22℃）：在这个工艺过程中，麦粒呼吸旺盛，品温上升快，根芽、叶芽生长也很快，但根芽、叶芽的生长与麦芽溶解均匀性不一致，尽管蛋白质的转化量较高，然而更多的蛋白质分解物用于合成根芽、叶芽的蛋白质组织，所以蛋白质溶解度较低，制麦损失大，则麦芽浸出率低，但好处是，麦粒细胞溶解度相对较大。此工艺适用于处理高温、干燥年度生长的大麦，最好用于生产深色麦芽。

发芽物是有一定厚度的，因此上层品温和下层品温存在温差，越往上，麦层温度就越高。但此温差不应超过2～3℃，否则上下麦层的根芽、叶芽生长就不均匀，麦粒之间的溶解度差别就大。所以，在日常发芽检查中，应经常检查麦层的上、中、下的品温。

对萨拉丁箱发芽来说，不仅要注意麦层的上、中、下品温，还要注意前床、中床、后床的发芽物温差。对于优质浅色麦芽生产来讲，一般应低温发芽。

3. 发芽物的含水量

当发芽物的含水量在38%～42%时，所有麦粒均匀萌发后，可分阶段利用翻麦时的喷水将发芽物的含水量提高到最高的发芽含水量。喷淋时要考虑胚乳溶解、酶的形成、制麦损失、麦层厚度与发芽时间的长短等因素，一般可在发芽第一天后期、第二天或第三天进行喷水。喷水次数越多、喷水强度越大，发芽时麦粒的含水量就越大。喷水要求呈雾状、均匀，喷水强度可调节。必须边翻麦，边喷水。

4. 通风量

酶的形成是一个需氧的过程，所以发芽初期加强通风，将有利于全部有生命的麦粒的生长，以使酶的形成速度越来越快。要想形成丰富的酶，发芽前 3～4d 就应加强通风供氧，首先，加强通风有利于麦粒的均匀生长，提高实际的发芽率，有利于发芽时酶的活化形成和胚乳溶解。其次，各种内酶的形成也十分依赖氧，这些内酶包括 α- 淀粉酶、内肽酶、内 -β- 葡聚糖酶等。

发芽后期，一般可逐步提高回风的使用比例，其主要目的是抑制根芽的生长，促进蛋白质的溶解。在发芽全过程中，风量的控制一般呈低—高—低的态势。发芽过程中的通风方式为连续通风和间断通风。间断通风易造成麦层供氧不足，所以当需要大量通风供氧时，以连续通风为好。

5. 发芽时间

发芽时间的长短应视麦芽的质量而定。在发芽中，应经常检查麦粒胚乳的溶解质量，如果胚乳溶解已达到要求，就应停止发芽。发芽温度越低、发芽含水量越少、麦层中氧量越少，则所发的芽就越长。

对于生产浅色麦芽来说，一般发芽 6～7d；对于生产深色麦芽来说，一般发芽 8～9d。随着啤酒大麦品种质量的提高和赤霉酸的使用，现代的发芽周期越来越短，有时仅需发芽 3～4d 就可以达到正常绿麦芽的质量要求。

【实施步骤】

萨拉丁箱结构如图 2-8 所示，通风式发芽步骤如下所述。

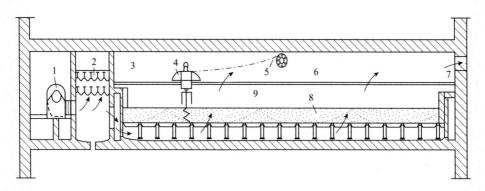

1. 鼓风机房；2. 增湿间；3. 发芽箱间；4. 翻麦机；5. 电线盘；6. 翻麦机轨道；7. 排风道；8. 发芽物；9. 筛板

图 2-8　萨拉丁箱的结构

1. 湿大麦进料

在萨拉丁箱的上方有一根下料管，管子上每隔 2.5m 有一个出料口，带水的麦粒从出料口落入箱中呈堆状，水穿过筛板的筛孔落入风道，从风道的排水口流出，此水可回收使用。

2. 摊平

开动翻麦机将湿麦堆推动并摊平。

3. 低温发芽

采取 12～16℃低温以形成酶和促进蛋白质溶解，降低制麦的损失。发芽周期的后几天，发芽物的品温控制较高（对于热、干燥气候生长的大麦可升温到 20℃），其目的主要是提高细胞溶解性，避免蛋白质溶解度过高，同时降低制麦的损失。

4. 绿麦芽出料

发芽结束后，要将绿麦芽送入干燥炉。一般通过翻麦机将绿麦芽快速推至萨拉丁箱的出口端，然后利用真空气流输送方式或机械输送方式将绿麦芽输送至干燥箱中。出料应干净彻底，在发芽箱中不要有残留的绿麦芽。

5. 清洗萨拉丁箱和排风道

出料完毕，要对萨拉丁箱和排风道进行彻底的清洗，保证发芽间干净卫生。在生产休止期间，为防止排风道长霉，应撒适量的漂白粉或其他杀菌剂以保持清洁。

❓ 思考题

（1）湿大麦发芽的目的是什么？
（2）湿大麦发芽的三要素是什么？
（3）湿大麦发芽的温度应如何控制？

⊶ 标准与链接

一、相关标准
《啤酒大麦》（GB/T 7416—2008）
二、相关链接
1. 中国酒业协会　https://www.cada.cc
2. 中华酿酒传承与创新教学资源库　http://jszyk.36ve.com

任务四　干　燥

🍷 任务分析

绿麦芽的干燥是决定麦芽品质的最后一道重要的工序，起着固定麦芽品质特性的作用。本任务以圆形单层干燥炉为例介绍浅色麦芽的干燥工艺。绿麦芽经输送、摊平、绿麦芽干燥、出料几个环节，可制成符合啤酒酿造所需的成品麦芽（图 2-9）。

图 2-9　成品麦芽

任务实施

干燥绿麦芽（圆形单层干燥炉）

【相关知识】

1. 麦芽干燥的目的

（1）除去麦粒中多余的含水量，达到出炉麦芽的含水量要求，便于干燥后的麦芽除根和贮存。如果不进行干燥，则在除根时，含水量高的根芽难以与麦粒分离，且含水量高的麦粒没有贮存能力，会腐烂变质。

（2）停止绿麦芽的生长，结束酶的生化反应从而保护酶的活性。如果不进行绿麦芽的干燥，则麦粒中的酶会继续作用，胚乳中的内容物会继续发生变化，根芽和叶芽会继续生长，这样既增大制麦的损失，又不利于麦芽本质特性的固定。

（3）去除绿麦芽的生腥味，形成麦芽特有的色香味。绿麦芽的生腥味不利于啤酒的气味和口味，不同类型的啤酒对麦芽香味和色度的要求也不同，而麦芽香味和色度在很大程度上取决于麦芽的干燥强度。

（4）使绿麦芽中的可凝固性氮得以适当凝固。麦芽的胚乳中有很多的可凝固性高分子蛋白质分解物，它们在干燥过程中可以得到一定程度的变性凝固。凝固程度取决于干燥过程中的焙焦强度。如果它们凝固性不足，则成品啤酒的蛋白质稳定性会很差。当然，如果凝固性太强，则会使成品啤酒的泡沫质量变差。

（5）使绿麦芽中对热不稳定的二甲基硫前体物质（DMSP）转化成挥发性的二甲基硫（DMS）。

2. 干燥设备

干燥设备根据烘床的安装形式不同可分为水平式干燥炉和垂直式干燥炉；根据烘床的形状不同可分为矩形干燥炉和圆形干燥炉；根据绿麦芽装料的高度（处理量）可分为高效干燥炉和普通干燥炉；根据干燥炉的加热方式不同可分为直接干燥炉和间接干燥

炉；根据干燥炉功能多样性可分为单纯干燥炉和发芽干燥两用箱。

1）直接干燥炉

直接干燥炉通过煤、天然气或木柴等燃烧方式产生的热空气对绿麦芽进行干燥。由于此方式生产的麦芽有烟气味，排出的烟气也不利于环保，麦芽质量不稳定，燃烧时还会产生氮氧化物气体，它和麦芽中的蛋白质接触后可形成致癌的 N- 二甲基亚硝胺（NDMA），因此此方式已属淘汰类。

2）间接干燥炉

间接干燥炉用饱和蒸汽或过热高温水在热交换器中将鼓入的外界空气进行加热，加热后的热空气再从干燥炉的底层由下向上穿过干燥烘床上的绿麦芽层。间接干燥炉的热利用率低于直接干燥炉。

【实施步骤】

干燥绿麦芽具体步骤如下所述。

1. 输送绿麦芽

绿麦芽通过输送设备可到达干燥炉的顶部。

2. 摊平

利用活动的下料管使绿麦芽分布于烘床上，使用筛板可旋转、进料摊平。

3. 绿麦芽干燥

1）凋萎

凋萎一般需要 10～12h。由于物料水分为自由水分和结合水分，自由水分与物料结合力弱，易去除，麦粒含水量迅速下降，排气相对湿度高，排气温度低、麦层温度低。

凋萎起始温度为 45～55℃，不可过高，在 10～12h 内使进风温度逐步上升，既有利于水分的排出、缩短凋萎时间，又能避免产生玻璃质麦粒和酶活力的下降。此期间不采用回风，1t 麦芽通风量最大为 5000m³/h，使麦粒接近悬浮状态，即呈流态化麦层。

2）烘干

烘干一般需要 2～4h。此时麦粒内部水分迁移的速度逐步下降，所以应降低风量，仅为最大量的一半。在 2～4h，进风温度从 65℃分段上升到 70℃、75℃、80℃或以 5℃/h 的升温速度进行烘干。此阶段麦粒表面水分蒸发慢，排出的水分为内部水分，脱水速度渐慢。

3）焙焦

焙焦时间一般控制在 3～4h，浅色麦芽焙焦温度为 80℃左右。

此阶段，相对湿度较低，但温度很高。浅色麦芽干燥焙焦期，既可以利用回风，也可以利用玻璃管废气热回收器来回收热量。麦粒中酶作用完全停止，部分蛋白质凝固，水分含量不再降低，胚乳分解产物发生化学变化，麦芽的色、香、味物质生成。

4. 出料

出料器升至一定高度（麦层摊平厚度一般为 0.8～1m），绿麦芽经螺旋输送机由外向内布料，布料时间约为 1h。出料时，将进出料器下降至最低位，在筛板旋转时将出炉麦芽输送至出料口。

思考题

（1）绿麦芽干燥的目的是什么？
（2）干燥设备是如何分类的？

标准与链接

一、相关标准
《啤酒麦芽》（QB/T 1686—2008）
二、相关链接
1. 中国酒业协会　https://www.cada.cc
2. 中华酿酒传承与创新教学资源库　http://jszyk.36ve.com

干燥后的麦芽
处理

麦汁的制备

知识目标

（1）掌握原料粉碎的目的和要求。

（2）掌握糖化的目的。

（3）掌握麦汁过滤的目的和要求。

（4）掌握麦汁煮沸的主要目的。

（5）熟练掌握添加酒花的目的和方法。

（6）掌握麦汁处理的目的、途径及要求。

技能目标

（1）能根据原料质量对粉碎进行调整。

（2）能识别不同类型的糖化设备。

（3）能制定合理的糖化工艺。

（4）能使用麦汁过滤槽进行麦汁过滤。

麦汁的制备

任务一　原辅料的粉碎

🍷 任务分析

> 本任务主要介绍麦芽的增湿湿法粉碎，以及相应的粉碎设备辊式粉碎机。通过达到相应的粉碎要求，为之后的糖化过程做准备。酿造啤酒常采用大米或玉米作为辅助原料，生产投料前也需要粉碎。

🍺 任务实施

原料除杂质及称量

【相关知识】

原料粉碎是酿造原料进行溶解过程的前提，是酿造啤酒的第一道工序。粉碎虽然是一个机械破碎的过程，但是它对于后续的糖化过程中的化学转化，对于麦汁的质量和组成，对于麦汁过滤速度及糖化收得率都具有重要的意义。

1. 原料粉碎的目的

（1）增加原料在糖化过程中与水的接触面积。由于粉碎前麦粒的表面积小，麦芽胚乳外围被不溶于水且几乎不被任何酶分解的纤维素组成的麦皮所包裹，易造成淀粉颗粒吸收水分困难。粉碎后的麦芽,增加了其与水的接触面积,原料内容物能很快吸收水分,并开始软化、膨胀以至溶解。

(2)促进难溶物质在糖化过程中的溶解。发芽后的麦芽和没发芽的辅助原料(如大米)中含有大量难以溶解的高分子物质,这些不溶性的物质,粉碎前很难溶解;粉碎后,浸泡在水中,增加了与水的接触面积,通过酶的相互作用,使原料的内容物由难溶的物质变成易溶的物质而被溶解出来。同时,大麦经过发芽后,部分淀粉、蛋白质分解成可溶性物质,这些物质必须经过粉碎后,才能溶解出来。

(3)促进麦芽中的酶在糖化时的溶出及活化。制麦过程中激活、形成和积累的一系列水解酶,如淀粉酶、蛋白酶、半纤维素酶等被贮存在麦芽中,通过粉碎,麦芽中的酶与水的接触面积增大了,酶的游离速度加快了,酶的活力也不断增强,这为之后的糖化溶解提供了良好的前提条件。

2. 粉碎目标的矛盾及解决办法

(1)粉碎目标的矛盾。原料粉碎度越大,糖化时物质的分解速度越快、越彻底,糖化收得率越高;但是原料粉碎度越大,麦皮也会被粉碎,从而影响麦汁的过滤及质量。

(2)解决办法。通过使用多次粉碎、增湿粉碎等方式。

3. 粉碎的要求

粉碎时要求麦粒的皮壳破而不碎,胚乳适当精细,并注意提高粗细粉粒的均匀性。辅助原料粉碎得越细越好,以增加浸出物的收得率。对麦芽粉碎的要求,根据过滤设备的不同而不同。对于过滤槽,是以麦皮作为过滤介质,所以对粉碎的要求较高,粉碎时皮壳不可太碎,以免因过碎造成麦糟层的渗透性变差,过滤困难,过滤时间延长。

由于麦皮中含有苦味物质、色素、单宁等有害物质,麦芽若粉碎得过细会使啤酒的色泽加深,口味变差,还会影响麦汁的收得率。因此在麦芽粉碎时要最大限度地使麦皮不被破坏。如果使麦皮潮湿,弹性就会增大,可以更好地保护麦皮不被破碎,加快麦汁过滤的速度。麦芽若粉碎过粗,又会影响麦芽有效成分的利用,降低麦汁收得率。

【实施步骤】

除杂及称重步骤如下所述。

1. 原料除尘和除铁

利用除石机,除去灰尘和石子;使用磁铁除去麦芽中所含的铁块等杂质。

2. 称重

以倾翻式计量秤进行称重。

(1)麦芽从下料口快速流出,并很快将倾翻盆装满。

(2)当下料量接近满量时,下料口的闸板开始逐渐关闭,下料速度变慢,直至满量。

（3）在刚好达到满量时，下料口完全关闭。

（4）倾翻盆下降、倾翻、排空。

（5）倾翻盆的开口向上转动，又开始新一轮的下料过程。

这种计量秤一次倾翻量有 5kg、10kg、20kg 和 25kg，在大型的啤酒厂中还有 50kg 和 100kg。计量秤上装有两个计数器，一个用来调节每锅投料倾翻量，另一个用来记录总的原料流量。

粉　碎

【相关知识】

1. 增湿湿法粉碎的优点和缺点

1）优点

（1）在整个粉碎过程中，能保证所有的麦芽具有确定的一致的浸泡时间和含水量（麦皮的含水量为 18%～22%）；麦芽粉碎均匀，粉碎效果稳定。

（2）麦皮吸水多，粉碎时保持麦皮非常完整，有利于麦汁过滤，适合采用高比例的辅料生产麦汁时使用。

（3）在保证麦皮完整的前提下，胚乳吸水少且保持疏松，有利于胚乳粉碎，降低粉碎时的能耗。优质的粉碎胚乳，有利于糖化时淀粉水解，可提高糖化收得率。

（4）边增湿，边粉碎，无浸泡水产生，也省去麦芽浸泡的过程，节约了时间。

（5）料仓能保持干的状态，无粉尘产生。

（6）可同时输送麦芽并进行粉碎。

2）缺点

（1）设备结构复杂，造价高，维修费用高。

（2）粉碎机电能消耗大。

（3）不可能进行麦皮分离糖化。

（4）粉碎物评价困难。

尽管存在以上缺陷，但目前我国有许多啤酒厂仍采用增湿粉碎机。

2. 麦芽粉碎机

麦芽粉碎机分为锤式、辊式及湿法等多种形式。现多采用湿法及辊式设备，锤式粉碎机已较少使用。辊式麦芽粉碎机如图 3-1 所示。

1）对辊式麦芽粉碎机

对辊式麦芽粉碎机是最简单的粉碎机，有一对拉丝辊，粉碎时两个辊相对转动，其中一个辊的转速是固定的，另一个则是可调的。操作时要保证麦芽均匀地分布于整个辊筒上，

图 3-1　辊式麦芽粉碎机

并且供料量适中，供料速度一致。针对溶解不良的麦芽，采用对辊式粉碎机粉碎操作较难控制麦芽的粉碎度。所以，一般情况下，溶解良好的麦芽才会直接采用对辊式粉碎机进行粉碎。

2）四辊式麦芽粉碎机

四辊式麦芽粉碎机上安装有两对辊筒。第一对辊筒起预粉碎作用，称为预磨辊，第二对辊筒进一步粉碎，称为麦皮辊。两对辊筒之间的振动筛有两种安装方式。一种是将细粒和细粉筛分后，将麦皮和粗粒送入第二对辊筒进行再粉碎。另一种是通过双层筛，将细粒和细粉筛分出去，再将麦皮组分引出粉碎机，只将粗粒送入第二对辊筒粉碎。四辊式麦芽粉碎机的结构如图 3-2 所示。

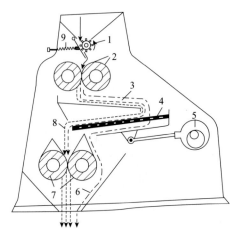

1. 分配辊；2. 预磨辊；3. 预磨粉碎物；4. 振动筛；5. 偏心驱动装置；
6. 细粉；7. 麦皮辊；8. 带有粗粒的麦皮；9. 进料调节

图 3-2　四辊式麦芽粉碎机的结构

在四辊式麦芽粉碎机的基础上，还有五辊式麦芽粉碎机和六辊式麦芽粉碎机。

【实施步骤】

增湿粉碎的具体步骤如下所述。

1. 粉碎操作前的准备工作

粉碎操作前应检查麦芽暂存仓是否有足够的麦芽；各个水箱的液位及温度是否达到设备运行的要求。按糖化工艺的要求设定浸麦水、调浆水的用量及温度的范围。

2. 粉碎操作

按程序开动机器，进行麦芽粉碎。粉碎后的麦芽粉用温水喷雾调浆，最后泵入糖化锅。在粉碎过程中应随时观察粉碎机内的情况，如出现堵塞，应立即关进料辊、调浆泵。但不得停粉碎辊和水泵，同时观察粉碎机内的情况，粉碎的机内粉浆液位下降后，开冲洗水泵或调浆泵 5~10s，再观察粉碎机内液位，若下降后，再开冲洗水泵或调浆泵 5~10s，直至堵塞排除后方能开进料辊继续粉碎。

3. 补水

粉碎完毕后，须打开补水阀进行补水直至到达工艺规定要求的料水比。在补水时，一定要将粉碎机的下料阀关闭。

4. 粉碎结束

当一切工作结束后，要关闭出料阀和水泵时，一定要先关出料阀再关水泵，以免产生自压，形成倒流。

5. 特殊情况处理

粉碎过程中如遇停电，应先开调浆泵和正转按钮，再开出料阀和水泵，以免产生自压，形成倒流。

连续生产 3d 或停产 24h 以上时，粉碎机必须进行清洗及杀菌。

思考题

（1）原辅料粉碎的目的是什么？
（2）麦芽粉碎的要求是什么？
（3）原辅料粉碎的方法有哪些？各有何特点？
（4）粉碎设备有哪几种类型？

标准与链接

一、相关标准
1.《麦芽粉碎机》（QB/T 3687—1999）
2.《麦芽增湿粉碎机》（QB/T 4280—2011）
二、相关链接
1. 澜埔国际酿酒学院　https://zw-lab.com
2. 中华酿酒传承与创新教学资源库　http://jszyk.36ve.com

任务二　双醪煮出糖化法

任务分析

双醪煮出糖化法是国内最常用的糖化方法。本任务介绍糖化基础理论知识，并以双醪一次煮出糖化法为例介绍糖化的操作过程，以便于在生产时，能在糖化阶段得到较高的浸出物。

任务实施

双醪一次煮出糖化法

【相关知识】

1. 糖化

原料经过粉碎后，即进入下一工序——糖化过程。由于原料中含量最高的成分为淀粉，因此，糖化可狭义地理解为淀粉的转化，即从高分子糖转化为低分子糖。

糖化过程是一项非常复杂的生化反应过程，也是啤酒生产中的重要环节。糖化的要求是麦汁的浸出物收得率要高，浸出物的组成及其比例符合产品的要求，而且要尽量减少生产的费用，降低成本，这与糖化的温度、时间、醪液浓度及 pH 值等因素有很大的关系。在糖化操作中要严格控制温度、时间、醪液浓度及 pH 值等各项因素，以保证产品的产量和质量的稳定。

2. 糖化的目的

糖化的目的是将原料（包括麦芽和辅助原料）中可溶性物质尽可能多地萃取出来，并且创造有利于各种酶作用的条件，使许多不溶性物质在酶的作用下变成可溶性物质而溶解出来，制成符合要求的麦汁，得到较高的麦汁收得率。

3. 糖化工艺技术条件的选择

糖化过程是一个相当复杂的生化反应过程，而麦芽中的酶对整个过程起决定性的作用。酶的活性主要与温度、时间和 pH 值有关，因此糖化工艺技术条件选择的依据就是影响酶作用效果的三个因素。

1）糖化各阶段的温度控制

（1）浸渍阶段。浸渍阶段的温度通常控制在 37～40℃。在此温度下有利于酶的浸出和酸的形成，并有利于 β- 葡聚糖的分解和磷酸酯酶的作用。

（2）蛋白质分解阶段。此阶段温度通常控制在 45～55℃（即蛋白质分解温度）。在相同 pH 值和时间条件下，蛋白质分解温度对麦汁中含氮物质的组成具有决定性作用。通常控制在 48～52℃较好。

（3）糖化阶段。糖化阶段温度通常控制在 62～70℃（即糖化温度）。糖化温度对麦汁组成影响较大。温度在 60～70℃可获得较高的浸出物收得率。温度偏低，如控制在 62～65℃，有利于 β- 淀粉酶的作用，利于形成可发酵性糖，适宜酿制高发酵度的啤酒。温度偏高，如控制在 65～70℃，有利于 α- 淀粉酶的作用，可发酵性糖减少，利于麦芽浸出物的提高，也利于缩短糖化的时间。

（4）糊精阶段。此阶段温度为 75～78℃。在此温度下，α- 淀粉酶仍起作用，残留的淀粉可进一步分解，而其他酶的活性则受到抑制或失活。

2）糖化时间

广义的糖化时间是指从投料至麦汁过滤前的时间，狭义的糖化时间是指糖化醪温度达到糖化温度起至糖化完全的时间，即碘反应完全的时间。

3）pH 值

pH 值是糖化过程酶反应的重要条件，麦芽中的各种酶只有在最适 pH 值下才能充分发挥作用，因此要适当调节糖化醪的 pH 值。只有在最适 pH 值条件下，才能使淀粉酶以较快的速度、较完全地分解淀粉，麦汁收得率高。蛋白酶在最适 pH 值条件下使蛋白质得到较好的分解，有利于啤酒的非生物稳定性，并为酵母的正常生长提供足够的氮源。

4. 糖化用水与糖化效果

直接用于糊化和糖化的水，被称为糖化用水。糖化用水量通常用料水比表示，即100kg 原料的用水量：淡色啤酒为 1∶（4～5），浓色啤酒为 1∶（3～4），黑色啤酒为 1∶（2～3）。不同类型的啤酒，其料水比各不相同，醪液的浓度也就不同。

醪液越浓，酶的耐温性越强，其反应速度越慢，浓醪对 β- 淀粉酶和蛋白分解酶的作用有利，有利于可发酵性糖和可溶性氮及氨基酸的产生。但醪液如果过浓或过稀，都不利于提高浸出物的收得率。醪液过浓，麦糟残糖量高；醪液过稀，则因洗糟水少而洗糟不彻底。

生产淡色啤酒宜采用浓度较稀的醪液，使头道麦汁与终了麦汁的浓度差较小；生产浓色啤酒则采用较浓的醪液，使头号麦汁与终了麦汁的浓度差较大。

5. 糖化设备

糖化设备是指麦汁制造设备，现多采用三锅两槽的复式糖化设备，即糊化锅、糖化锅、煮沸锅、过滤槽和漩涡沉淀槽，也有采用六器组合的，即在三锅两槽的基础上增加一个过滤槽或一个煮沸锅。

糖化过程通常需要两个容器，即糊化锅和糖化锅，两者的类型、结构很类似，可用来处理不同的醪液。

1）糖化锅

糖化锅主要用于麦芽淀粉、蛋白质的分解，糖化醪液与已糊化的辅料在此混合，使醪液维持在一定的温度范围内，进行淀粉糖化。糖化锅（图 3-3）具备加热和搅拌的功能，其中搅拌器尺寸的设计非常重要，其转速必须与锅体直径相适应，而且线速度不得超过 3m/s，否则会对醪液产生剪切力，使醪液中淀粉和蛋白质等内容物发生改变。

2）糊化锅

糊化锅主要用于加热煮沸大米等辅料及部分麦芽醪液，使淀粉进行糊化和液化。同糖化锅一样，糊化锅也具备加热和搅拌的功能，现在常采用锅底及侧壁焊接半圆形管的

图 3-3　糖化锅

方式，由于半圆管较为稳固，因而在关闭蒸汽阀门后不会出现真空吸瘪的现象，在煮沸结束时也不用与空气相通，从而避免了乏汽。

糊化锅常使用碳钢板代替不锈钢和铜材制作锅体加热部分，里层则使用薄不锈钢材料，如此，可使传热效率提高20%以上。

6. 糖化设备的维护及保养

（1）操作过程中，应按工艺要求通入蒸汽给锅加热，蒸汽阀要慢开慢关。

（2）蒸汽压力不能超过锅的额定压力。

（3）定期检查搅拌轴的轴径、轴头是否有磨损。

（4）搅拌轴的填料不能压得过紧，也不能过松，要定期更换石墨填料。

（5）每年更换一次减速机涡轮箱门的润滑油。

（6）运行时要经常检查油温、油量。油温过高时，应检查油是否变质及油量过多或过少。轴承温度过高时，应检查轴承或润滑脂。

【实施步骤】

双醪一次煮出糖化法操作可参考图3-4所示。

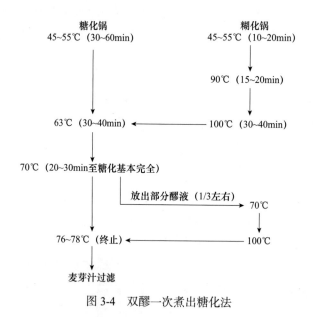

图3-4 双醪一次煮出糖化法

1. 糖化准备

生产前必须事先了解原料的规格、采用的糖化方法，做好上下工序的联系工作，检查设备运转是否正常，是否有渗漏现象。

2. 糊化锅操作

在糊化锅内先放入45～55℃水，料水比为1：5左右，再加适量石膏粉，快速搅拌，然后放入 15%～20% 的麦芽粉，再投入大米粉，以 1℃ /min 的速度升温至 70℃，保温 10min，再在 10～15min 由 70℃加热至 100℃，并煮沸 30～40min。现多用耐高温 α- 淀粉酶（酶活力 2 万 U/g）取代麦芽粉（4U/g 大米），因而，糊化醪应首先升温至 90℃左右，保温 15～20min，再升温至 100℃煮沸 30min。

3. 糖化锅操作

在糖化锅中按料水比 1∶3.5 左右放水，水温应达到麦芽浸渍温度（35～40℃）或蛋白质分解温度（45～55℃），快速搅拌，加适量酸和石膏，利用麦水混合器，将麦芽粉和水进行混合后转入糖化锅，以防止发生麦粉飞扬和结块的现象。

麦芽质量决定蛋白质的分解时间（30～60min）。蛋白质休止及糖化期间均不开搅拌器。蛋白质分解结束之后，快速搅拌，将煮沸的糊化醪泵入糖化锅进行糖化，一般采用 65℃或 68℃为糖化温度，也有采用 63℃和 70℃分步糖化的。醪液 pH 值为 5.4～5.6。当碘液反应呈浅紫色，则表示糖化已接近完全，此时可从糖化锅放出 1/3 左右的醪液进入糊化锅，进行第二次煮沸。第二次煮沸完成后，开搅拌器快速搅拌，将第二次煮沸的醪液兑入糖化锅至醪液温度为 76～78℃，再将其泵入过滤设备进行过滤。此时 pH 值为 5.2～5.4，麦糟沉淀快，上层麦汁呈清亮。

思考题

（1）糖化的目的是什么？
（2）糖化设备包括哪些？
（3）糖化期间主要控制的关键因素有哪些？

标准与链接

一、相关标准
1.《糖化锅》（QB/T 1846—1993）
2.《糊化锅》（QB/T 3683—1999）
二、相关链接
1. 澜埔国际酿酒学院　https://zw-lab.com
2. 中华酿酒传承与创新教学资源库　http://jszyk.36ve.com

任务三　麦汁的过滤

任务分析

本任务主要介绍利用过滤槽进行麦汁过滤。通过介绍过滤槽的结构，了解麦汁过滤的原理。麦醪泵入过滤槽后，经过头道麦汁过滤、洗槽及二道麦汁过滤，从而得到生产所需的清亮和较高收得率的麦汁。

任务实施

过滤前准备

【相关知识】

糖化过程结束后，下一工序就是麦汁过滤。麦汁过滤主要是固液分离的物理过程，但仍然存在少量的生物化学反应的过程。

糖化过程结束后的醪液中含有水溶性和非水溶性的物质。其中，水溶性物质称为浸出物，浸出物的水溶液称为麦汁；非水溶性物质称为麦糟。

一般麦汁过滤的温度为76～78℃，被认为是糖化结束的温度，麦汁过滤时也不应发生强烈的酶分解，否则麦汁组成会发生变化。

1. 麦汁过滤的目的

糖化过程结束后，应尽快把麦汁和麦糟分开，以得到清亮和较高收得率的麦汁，避免影响麦汁半成品的色香味。因为麦糟中含有多酚物质，如果浸渍时间太长，会给麦汁带来不良的苦涩味和麦皮味。麦皮中的色素浸渍时间太长，会增加麦汁的色泽。麦糟里微小的蛋白质颗粒，会破坏啤酒泡沫的持久性。

2. 过滤设备——过滤槽

1）过滤槽的外形、材质和安装要求

过滤槽的外形呈圆筒形体，槽的顶部配有弧球形或锥形顶盖，上方带有可以开关闸门的排汽筒，槽底大多是平底。为了避免因醪液温度下降导致黏度上升而影响麦汁的过滤，过滤槽必须配有良好的保温层。由于加热会产生对流，不利于麦汁的过滤，过滤槽一般不安装加热装置。过滤槽的结构如图3-5所示。

过滤槽的材质过去主要是铜和涂有涂层的碳钢，因易于清洗的需要目前广泛采用不锈钢材质。

过滤槽的安装必须水平，否则会使糟层薄厚不均匀，影响过滤和洗糟的效果。槽底和筛板必须保持水平，以使过滤层的每一个部位密度均匀一致，使洗糟效果一致。

2）筛板

筛板的材料：铜（老式）、不锈钢（新式）。筛板距槽底的距离根据滤管的数目和直径，最大为20mm，通常为8～15mm。若距离过大，会使槽底粉糊不易除尽；若距离过小，通过较大的流体所带来的湍流，会将麦糟层吸紧。

筛板的开孔通常为条形孔。这种条形孔的狭缝不能过宽，否则会导致滤液中的固形物含量明显增加。不同筛孔形式的筛板如图3-6所示。

筛板的结构还应注意筛板未开孔的边缘部分不能过宽。即使是排糟板，也应以筛板覆盖。

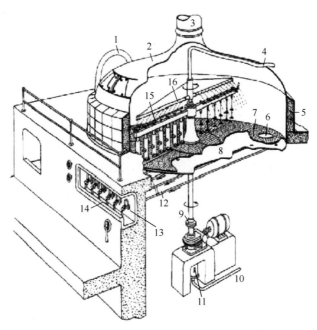

1. 进醪管；2. 槽盖；3. 排汽筒；4. 洗槽水进管；5. 保温层；6. 麦糟排出；7. 筛板；8. 槽底板；
9. 耕糟机驱动元件；10. 压力水进入管；11. 耕糟机的升降装置；12. 过滤管；
13. 鹅颈阀；14. 麦汁收集槽；15. 带耕刀的耕糟机；16. 洗槽水喷水管

图 3-5　过滤槽的结构

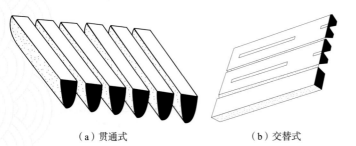

（a）贯通式　　　　　　　（b）交替式　　　　　　　（c）间隔式

图 3-6　不同筛孔形式的筛板

3）耕糟机

耕糟机的作用：麦汁过滤时，使麦糟层均匀、疏松；麦汁过滤结束，排糟。

耕糟机（图 3-7）主要由耕糟机臂、耕刀、驱动轴、驱动装置、升降装置和排糟板组成。

耕糟机启动十分缓慢，主要是通过驱动轴的旋转带动其转动，并借助涡轮传动。合适的轴密封可以避免麦汁进入转轴区。耕糟机耕糟时，周边速度只允许 3～4m/min，这样可以在 3～4min 内将麦糟的阻力消除，否则麦糟层的结构会被破坏，从而有流出浑浊麦汁的危

图 3-7　耕糟机

险。另外，耕糟机可通过升降装置控制其高度。

新型的过滤槽在耕刀臂上安装可上下转动的排糟板。排糟板排糟干净，排糟时间短，既降低过滤槽的占用时间，又节约用水，降低污水负荷。

3. 预热的目的

（1）排出过滤槽底与筛板之间及麦汁管道中的空气，避免麦汁吸氧及空气对麦汁流出的阻力。

（2）对过滤槽进行升温预热，避免醪液泵入后温度下降造成麦汁黏度的上升。

（3）可以对刚进的醪液有一定的依托（浮力作用），并检查排糟口的关系是否严密。

【实施步骤】

麦汁过滤前的准备步骤如下所述。

1. 检查设备

（1）过滤槽倒醪前，检查过滤槽内是否清洗干净，耕刀运转是否正常。

（2）泵入 78～80℃热水，并检查出糟孔是否漏水。

（3）糖化结束前，首先检查热水罐中酿造用水的温度、数量是否满足整个麦汁过滤的需要，然后调整洗糟用水 pH 值酸液的数量，并检查过滤槽的筛板是否铺好。

2. 预热

由槽底泵入和洗糟装置喷洒 76～78℃的热水，预热并排空。泵入的热水量以刚好淹没筛板为准，时间为 1～2min。

头道麦汁的过滤

【相关知识】

1. 不同类型的麦汁

1）头道麦汁（第一麦汁）

糖化醪液通过过滤后得到的麦汁称为头道麦汁。头道麦汁的浓度和数量是决定洗糟用水量的重要依据。正常情况下，生产淡色啤酒所需的头道麦汁的浓度高于终了麦汁浓度 2～4°Bx。

2）洗糟麦汁（第二麦汁、洗涤麦汁）

通过洗糟后得到的麦汁称为洗糟麦汁。随着洗糟过程的进行，洗糟麦汁的浓度及质量不断下降。

3）满锅麦汁

正式开始进行煮沸的麦汁称为满锅麦汁。满锅麦汁的浓度一般比终了麦汁的浓度低 1～2°Bx。达到满锅麦汁的浓度是停止洗糟、进行麦汁煮沸的依据。

4）终了麦汁

煮沸结束的麦汁称为终了麦汁。正常情况下，终了麦汁的浓度与所生产的啤酒浓度相当。

5）接种麦汁

经过处理以后准备添加酵母的麦汁称为接种麦汁。正常情况下，接种麦汁与终了麦汁的浓度相当。

2. 出醪注意事项

（1）为了避免过滤层不均匀，对于老式过滤槽，可利用耕糟机进行搅拌；对于新式过滤槽，醪液可从底部或侧部泵入。

（2）为避免出现喷泉的效应，醪液入口阀门应采用带有伞形阀门盖的阀门，并且醪液泵采用变速可调的。

（3）刚开始泵醪时采用慢速泵醪，随着液位的上升，泵醪的速度自动上升，以减少麦汁吸氧，使麦糟分布均匀。老设备的泵醪时间为15～20min，新设备的泵醪时间低于10min。

3. 静置

通过静置，麦糟层自然沉降，形成过滤层。老式设备需要保持15～30min静置，现代化的新设备一般不需要静置。

可在大约3/4的醪液泵完后，开始预喷。由于糖化醪液中各组分的相对密度不同，静置后由上至下分为如下几层：头道麦汁、细小的黏稠沉积物、麦糟层、粗粒沉淀物、筛板和筛板下沉积物。

4. 预过滤的目的

（1）使在静置后沉积在筛板与槽底间的沉积物去掉，有利于之后过滤麦汁时使其澄清度高、固形物少。

（2）为了在麦糟层下面形成一个有效的过滤层。

5. 头道麦汁过滤的注意事项

头道麦汁穿过麦糟层而得以过滤，麦糟对流出的麦汁产生阻力，阻力又导致吸力的产生，麦汁因而得以过滤。头道麦汁应尽可能迅速过滤，以避免不必要的时间损失。

当过滤速度较慢时，可启动耕糟机进行耕糟，增加麦糟的通透性，以加快过滤。过滤速度较慢是指头道麦汁流量过低，反映出麦糟的阻力过大。每次启动耕糟机时，应从上到下，逐渐将耕糟机分段下降，使耕糟更深一些，不要在同一高度反复耕糟，以防止麦糟层轧实、阻塞滤径、影响过滤速度。

在耕糟时，耕糟机下降的高度最低为耕刀距筛板5～8cm。耕糟一般多在麦汁排出1/2或2/3时进行。如果麦芽质量、粉碎效果及糖化效果都好，并且生产过程顺利、过滤时间充足，在整个头道麦汁过滤期间也可以不进行耕糟。

【实施步骤】

头道麦汁过滤的步骤如下所述。

1. 出醪

将糖化锅的糖化醪（76～78℃）进行充分连续的搅拌，并尽快泵入过滤槽，以免醪液温度下降。启动耕糟机搅拌后，静置 20min 以稳定糟层。

泵醪结束时用 78℃ 的热水冲洗糖化锅，将糖化锅中残留的醪液泵入过滤槽。

2. 静置

方法如 43 页所述。

3. 预过滤及回流

麦汁排出阀顺序打开，排出浑浊麦汁后，立即关闭，连续 3～4 次，浑浊麦汁小心泵回过滤槽（回流），直到麦汁清亮。

预过滤及回流时间为 5～10min，时间的长短主要取决于流出麦汁的清亮程度。

4. 过滤

麦汁调节阀适当开度正常过滤，随着过滤时间延长再逐渐增大调节阀开度。

头道麦汁滤出 10min 后，用玻璃杯取样，检查其色泽、透明度、香气和口味，并碘检。

头道麦汁滤出大约一半时，即过滤 25～30min 后测麦汁浓度。当头道麦汁过滤至即将露出麦糟时，则表明头道麦汁过滤结束。正常情况下，头道麦汁过滤应在 1h 内完成。

洗糟及二道麦汁的过滤

【相关知识】

1. 洗糟

在头道麦汁过滤之后，一般 100g 的麦糟中，大约吸收了 350mL 麦汁，残留的糟中的浸出物应尽可能回收，因此需要加入热水（洗糟水）来洗涤出麦糟中的浸出物，这一过程称为洗糟。洗糟完毕，最后剩余的含有少量浸出物的水，称为洗糟残水，洗糟残水的浓度称为残糖浓度。

洗糟水可由麦汁冷却环节的冷却水构成，这样既可节约水源，也可节约热能。

洗糟后即进行二道麦汁的过滤，二道麦汁也称为洗糟麦汁。

2. 洗糟的注意事项

（1）洗糟工作可以连续进行，即洗糟水不断加入，洗糟麦汁不断从筛板下面流出。也可分次进行。

（2）应保证洗糟麦汁清亮、固形物含量低。

（3）洗糟时机。加洗糟水太早，头道麦汁没过滤完，影响洗糟的效果，且洗糟时间长，残糖不易洗干净，糖化收得率低；加洗糟水过迟，头道麦汁全过滤完了，空气会进入糟层，吸氧加剧并产生空气阻力，不易洗糟，会延长洗糟时间。因此，洗糟的最佳时机为在头道麦汁滤至即将露出麦糟时。

（4）控制好耕糟机。耕刀必须切到整个麦糟层，并且麦糟层的任何部位不产生缝隙。为了避免麦汁浑浊，不应频繁耕糟，耕糟机也不要放得过低，耕糟机上升、下降不要太快，以免带破麦糟层。

（5）尽可能用少量的洗糟水洗出糟中残留浸出物，否则麦皮中的大量不良物质被洗出来，会使麦汁、啤酒质量受到影响。

【实施步骤】

洗糟的步骤如下所述。

（1）启动耕糟机，同时利用洗糟装置在麦糟上喷洒洗糟水（76～80℃热水）进行洗糟。

（2）停止耕糟，静置并预过滤回流后再正常过滤，过滤所得滤液即为二道麦汁。

（3）采用连续式或分2～3次开始洗糟，将麦糟中残留的浸出物洗出。同时收集洗糟麦汁。

思考题

（1）麦汁过滤的目的是什么？
（2）耕糟机的作用是什么？主要由哪几部分组成？
（3）过滤槽过滤倒醪前为何要泵入热水？
（4）请写出过滤槽过滤麦汁的一般步骤。

标准与链接

一、相关标准
《过滤槽》（QB/T 3685—1999）
二、相关链接
1. 澜埔国际酿酒学院 https://zw-lab.com
2. 中华酿酒传承与创新教学资源库 http://jszyk.36ve.com

任务四 麦汁煮沸和二次蒸汽回收

任务分析

本任务为麦汁的煮沸，它是糖化车间里继粉碎、糖化、过滤后制备麦汁的第四道工序。在麦汁煮沸锅中，麦汁经过强烈的煮沸，并加入酒花制品，成为符合啤酒质量要求的定型麦汁。煮沸麦汁的同时，会产生大量蒸汽，为了实行绿色生产，可采用合理的手段将二次蒸汽进行回收并利用。

🍺 **任务实施**

麦 汁 煮 沸

【相关知识】

麦汁煮沸需经历麦汁预热、麦汁小蒸发、水分蒸发三个阶段。

1. 麦汁预热

麦汁进入煮沸锅后，就进入麦汁煮沸，但如果为内加热煮沸锅，必须待麦汁淹没内加热器后才开始加热。过滤麦汁没过内加热器表面后即进入预热阶段。

2. 麦汁小蒸发

麦汁小蒸发是为蒸发做准备，一旦洗糟完毕，立即可以进行蒸发；同时沸腾也可使煮沸锅中的麦汁混合均匀，便于准确地测定满锅麦汁的浓度。

3. 水分蒸发

麦汁煮沸使水分挥发，麦汁的浓度随之增大。凝固物的形成取决于煮沸的强度，强烈煮沸意味着煮沸锅内的麦汁运动越剧烈，水分蒸发就越强烈，产生的气泡越多，比表面积越大，易于使变性蛋白质及蛋白质单宁复合物在气泡表面接触凝聚而沉降析出，因此水分蒸发量直接关系到蛋白质的析出。

水分蒸发越多，所用洗糟水就会越多。水分蒸发强烈，可提高糖化收得率，但通过长时间强烈煮沸来提高糖化收得率的做法很不经济，一般啤酒厂家会将混合麦汁浓度控制在低于终了麦汁浓度的 2%～3%。

4. 麦汁煮沸的目的与作用

（1）蒸发多余水分。混合麦汁通过煮沸、蒸发、浓缩可达到规定的浓度。

（2）破坏全部酶的活性，防止残余的 α- 淀粉酶继续作用，稳定麦汁的组成成分。

（3）消灭麦汁中存在的各种有害微生物，保证最终啤酒的质量。

（4）浸出酒花中的有效成分（软树脂、单宁物质、芳香成分等），赋予麦汁独特的苦味和香味，提高麦汁的生物和非生物的稳定性。

（5）使高分子蛋白质变性和凝固析出，提高啤酒的非生物稳定性。

（6）降低麦汁的 pH 值。麦汁煮沸时，水中钙离子和麦芽中的磷酸盐起反应，使麦汁的 pH 值降低，有利于球蛋白的析出和成品啤酒 pH 值的降低，有利于啤酒的生物和非生物稳定性的提高。

（7）还原物质的形成。在煮沸过程中，麦汁色泽逐步加深，形成了一些成分复杂的还原物质，如类黑素等，有利于啤酒的泡沫性、风味稳定性和非生物稳定性的提高。

（8）挥发不良气味。把具有不良气味的碳氢化合物，如香叶烯等随水蒸气的挥发而逸出，以提高麦汁质量。

5. 煮沸锅的类型

（1）圆形夹套加热煮沸锅结构如图3-8所示，为防止蒸汽热量的损失，蒸汽必须用带有隔热层的蒸汽管道引入煮沸锅。在蒸汽进口阀之后有一个蒸汽减压阀，它将蒸汽减压到许可压力。通过带有保温层的蒸汽环管使蒸汽均匀地由许多小夹套进管进入煮沸蒸汽夹套，蒸汽夹套也带有保温层，以防止热量损失。蒸汽夹套作为一个压力容器，根据法规，必须装有安全阀和压力表。在煮沸开始时，必须用蒸汽赶走夹套中的空气。由于空气比蒸汽轻，因此

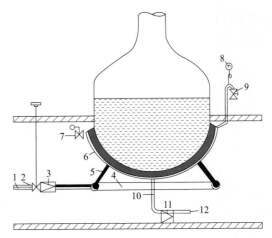

1. 蒸汽管道；2. 蒸汽进口阀；3. 蒸汽减压阀；
4. 蒸汽环管；5. 小夹套进管；6. 蒸汽夹套；
7. 安全阀；8. 压力表；9. 排气阀；10. 冷凝水排管；
11. 气液疏水器；12. 冷凝水排出管

图3-8　圆形夹套加热煮沸锅结构

可通过焊接在夹套上部的1～4个排气管排气，排气管在糖化车间上部的某一个位置汇合，各端点连有一个排气阀。

蒸汽被冷凝成冷凝水后，可通过冷凝水排管进入气液疏水器被排出。冷凝水最终通过冷凝水排出管排入收集罐中。

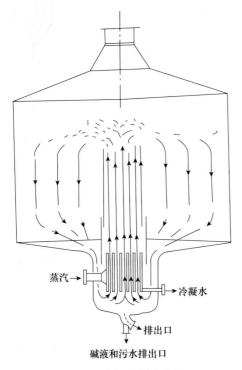

图3-9　内加热器煮沸锅

（2）内加热器煮沸锅（图3-9）。内加热器煮沸锅，是一种具有列管式内加热器的煮沸锅。内加热器煮沸为加压煮沸，麦汁穿过垂直安装在锅内的列管式加热器中的列管，而被加热向上沸腾。为了控制麦汁流动的方向，必须用外套把加热器围起来。麦汁从上穿过列管束而被0.2～0.5MPa的蒸汽加热，从而产生由内向外的麦汁循环。

在加热器的上方，安装有一个高度可调节的单层或双层伞形罩，借此可使上升的"麦汁喷泉"反射向四周散落扩展，这样可避免泡沫的形成，并使麦汁在煮沸锅中良好循环。煮沸时，麦汁可形成强烈的自然循环，因而蒸发效率较高。强制快速对流，也有利于防垢和清洗。

（3）外加热器煮沸锅。其煮沸锅与外加热器分开安置，即外加热器独立安装在锅体外。外加热器由列管或板式加热系统组成。麦汁以0.5～1.0m/s的流速从下部进入加热器而直接从

上部流出（直通式）；或以 2.5m/s 的流速从下部进入加热器后，再在其内部经过多次弯曲转向而从上部流出（转向式）。

为使麦汁循环加热，须在煮沸锅的出口与外加热器之间安装一个麦汁循环泵，从煮沸锅底流出的麦汁借助此循环泵通过外加热器进行每小时 7～12 次的循环加热。

常压下麦汁可在外加热器内加热，加热煮沸后，由上部排出并以切线方向进入麦汁煮沸锅。外加热器麦汁煮沸系统如图 3-10 所示。

【实施步骤】

煮沸锅如图 3-11 所示，麦汁煮沸步骤如下所述。

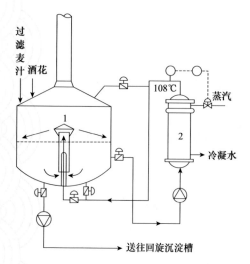

1. 麦汁煮沸锅；2. 外加热器

图 3-10　外加热器麦汁煮沸系统

图 3-11　煮沸锅

1. 麦汁预热阶段

麦汁预热是在过滤麦汁没过内加热器表面后即进行麦汁预热，此时蒸汽量较小，也可用高温水通过薄板换热器进行预热。

2. 麦汁小蒸发阶段

麦汁小蒸发即麦汁开始沸腾，小蒸发时间不应超过 30min，此阶段的蒸汽量还没开足，蒸汽量不是很大，洗糟过程仍在进行。

3. 水分蒸发阶段

水分蒸发即正式煮沸阶段，此阶段蒸汽量开到最大，可使麦汁保持激烈的沸腾状态。麦汁煮沸时间为 60～100min，煮沸时间必须足够并且煮沸要强烈。

酒 花 添 加

【相关知识】

1. 酒花添加的目的

酒花中含有酒花树脂或酒花苦味物质、酒花油、酒花多酚物质等成分，必须在麦汁煮沸过程中添加酒花，将其中有效的内含物溶出或转变，并达到以下目的。

（1）酒花树脂或酒花苦味物质溶出、异构化，赋予啤酒独特、爽快的苦味。

（2）酒花多酚物质与蛋白质结合，以提高啤酒的非生物稳定性。

（3）酒花油中的某些成分进入麦汁中，赋予啤酒独特的酒花香味。

2. 酒花添加的注意事项

（1）香型、苦型酒花使用顺序。香型、苦型酒花并用时应先加苦型酒花，以得到较高的酒花利用率，还可以将不利的挥发性物质蒸发掉；后加香型酒花（煮沸结束前5～10min）以提高酒花香味，即"先苦后香"的原则。

（2）不同酒花量的使用顺序。先加入较多的 α-酸，以提高苦味物质的利用率，后加入较少的 α-酸，以避免苦味物质损失和不舒适的苦味产生，即"先多后少"的原则。

（3）不同多酚物质含量的酒花制品使用顺序。先加多酚物质丰富的酒花制品，后加多酚物质少的酒花制品。在现代麦汁煮沸系统中，蛋白质分离较强烈，应增加多酚物质少的酒花制品的使用比例。

【实施步骤】

酒花添加以三次添加法为例步骤如下所述。

1. 酒花添加量的确定

由于不同酒花中所含苦味物质（ α-酸）量的不同，酒花的平均煮沸时间也不同，因此不能再用100L成品啤酒中含酒花量（g）来计算酒花的添加量，而应以 α-酸含量的多少来计算酒花的添加量。

2. 酒花添加时机和批次的确定

1）第一次添加酒花

在麦汁煮沸开始后5～10min，添加总量约50%的苦型酒花，以起到一定的消泡作用，使部分麦芽多酚与蛋白质结合，可使用多酚物质较高且PI值（等电点）合理的新鲜苦型酒花。

2）第二次添加酒花

在麦汁煮沸开始后30～40min，添加总量约30%的苦型或45型颗粒酒花，以起到促苦的作用，有利于 α-酸的异构化及蛋白质的凝聚。

3）第三次添加酒花

在麦汁煮沸结束前 5～10min，添加香型酒花，甚至还可以在回旋沉淀槽中添加酒花油，添加量约为总量的 20%。

3. 酒花添加的方法

1）人工添加

在开放式煮沸中，按各次添加酒花品种的要求称量酒花的添加量，按要求的酒花添加时机进行添加。酒花添加前停止煮沸，关闭蒸汽阀门，在确认麦汁对流不强烈的前提下，打开人孔，将所应添加的酒花制品人工添加到煮沸锅中。

2）半自动式添加

半自动式添加由一根管子组成，根据各批次酒花的添加量，该管在不同高度上安装有电动或气动的控制推板，它们分别在各要求加入的时间打开，实现酒花添加。

3）全自动式添加

在麦汁煮沸前将每次所要添加的酒花通过人工或自动装置分别装入酒花添加罐中，由全自动酒花添加装置自带的计数器和可调时间的泵，在预定添加时间内将煮沸锅中的麦汁泵入酒花添加罐，将麦汁与酒花混合，然后再将混有酒花的麦汁泵回到煮沸锅，实现自动添加酒花。酒花添加罐如图 3-12 所示。

图 3-12　酒花添加罐

二次蒸汽回收

【相关知识】

1. 二次蒸汽

在麦汁煮沸过程中所产生的水蒸气，称之为二次蒸汽或乏汽。

如果不加处理地将其自由排放于空气中，将会对环境造成污染，特别是建在城区的啤酒厂更应注意。因此，许多欧洲国家已将啤酒厂的蒸汽排放的方法列入法律条例。

2. 二次的蒸汽回收

麦汁煮沸时的能源需求很高，能源价格不断上涨，因而迫使许多厂家采取一定措施节能。煮沸时的能耗主要涉及麦汁的预热和麦汁煮沸时的能耗。麦汁预热，即将麦汁从 72℃加热至 100℃，能源的消耗为 17 640kJ/100L；当麦汁煮沸，总蒸发量为 12.5% 时，能源的消耗为 36 300kJ/100L。

麦汁煮沸过程中，应部分回收二次蒸汽的热量。二次蒸汽能源的回收可通过安放在排气管中的冷凝器来进行。将二次蒸汽冷凝产生热水，用于麦汁的预热，降低新鲜蒸汽的消耗。通过二次蒸汽的增压来替代部分新鲜蒸汽，用于麦汁的煮沸。

3. 二次蒸汽冷凝器的结构及原理

二次蒸汽冷凝器是由立式或卧式的铜或不锈钢的板式或列管组成。在冷凝器中，二次蒸汽穿过中间有水流动的薄板或列管，水被升温。二次蒸汽将它的热量传递给水后自身冷凝下来。

根据不同用途，乏汽可进行一级或二级冷却，得到高温水。如果进行二级冷却，则第一级冷却可将热水加热成高温水，此高温水可用于麦汁的预热；第二级冷却可将冷水加热成热水。这样可最大限度地将乏汽的热量转移到可重新使用的热水中。一天生产多锅麦汁时，生产的热水量会超过需求量，固现在大多使用一级冷凝器。

4. 乏汽压缩机工作的前提

在麦汁煮沸刚开始时，使用新鲜蒸汽进行加热，直至整个系统无空气存在，然后再换到乏汽压缩机工作系统。

与高温灭菌设备一样，如果此压缩系统中混入了空气，则达不到高温的目的，因此乏汽压缩机工作的前提是整个系统无空气存在，否则达不到优质的高温过压蒸汽的形成。

大多数的带有乏汽压缩机的煮沸系统为外加热煮沸系统，因为外煮沸的加热面积非常大，也可在内加热系统中安设乏汽压缩机。

【实施步骤】

二次蒸汽回收的步骤如下所述。

1. 二次蒸汽冷凝

按逆流原理，即软化水与乏汽流动方向相反，软化水泵入列管中而被乏汽加热，由排汽筒抽出的乏汽则被软化水冷凝成冷凝水。

2. 二次蒸汽压缩或增压

将从排汽筒抽出来的乏汽通过热泵将乏汽压缩成 0.02～0.05MPa 的过压蒸汽，当蒸汽的温度升至 107～115℃，再将它用于麦汁煮沸。

? 思考题

（1）麦汁煮沸的目的是什么？
（2）煮沸锅的类型有哪些？
（3）煮沸时添加酒花的目的是什么？
（4）添加酒花的原则是什么？

🔗 标准与链接

一、相关标准

《煮沸锅》(QB/T 1847—1993)

二、相关链接

1. 澜埔国际酿酒学院　https://zw-lab.com
2. 中华酿酒传承与创新教学资源库　http://jszyk.36ve.com

任务五　麦汁的处理

🍷 任务分析

> 本任务介绍麦汁的热、冷凝固物的分离方法，麦汁冷却的方法及相关设备的使用方法。在回旋沉淀槽（又称旋流澄清槽）内，分离酒花糟和热凝固物后，可利用薄板冷却器将麦汁冷却到接种温度，并对麦汁进行充氧以得到能进行发酵的麦汁。

📖 任务实施

去除麦汁热凝固物

【相关知识】

麦汁煮沸定型后，在进入发酵前还需要进行一系列处理，包括热凝固物的分离、麦汁的冷却与充氧等。由于发酵技术的不同，啤酒成品质量要求也不同，麦汁处理方法也有较大的差异。

1. 麦汁处理的目的

（1）分离和析出麦汁中的热、冷凝固物以改善发酵条件和提高啤酒质量。煮沸结束，麦汁中含有大量的热凝固物、酒花糟及其他固形物；同时，在麦汁冷却过程中会析出一些冷凝固物。这些浑浊物如果不去除，啤酒发酵时将有可能附着在啤酒酵母的表面，影响酵母对营养物质的吸收及代谢产物的排出，从而降低酵母的发酵作用，并影响啤酒的质量。

（2）降低麦汁温度，适应酵母发酵的要求。煮沸结束的麦汁温度很高，只有通过处理后方能达到接种温度。

（3）使麦汁吸收适量的无菌氧气以促进酵母的繁殖。啤酒酵母是兼性微生物，发酵前期需有氧呼吸；通过麦汁处理，可提供啤酒酵母繁殖所需的足够氧气。

2. 倒麦汁

所谓倒麦汁，即煮沸结束的麦汁，通过泵打入下一道工序中。是否需要倒麦汁取决于热凝固物处理的方式、麦汁煮沸锅的类型。由于倒麦汁过程中麦汁仍处于高温阶段，会继续发生高温阶段一系列的变化。如必须进行倒麦汁，首先倒麦汁过程中不应使热凝固物被打碎或吸入空气，这样便于热凝固物的排出。通常使用大流量、低扬程的泵，泵的密封性能要好。倒麦汁的管道要短、弯头要少，这样可减少压力的损失。不仅可缩短倒麦汁的时间，还可降低倒麦汁过程中的高温负荷及高温麦汁氧化对麦汁质量带来的负面影响，对热凝固物破坏也会减少，并有利于在回旋沉淀槽中彻底排出热凝固物和酒花糟，静置时间短。倒麦汁的时间最好少于20min。

3. 回旋沉淀槽的工作原理

回旋沉淀槽的结构如图3-13所示。麦汁由切线入口泵入回旋沉淀槽，含有热凝固物的热麦汁在沉淀槽中呈旋转运动状态。这时麦汁表面中心下凹，从而形成旋转抛物面。由于热凝固物和酒花糟比麦汁相对密度大，所受离心力大，被压向回旋沉淀槽的槽壁，通过离心力的作用，形成由内到外压力上升的"压力坡度"，这种压力差在槽底体现出来，槽底产生螺旋形的向心流，使热凝固物在槽底中心形成锥形堆积，麦汁在旋转运动中，较大的颗粒能够吸附较小的颗粒，使得分离效果得以改善。

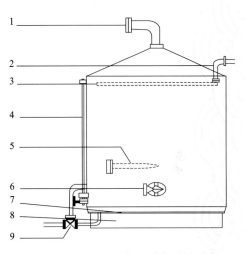

1. 排汽筒；2. 洗涤水进口；3. 喷水环管及喷嘴；
4. 液位指示管；5. 麦汁切线入口；6. 人孔；
7. 钢筋混凝土底座的防护圈；8. 支座；9. 三通出口阀

图3-13　回旋沉淀槽的结构

【实施步骤】

以回旋沉淀槽操作为例，介绍去除麦汁中热凝固物的步骤。

1. 倒麦汁

用泵将麦汁以1.5～1.7m/s的流速，沿切线方向从回旋沉淀槽下端麦汁入口泵入。当麦汁液面达到上端入口位置时，先开启上端入口阀，后关闭下端入口阀，流速达7～9m/s。倒麦汁完毕前，用热水冲洗煮沸锅并将管路中的麦汁顶入回旋沉淀槽。

2. 静置

为保证处理后麦汁中残留的热凝固物低于30mg/L，需静置约30min以满足去除热凝固物的要求。采用多个麦汁出口管分布的回旋沉淀槽，可将静置时间缩短到15～20min。

3. 泵出清亮麦汁

达到规定静置时间后，沉淀物以球体沉积于斜度为1%～2%的槽底。清亮的麦汁由出口泵出、冷却。

4. 清洗设备

最后排出或回收热凝固物，清洗回旋沉淀槽。

麦汁冷却（一段法）

【相关知识】

1. 麦汁冷却的要求

（1）确保麦汁冷却后无菌程度高。
（2）确保麦汁冷却时麦汁的损失小。
（3）冷却后的麦汁浓度、pH 值波动尽可能小。
（4）不允许冷媒、清洗剂混入冷却的麦汁中。
（5）能确保冷却的麦汁温度达到工艺的要求，在冷却过程中麦汁的温度波动小。
（6）在保证冷却的麦汁温度达到工艺要求的前提下，麦汁冷却的时间少于 60min 或更低。
（7）麦汁冷却时产生的热水温度最好高于 80℃，且热水的总量能满足糖化投料、洗糟，可降低麦汁生产时的能源消耗。
（8）麦汁冷却系统中用于冷媒的电耗低。
（9）能自动控制麦汁冷却的过程。

2. 麦汁冷却温度选择的依据

对于下面发酵而言，麦汁冷却温度一般控制为 7～9℃。麦汁冷却温度低，酵母起发慢，发酵时间长，发酵比较稳定，酵母沉淀好，制成的啤酒口味淡爽、柔和，泡沫性能好；反之，麦汁冷却温度高，发酵速度快，发酵时间短，会产生较多的代谢副产物（高级醇、酯等），影响啤酒的口味。

麦汁冷却温度可参照以下情况决定。
（1）生产季节。生产旺季，要求发酵时间短、产量高，冷却温度可高些，控制为 8～10℃；生产淡季，可控制为 6～8℃。
（2）酵母性能、添加量。酵母使用代数高、性能差、添加量少，冷却温度可高些。
（3）麦汁的组成。α- 氮含量低，可发酵性糖含量低，冷却温度可低些，为 6～8℃；麦汁浓度高，冷却温度高，为 8～10℃。
（4）发酵工艺。
① 发酵周期长，则冷却温度低，为 6～8℃；发酵周期短，则冷却温度高，为 8～10℃。
② 采用高温发酵，则冷却温度高；采用低温发酵，则冷却温度低。
（5）多锅麦汁进一罐冷却的温度要求。锥形罐发酵，一般接种温度比主发酵最高温度低 2～4℃。对于分批进罐且添加了啤酒酵母的冷麦汁，每次增加幅度为 0.5℃。例

如，四锅满罐，满罐温度为9℃：第一锅为7.5℃，第二锅为8℃，第三锅为8.5℃，第四锅为9℃。

3. 麦汁冷却设备——薄板冷却器

1）薄板冷却器的原理

薄板冷却器（图3-14）由许多片两面带沟纹的不锈钢板组成，每两块合为一组，中间用橡胶垫圈密封（图3-15），防止渗漏。麦汁和冷却介质通过泵送以湍流形式在同一块板的两侧沟纹上逆向流动，通过热交换将麦汁冷却（图3-16）。

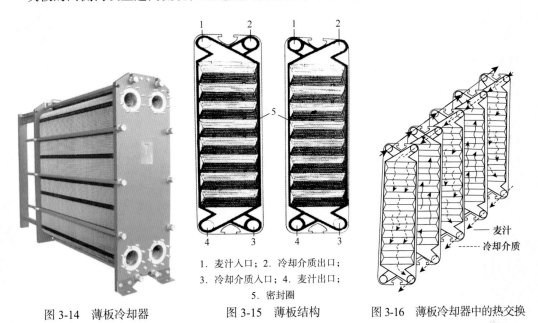

1. 麦汁入口；2. 冷却介质出口；
3. 冷却介质入口；4. 麦汁出口；
5. 密封圈

图3-14 薄板冷却器　　　　图3-15 薄板结构　　　　图3-16 薄板冷却器中的热交换

2）薄板冷却器的优点

压力损失小，冷却效率高，热交换面积大，冷却时间短，占地面积小，不易堵塞，清洗、灭菌比较容易，易与CIP系统（原位清洗）连接，能保证麦汁不易受污染等。

4. 一段法冷却的优点

以前多数啤酒厂采用两段法冷却，目前我国啤酒厂广泛采用一段法冷却，因为一段法冷却具有以下优点。

（1）降低用于制冷的能耗。

（2）可以最大限度地回收热麦汁中的热能；因冷却而产生的热水温度、总量能满足麦汁生产的需要，不需用蒸汽加热再产生热水，降低了能耗。杜绝了温水的浪费，降低了水耗。

（3）冷却介质是水，可大大节省冷却介质的投资费用。

（4）操作稳定，电耗负荷均匀，降低了用电峰值。

（5）适合日糖化锅次高的麦汁生产。

【实施步骤】

麦汁冷却步骤如下所述。

1. 清洗检查设备

采用薄板冷却器进行一段冷却（图 3-17 和图 3-18），清洁板片，不得有铁屑、脏物，检查板片是否被腐蚀、板上橡胶垫圈是否脱胶。

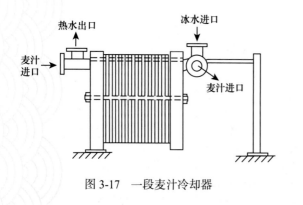

图 3-17　一段麦汁冷却器

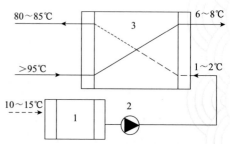

1. 冰水贮罐；2. 冰水泵；3. 薄板冷却器

图 3-18　一段麦汁冷却工艺

2. 组装并杀菌

将薄板冷却器组装好，不得渗漏，然后用 80℃以上的热水冲洗杀菌 15～20min。

3. 调节压力

调节麦汁与冰水的泵送压力均为 0.1～0.15MPa，尽量保持均衡，不得超过规定的压差，以免造成喷液或胶垫渗漏，致使冰水进入麦汁而引起质量事故。

4. 冷却麦汁

（1）将处理后的酿造用水在蒸发罐中冷却至 1～2℃，放入冰水罐中备用。

（2）打开旋塞放出麦汁，用 1～2℃（或温度更低）的冰水直接将麦汁冷却至接种温度（6～8℃），冰水本身升温到 80℃以上，送入糖化热水箱作为糖化用水和洗糟用水。

5. 关闭制冷剂

冷却结束后，通知冷冻间关闭制冷剂，再用无菌压缩空气吹尽板式换热器中的麦汁余液。

6. 清洗

通入清水冲洗冷却器，再用 80℃以上热水循环杀菌 20min，待用。

麦 汁 充 氧

【相关知识】

啤酒酵母属于兼性微生物，既能在有氧条件下呼吸，又能在厌氧环境下进行酒精发酵。麦汁充氧以供给酵母生长繁殖所必需的氧含量（8～10mg/L）。氧含量过高，会使酵母繁殖过量，发酵副产物增加；氧含量过低，酵母繁殖数量不足，会影响发酵速度。目前常用的麦汁充氧设备有陶瓷烛棒、文丘里管、双物喷头及静止混合器等。

【实施步骤】

麦汁充氧以文丘里管为例，从图3-19中的无菌空气喷嘴通入过量的氧气（3～10L/100L麦汁），麦汁流至文丘里管中管径紧缩段时，流速提高，在管径增宽段形成涡流流体，使氧气与麦汁充分混合，麦芽汁含氧达到8～10mg/L。

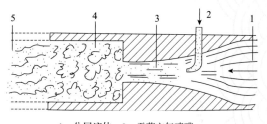

1. 分层流体；2. 无菌空气喷嘴；
3. 管径紧缩段，借此提高流速；4. 涡流流体；5. 视镜
图 3-19　文丘里管结构

思考题

（1）麦汁处理的目的和要求是什么？
（2）回旋沉淀槽的工作原理是什么？
（3）麦汁一段法冷却的优点是什么？
（4）薄板冷却器的优点有哪些？

标准与链接

一、相关标准
《旋流沉清槽》（QB/T 1850—1993）
二、相关链接
1. 澜埔国际酿酒学院　https://zw-lab.com/
2. 中华酿酒传承与创新教学资源库　http://jszyk.36ve.com

任务六　麦汁废物的综合利用

任务分析

本任务将麦汁制备过程中所产生的废物进行分析，并制定相应的处理方案，以达到绿色生产的目的。麦汁废物综合利用包括冷热凝固物的利用和麦糟的利用两个方面内容。

任务实施
麦汁废物的综合利用方法

【相关知识】

麦汁制备过程将产生麦汁冷却水、装置洗涤水、麦糟、热凝固物和酒花糟。装置洗涤水主要是糖化锅洗涤水、过滤槽洗涤水和沉淀槽洗涤水。除此之外，糖化过程还要排出酒花糟、热凝固物等大量悬浮固体。在麦汁制备工段，每制 1t 成品酒，会产生无机污染物 7.24kg 或有机污染物 3.77kg。

1. 热凝固物的利用

麦汁经煮沸形成的热凝固物中，含有一定量麦汁和凝固蛋白质，它们是蛋白质在煮沸锅内与酒花中鞣酸结合形成的一种鞣酸蛋白，其蛋白含量为 40%～50%。

热凝固物可作奶牛饲料，提高奶牛的产奶率；也可经脱苦处理后，用作食品添加剂替代可可脂。

2. 麦糟的利用

麦糟是啤酒厂产量最大的副产物，因麦汁过滤、输送工艺的不同，其产糟量、回收量亦不同，主要用途是用于生产饲料。

湿麦糟含有多种营养成分，其组成见表 3-1。目前，不少啤酒厂是将湿麦糟直接出售给饲料加工用户，这样投资少，处理费用低。年产 10 万 t 啤酒的工厂，年产生湿麦糟 1.5 万 t。湿麦糟作为饲料经济价值不高，而加工成干饲料既能增值，又便于贮存与运输。年产 10 万 t 啤酒的工厂，可生产 7000t 干饲料。

表 3-1 湿麦糟的成分

成分	水分	粗蛋白质	可消化蛋白质	脂肪	可溶解性非氮物	粗纤维	灰分
含量 ω/%	75～80	5	3.5	2	10	5	1

【实施步骤】

麦汁废物的综合利用步骤如下所述。

1. 冷热凝固物中回收麦汁和凝固蛋白质

采用板框压滤机进行压滤回收热凝固物，热凝固物还可返回糖化后的麦汁过滤。

2. 麦糟再利用

从麦汁过滤槽分离出的麦糟用螺旋压滤机或袋式压滤机可去除 10% 左右水分，然后送入列管式蒸汽干燥机或盘式蒸汽干燥机，干燥至含水量 10%，再经粉碎、造粒、可制成颗粒干燥麦糟。

思考题

（1）制麦汁时的冷热凝固物有何利用价值?

（2）麦糟的主要成分有哪些?

标准与链接

一、相关标准

1.《啤酒工业污染物排放标准》（GB 19821—2005）

2.《啤酒企业 HACCP 实施指南》（GB/T 22098—2008）

二、相关链接

1. 澜埔国际酿酒学院　https://zw-lab.com

2. 中华酿酒传承与创新教学资源库　http://jszyk.36ve.com

啤酒厂的废水
排放量及其污
染强度

啤酒的发酵

知识目标

（1）了解啤酒酵母的基本知识。

（2）掌握啤酒酵母的扩培方法和活性干酵母的活化方法。

（3）掌握酵母菌的接种方法和啤酒发酵过程的控制。

（4）熟悉啤酒酵母的回收和贮存要求。

（5）了解 CO_2 的回收和利用。

技能目标

（1）能够熟练进行啤酒酵母的扩培和活性干酵母的活化操作。

（2）能够熟练掌握发酵设备的使用方法。

（3）能熟练进行啤酒酵母的扩大培养。

啤酒的发酵

任务一　酵母菌的扩培

🍷 任务分析

　　本任务主要学习利用保藏的酵母菌菌种扩培啤酒酵母，并学会使用活性干酵母，了解啤酒酵母的基本知识，掌握啤酒酵母的扩培方法；逐级扩培酵母菌（啤酒酵母的实验室扩培、啤酒活性干酵母的活化、啤酒酵母的生产扩培）以用于啤酒生产。

🍺 任务实施

啤酒酵母的实验室扩培

【相关知识】

1. 啤酒酵母

　　啤酒发酵过程是利用酵母菌实现葡萄糖、麦芽糖等糖类向乙醇转化的关键步骤，同时也发生着多肽等多种物质的转化，从而形成啤酒独特的风味。

　　酵母菌是单细胞微生物，它获取能量的方式有有氧呼吸和无氧呼吸两种。

　　在啤酒酿造中，麦汁中的糖类物质被酵母菌发酵成乙醇。啤酒厂使用的酵母菌为啤酒属酵母。面包酵母、葡萄酒酵母则用于面包、葡萄酒的发酵。

　　酵母菌不仅进行酒精发酵，而且其新陈代谢产物可影响啤酒的口味和特点，所以了解酵母菌的内容物组成、新陈代谢过程及其增殖尤为重要。不同的酵母菌有着不同的特性。

　　啤酒酵母（图 4-1）为兼性厌氧菌。啤酒厂使用的酵母菌主要是啤酒属酵母，而啤酒属酵母中又有众多的种类。实际生产中使用的啤酒酵母有两大种类：上面酵母和下面酵母。

2. 啤酒酵母的扩培

（1）啤酒酵母纯正与否，对啤酒发酵和啤酒质量有着很大的影响。生产中所使用的啤酒酵母来自保存的纯种啤酒酵母，在适当的条件下经扩大培养，达到一定数量和质量后，以供生产使用。每个啤酒厂都应保存适合本厂使用的纯种啤酒酵母，以保证生产的稳定性和产品风格的质量。

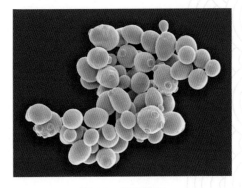

图 4-1 啤酒酵母

（2）啤酒酵母的扩大培养是指从斜面种子到生产所用的种子的培养过程，这一过程又分为实验室扩大培养阶段和生产现场扩大培养阶段。

【实施步骤】

啤酒酵母实验室扩培步骤如下。

（1）斜面试管上接种保存的啤酒酵母菌种。

（2）富氏瓶中装入优级麦汁，培养纯正啤酒酵母。

（3）巴氏瓶中加入优级麦汁，接入富氏瓶培养的啤酒酵母继续进行扩大培养。

（4）巴氏瓶扩大培养后的啤酒酵母接入装有麦汁的卡氏罐进行扩大培养。

啤酒活性干酵母的应用

【相关知识】

1. 低温发酵

（1）温度要求：发酵起始温度为 9℃ 或更低（7～8℃），主发酵最高温度控制在 11～12℃。

（2）复水活化材料要求：容器必须洁净、可密封；活化用水必须是无菌的凉开水；麦汁必须经煮沸后取用。啤酒活性干酵母必须活化 1.5～2h，用量为 0.5‰。

（3）复水活化步骤：取煮沸后的 10～12°Bx 的麦汁，加等量的凉开水制备成 4～6°Bx 麦汁，迅速冷却至 30～32℃，加入可密封的洁净容器中；然后取所需用量的啤酒活性干酵母加入 4～6°Bx 麦汁中，麦汁用量为啤酒活性干酵母用量的 5～10 倍。复水活化过程中，每隔 10min 摇动容器 2min，活化 1.5～2h。该麦汁发酵 4～5d 可开始保压，此时糖度在 4.5°Bx 左右。

2. 中温发酵

发酵起始温度为 11℃，主发酵最高温度控制在 13～14℃。啤酒活性干酵母用量为

0.4‰，复水活化方法同低温发酵，发酵 48～72h 可开始保压，糖度在 4.5°Bx 左右。其他控制条件根据工艺要求而定。

3. 高温发酵

发酵起始温度为 17℃，主发酵最高温度控制在 19～20℃。在此温度下，啤酒活性干酵母可不活化直接入罐，啤酒活性干酵母用量为 0.3‰，复水活化方法同低温发酵，发酵 36～48h 可开始保压，糖度在 4.5°Bx 左右。

【实施步骤】

啤酒活性干酵母的活化步骤如下所述。
（1）根据接种量，正确称取活性干酵母用量。
（2）将称量好的活性干酵母加入 10 倍 4～6°Bx 麦汁中。
（3）轻微搅拌使其混匀，按工艺要求在一定温度下活化一定时间后，投入生产。

啤酒酵母的生产扩培

【相关知识】

1. 获取合适的酵母菌细胞

纯种培养要选用经实践证明合格可靠的酵母菌细胞。酵母菌细胞的分离应在高泡阶段完成。

根据林奈德小滴培养法在显微镜下以小滴形式分离出单个酵母菌细胞，将许多这样的单个细胞在 8～10℃ 与主发酵温度相吻合的情况下进行繁殖培养。再在显微镜下追踪观察酵母菌细胞不同阶段的生长情况，并据此对酵母菌细胞进行挑选。之后借助无菌滤纸条吸取其中最健壮的酵母菌菌落，并把它置于 5mL 无菌麦汁中开始培养，然后逐级扩大培养，最高稀释比例可达 1∶10。若酵母菌不立即使用，则可将酵母菌细胞保存在 0～5℃ 的麦汁琼脂的斜面培养基上，并注入液体石蜡以防止培养基变干。以此处理后的样品可保存 6～9 个月。

2. 实验室扩培

将 5mL 装有酵母菌的麦汁继续进行实验室扩培。接下来的酵母菌繁殖（增殖）过程主要通过倒罐的形式不断将处于高泡期的培养液倒入更大的容器中来实现。扩大培养示例见表 4-1。

表 4-1　扩大培养示例

容器编号	容器体积/mL	无菌麦汁量/mL	接种量/mL	总量/mL
1	10	5	-	5
2	100	50	5	55
3	1000	500	55	555

超过 10L 的容器用金属（铬镍钢）制作，被称为卡式罐。卡式罐上采用螺纹密封圈来密封。大多数卡式罐带有方便运输的手柄、无菌空气过滤器、取样阀及一根连接至罐底的排空与充注的软管，软管自身带有管箍。卡式罐及其中的内容物一起被加热灭菌，然后被冷却至接种温度后接入酵母菌液。大多数卡式罐有带橡皮膜的接种头，在无菌条件下通过注射器来进行接种操作。接种量为 100～200mL。通过取样阀上的无菌空气接头，可使无菌空气从底部垂直升液管进入麦汁以促进酵母菌繁殖。若已达到期望的酵母菌细胞数，则导入经空气过滤器过滤后的压缩空气将酵母菌液从垂直液管和取样阀中压出。

由于运输的原因，较大麦汁量的扩培工作无法在实验室内进行，需要在车间的酵母菌扩培设备中进行扩大培养。

3. 车间酵母菌扩培

车间进行的酵母扩培可以在酵母菌扩培设备、开放式扩培容器中进行。

扩培过程中每一个酵母菌细胞均必须形成自身质量几倍的新细胞，扩培结束时纯种酵母菌细胞的浓度可达到（1×10^9）～（1.4×10^9）个/mL。为了完成如此艰巨的任务，酵母菌除需要麦汁中拥有足够的营养成分外，还特别需要有充足的氧气。

其主要原因有以下几个方面。

（1）酵母菌形成有机化合物需要能量。

（2）酵母菌主要通过有氧呼吸获取增殖所需的能量，无氧发酵时收获的能量远远不够。

（3）酵母菌的呼吸代谢过程必须有氧的参与，而高糖含量会阻止酵母菌的呼吸过程，所以无限制地提高供氧量也没有意义。

（4）所供氧气必须分配良好，能够让每一个小细胞都得到供给。

（5）实际生产中必须通入过量的氧，但是没有溶解、快速溢出的氧气是无法通过渗透作用来给细胞供氧的，还会带来不必要的泡沫问题。

4. 酵母菌扩培设备

酵母菌扩培设备由不同规格的密闭不锈钢罐组成。在这些罐中进行扩大培养直至达到发酵池或发酵罐接种所需的酵母菌添加量为止。酵母菌扩培设备由一个麦汁灭菌罐和一个增殖罐组成。麦汁灭菌罐的作用是对待发酵的麦汁进行灭菌并加以冷却。酵母菌增殖以逐级扩大的方式在不同大小的增殖罐中进行，直到拥有锥形罐所需的接种量。

增殖罐中要保留一定量的处于高泡期的残液，立即加入无菌麦汁后可开始下一次酵母菌增殖过程。清洗增殖罐之前，必须完全排空增殖罐。采用该追加式扩培方法能够在实际生产条件下、在较短时间间隔内连续进行纯种扩培，由此达到均匀的酵母菌质量。

所有啤酒厂都要尽可能使每次接种时的酵母菌处于最佳状态。使用对数生长期（酵母菌繁殖最旺盛的时期，也称高泡期）的酵母菌来发酵具有许多优点，如起发快，发酵时间短，pH 值下降快（降幅大），双乙酰分解快且完全，啤酒口味纯正、圆润等。

【实施步骤】

啤酒酵母的生产扩培步骤如下所述。

（1）将麦汁装入麦汁灭菌罐中，在100℃下灭菌至少30min。灭菌后，将麦汁冷却至14～16℃。

（2）将酵母菌加入增殖罐中。若增殖罐有各种规格，则首先在无菌条件下将卡式罐中的酵母菌添加到最小的增殖罐中。倒罐时首先必须将取样阀处的两个开口用火焰灭菌，以避免污染。为使酵母菌快速增殖，麦汁必须强烈通风。为此须将麦汁从灭菌罐泵入增殖罐，达到增殖罐所需容积后，再对增殖罐进行体外循环并同时通风。容积测试可使用压力传感器来完成。

（3）24～36h，培养液达到对数生长期（高泡期）。此时，应在无菌条件下，将培养液泵入下一个更大的、装有无菌麦汁的增殖罐中。该过程一直重复进行至达到所需的酵母菌量为止。

（4）当增殖罐中达到最高酵母菌量时，将此时正处于高泡期的嫩啤酒泵入发酵罐中。为确保最佳的发酵过程，需要在倒罐时再次进行强烈通风。

🥛 思考题

（1）啤酒酵母有哪些品种？

（2）酵母菌扩培有哪些阶段？

（3）酵母菌扩培设备有哪些？

🔗 标准与链接

一、相关标准

1.《啤酒》（GB/T 4927—2008）

2.《食品安全国家标准　啤酒生产卫生规范》（GB 8952—2016）

3.《食品安全国家标准　食品加工用酵母》（GB 31639—2016）

二、相关链接

1. 澜埔国际酿酒学院　https://zw-lab.com

2. 中华酿酒传承与创新教学资源库　http://jszyk.36ve.com

任务二　啤酒发酵过程的控制

🍷 任务分析

啤酒发酵过程中主要涉及糖类和含氮物质的转化，及啤酒风味物质的形成等。本任务介绍啤酒发酵的基本理论，并以一罐法发酵为例介绍锥形发酵罐啤酒发酵的主要过程。

任务实施

一罐法发酵

【相关知识】

啤酒的生产是依靠纯种啤酒酵母利用麦汁中的糖类、氨基酸等可发酵性物质通过一系列的生物化学反应，产生乙醇、CO_2 及其他代谢副产物，从而得到具有独特风味的低度乙醇含量的酒。

1. 啤酒发酵的基本理论

（1）冷麦汁接种啤酒酵母后，即开始进行发酵。啤酒发酵是在啤酒酵母体内所含的一系列酶类的作用下，以麦汁所含的可发酵性营养物质为底物而进行的一系列生物化学反应。通过新陈代谢最终得到一定量的酵母菌体和乙醇、CO_2 及少量的代谢副产物，如高级醇、酯类、连二酮类、醛类、酸类和含硫化合物等发酵产物。这些发酵产物会影响啤酒的风味、泡沫性能、色泽、非生物稳定性等理化指标，并形成了啤酒的典型性风味。

（2）啤酒发酵分为主发酵和后熟两个阶段。在主发酵阶段，进行酵母菌的适当繁殖和大部分可发酵性糖的分解，同时形成主要的代谢产物乙醇和高级醇、醛类、双乙酰及其前驱物质等代谢副产物。在后熟阶段，主要进行双乙酰的还原，并使酒体趋于成熟，残糖继续发酵，同时促进 CO_2 的饱和，使啤酒口味清爽，促使啤酒更加澄清。

2. 影响啤酒发酵的主要因素

除啤酒酵母菌的种类、数量和生理状态外，影响啤酒发酵的主要因素有麦汁成分、发酵温度、罐压、pH 值、代谢产物等。

1）麦汁成分

麦汁组成适宜，能满足酵母菌生长、繁殖和发酵的需要。12°P 麦汁中 α- 氨基氮含量应为（180±20）mg/L，还原糖含量应为 9.5～11.2g/100mL，溶解氧含量应为 8～10mg/L，锌含量应为 0.15～0.20mg/L。

α- 氨基氮是酵母菌繁殖期的重要营养物质，麦汁中 α- 氨基氮达到一定量（150mg/L 以上）就会减少酵母菌通过糖类合成的氨基酸含量，从而降低双乙酰的前驱物质 α- 乙酰乳酸的生成量，同时有利于酵母菌的繁殖。当 α- 氨基氮含量不足时，酵母菌细胞数峰值提前 20～24h。α- 氨基氮含量还与发酵过程中双乙酰峰值有关。

麦汁中还原糖的含量对酵母菌的影响也很大，当还原糖含量<9.5g/100mL 时，啤酒发酵将明显减慢，酵母菌沉降早，残糖含量高，双乙酰还原速度慢。

麦汁中的微量金属尤其是锌（需求量为 0.15～0.20mg/L），作为酵母菌中乙醇脱氢酶的辅助因子具有重要的作用，如果缺少，就会造成啤酒发酵迟缓、酵母菌增殖差和产生不理想的发酵副产物。

2）发酵温度

此处的发酵温度是指旺盛发酵（主发酵）阶段的最高温度。啤酒发酵一般采用低温发酵工艺。

啤酒上面发酵温度为 18～22℃，下面发酵温度为 7～15℃。低温发酵可防止或减少细菌的污染，同时酵母菌增殖慢，最高酵母菌细胞浓度低。发酵过程中形成的双乙酰、高级醇等代谢副产物少，同化氨基酸少，pH 值下降缓慢，酒花香气和苦味物质损失少，酿制出的啤酒风味好。此外，采取低温发酵工艺，酵母菌自溶少，使用代数多。

下面发酵根据发酵阶段的不同，可把发酵温度分为起始温度（也称满罐温度）、最高温度（称为主发酵温度）、还原双乙酰温度和贮酒温度。一般下面发酵工艺中根据其发酵温度的不同分成三类：低温发酵（接种温度为 6～7.5℃，发酵温度为7～9℃）、中温发酵（接种温度为 8～9℃，发酵温度为 10～12℃）和高温发酵（接种温度为 9～10℃，发酵温度为 13～15℃）。在淡爽型啤酒生产时，采用较高发酵温度（10～12℃）效果较好。双乙酰还原温度根据不同的操作工艺所需发酵温度也不同，为缩短发酵周期，多数采用双乙酰还原温度等于或高于发酵温度。一般情况下，啤酒副产物的形成主要在酵母菌的增殖阶段，而为了保证啤酒具有纯正的口味，满罐温度和主发酵温度都不宜过高，发酵最高温度最好在 12℃以下。

3）罐压

在一定的罐压下，酵母菌增殖量较少，代谢副产物形成量少，其主要原因是 CO_2 浓度的增高抑制了酵母菌的增殖。因此，在提高发酵温度、缩短发酵时间的同时，应相应提高罐压（加压发酵），以避免由于升温带来的代谢副产物增多的问题。一般最高罐压为温度值除以 100。罐压越高，啤酒中溶解的 CO_2 就越多；发酵液温度越低，啤酒中 CO_2 含量就越高。

4）pH 值

酵母菌发酵的最适 pH 值为 5～6，过高或过低都会影响啤酒发酵的速度和代谢产物的种类、数量，从而影响啤酒的发酵和产品的质量。

5）代谢产物

酵母菌自身代谢产物乙醇的积累将逐步抑制酵母菌的发酵作用，一般当乙醇体积分数达到 8.5% 以上时就会抑制发酵，此外重金属离子 Cu^{2+} 等也对酵母菌有毒害作用。

【实施步骤】

一罐法发酵步骤如下所述。

1. 接种

选择已培养好的 0 代酵母菌或生产中发酵降糖正常、双乙酰还原快、微生物指标合格的发酵罐酵母菌作为种子，后者可采用罐 - 罐的方式进行串种。接种量以满罐后酵母菌数在（1.2～1.5）×10^7 个/mL 为准。啤酒发酵罐如图 4-2 所示。

图 4-2　啤酒发酵罐

2. 满罐时间的控制

正常情况下，要求满罐时间不超过 24h，酵母菌扩培时可根据发酵的情况而定。满罐后每隔 1d 排放一次冷凝固物，共排放 3 次。

3. 主发酵控制

主发酵温度一般控制在 10℃，普通啤酒控制在 10℃ ±0.5℃，优质啤酒控制在 9℃ ±0.5℃，旺季可以升高 0.5℃。当外观糖度降至 3.8～4.2°Bx 时可封罐升压。发酵罐压力控制在 0.10～0.15MPa。

4. 双乙酰还原

主发酵结束后，关闭冷媒升温至 12℃进行双乙酰还原。双乙酰含量降至 0.10mg/L 以下时，开始降温。

5. 降温

双乙酰还原结束后应该降温，24h 内使温度由 12℃降至 5℃，停留 1d 进行酵母菌回收。亦可在 12℃发酵过程中回收酵母菌，以保证获得更多的高活性酵母菌。旺季或酵母菌不够用时可在主发酵结束后直接回收酵母菌。

6. 贮酒

回收酵母菌后，锥形罐继续降温，24h 内使温度降至 −1.5～−1℃，并在此温度下贮酒。贮酒时间：淡季 7d 以上，旺季 3d 以上。

思考题

（1）如何控制酵母菌发酵温度？
（2）影响酵母菌发酵的因素有哪些？
（3）一罐法发酵主要有哪些环节？

标准与链接

一、相关标准
1.《锥形发酵罐》（QB/T 1848—1993）
2.《啤酒》（GB/T 4927—2008）
二、相关链接
1. 澜埔国际酿酒学院　https://zw-lab.com
2. 中华酿酒传承与创新教学资源库　http://jszyk.36ve.com

任务三　啤酒废酵母的利用

任务分析

　　本任务介绍啤酒生产中啤酒废酵母的主要来源，并分析啤酒废酵母的特点。根据其特点的不同，对啤酒废酵母的回收利用价值加以探索，并采用合理的方法，在啤酒发酵过程中回收酵母菌，以实现资源的合理再利用。

任务实施

酵母菌回收

【相关知识】

　　锥形罐发酵法酵母菌的回收方法不同于传统发酵，主要区别有以下几个方面。

　　（1）回收时间不定。可以在啤酒降温到6～7℃以后随时排放酵母菌；传统发酵只能在发酵结束后才能进行。

　　（2）回收温度不固定。可以在6～7℃进行，也可以在3～4℃或0～1℃进行。

　　（3）回收次数不固定。锥形罐回收酵母菌可分几次进行，根据实际需要多次进行回收。

　　（4）贮存方式不同。锥形罐一般不进行酵母菌洗涤，贮存温度可以调节，贮存条件较好。

1. 回收酵母菌的分类

　　于下面发酵而言，酵母菌沉降于发酵罐底部，可粗分为三层。

　　上层多为轻质酵母菌细胞，主要由落下的泡盖和最后沉降下来的酵母菌细胞组成，混有蛋白质、酒花树脂析出物及其他杂质，故此层酵母菌都呈灰褐色，不够纯净，分离后可作饲料或其他综合利用。

中层为核心酵母菌，是酵母菌旺盛时沉淀下来的，由健壮、发酵力强的酵母菌细胞组成，含量为65%～70%，此层的酵母菌很新鲜，发酵力强，夹杂物少，颜色浅，应单独留作下批的种酵母菌用。

下层为弱细胞和死细胞，由最初沉降下来的颗粒组成，如酒花树脂、凝固物颗粒等，混有大量沉渣杂质，可作饲料或弃置不用。

理论上可以按层回收，但实际上操作难度较大。实践中通常先排出底层酵母菌和沉积物，然后再排出中层优质酵母菌。

2. 离心机回收酵母菌

利用酵母菌和发酵液的相对密度不同，可采用离心机分离酒液和酵母菌。此方法的特点是操作方便，回收量大，无须低温沉降；但酒温会升高，易吸氧，酵母菌死亡率增大。

3. 酵母菌的处理和保存

目前，酵母菌的回收多直接回收到酵母菌回收罐中，其容量可容纳2～3批同代酵母菌。回收罐内附有搅拌器和冷却设施。回收结束后，应立即对回收酵母菌进行冷却，使温度降至2℃。可分别采用无菌水和麦汁保存酵母菌。酵母菌回收的技术要求见表4-2。

表 4-2　酵母菌回收的技术要求

项目	要求
酵母菌温度	0～2℃
洗涤用水	必须保持无菌，水温0.5～2℃
洗涤次数	第一天3～4次
	第二天2～3次
酵母菌保存温度和时间	无菌水保存酵母泥，0.5～2℃，3d内使用
	麦汁保存，2℃，2周内使用
	以发酵旺盛的发酵液保存，2～4℃，2周内使用
	压榨法保存，0℃，1个月内使用

随着酵母菌使用代数的增多，厌氧菌污染的机会就会增加。因此，酵母菌使用的代数最好不要超过4代。对厌氧菌污染的酵母菌不要回收，最好做灭菌处理后再排放。

回收酵母菌时注意：要缓慢回收，防止酵母菌在压力突然降低时造成酵母菌细胞的破裂，最好用无菌压缩空气适当背压；要去除上层、下层酵母菌，回收中层强壮酵母菌；酵母菌回收后保存温度为2～4℃，保存时间不要超过3d。

4. 啤酒酵母的利用价值

啤酒酵母营养成分丰富，利用价值高，干物质主要含量如下：粗蛋白45%～60%，粗脂肪4%～7%，碳水化合物25%～35%，灰分6%～9%。酵母菌体中含有10多种氨基酸，其中人体必需的八种氨基酸的含量均很高，因此无论作为人类食品或是动物饲料都有很高的营养价值。啤酒酵母的核苷酸含量也高，其中 DNA 为 0.31%，RNA 为 3.95%（均以干物质计），可以提取并利用。酵母菌中含有的 B 族维生素，其种类之多和含量之高是食物中独一无二的。酵母菌体中还含有丰富的有机磷，其含量占总灰分的 40% 以上，它是组成核酸和其他有机含磷化合物的必需成分。

目前，啤酒酵母主要用于生产干酵母粉、酵母浸膏、核苷酸、核苷及其衍生物。

【实施步骤】

废酵母回收的步骤如下所述。

（1）在清洗干净后的酵母罐中接入存放酵母菌用的冷却麦汁。

（2）对酵母菌回收管道进行清洗灭菌。

（3）观察视镜，将管道中前 2～5min 的酵母菌排入下水道，然后开始回收。

（4）酵母菌罐用无菌压缩空气背压 0.1～0.15MPa。

（5）清洗回收管道。

啤酒废酵母的利用

【相关知识】

（1）啤酒酵母是啤酒生产的重要副产物之一。在锥形罐中发酵，每产 100t 啤酒可得含水量 82% 的湿酵母泥 2t 或干燥酵母 390kg。啤酒酵母中又含有丰富的蛋白质，通过分解得到丙氨酸、苯丙氨酸、蛋氨酸、苏氨酸、脯氨酸、组氨酸、赖氨酸、天冬氨酸及谷氨酸等，这些氨基酸绝大部分是人和家禽所必需的氨基酸。

（2）回收的啤酒酵母还可用于核苷酸的生产。啤酒酵母含有 6%～8% 的核酸，是生产核苷酸的良好原料。方法是先从酵母菌体中提取核酸，再用酶法或碱法将核酸降解为核苷酸。也可采用酵母菌自溶法制取核苷酸，但所得产物的成分会比较复杂。

【实施步骤】

1. 干酵母粉的制备

将回收的酵母菌体经稀释、洗涤、干燥等工序制得干酵母粉，常见的干燥方式有以下三种。

1）滚筒干燥

采用两个蒸汽加热滚筒，相距间隙为 0.25～2.5mm，并向相反方向转动，酵母浆经过滚筒间隙，加热失水形成片状，然后被研磨成粉。

采用此法所得的酵母粉，质量不够均匀，颜色较浅，有时会出现焦味。一般后发酵回收酵母菌多用此法干燥。

2）热空气干燥

将酵母泥经过 100 目铜丝筛过滤，除去杂质，加入低于 10℃ 的无菌水洗涤数次，直至洗净。除去上部清水，将沉淀的酵母泥压滤成块状压榨酵母，再将其压制成条状，置于干燥箱内在 70～80℃下进行干燥。最后将干燥的酵母条置于蒸汽夹套的加热研磨机中，边加热边研磨成粉状。

采用此法所制得的干酵母粉，质量较好，色泽浅。主发酵回收的酵母菌常用此法干燥。

3）喷雾干燥

酵母浆从喷雾干燥机上部的喷嘴喷出呈雾状，利用对流的热空气对其进行干燥。因酵母浆呈雾状，其表面积大而迅速失去水分，随热空气和蒸发的水汽一同排出，经旋风分离器即得粉状干酵母。

酵母粉在国内多压制成片用于医药行业，提供蛋白质和维生素等营养，并可作为帮助消化的辅助药物。

2. 酵母片制备

（1）制片配方。干酵母粉 3000g，白糖 1700g，碳酸钙 520g，香料适量，滑石粉 60g，硬脂酸镁 24g，乙醇适量。

（2）制片方法。

① 白糖用粉碎机粉碎，过 60 目筛得糖粉。

② 将香料（柠檬、橘子、香草等香精）与滑石粉混合后，过 24 目筛制成香料滑石粉待用。

③ 将干酵母粉、糖粉、香料滑石粉、碳酸钙、硬脂酸镁和乙醇等置于混合机内充分混合后，过 40 目筛制成颗粒，盛入容器称重并抽样分析。

④ 抽检合格后即可压片，冲模规格为 Φ10mm 或 Φ12mm。

3. 酵母浸膏制备

酵母浸膏全部采用主发酵回收酵母菌制取，可作为高营养食品。酵母浸膏制备方法如下。

（1）先用特定的酶将酵母的细胞壁破坏。

（2）再利用酵母菌自身的蛋白酶，调节 pH 值为 6.5～7.0，温度为 45～47℃，使酵母菌进行自溶。

（3）经 36h 左右的酶解，即可使酵母蛋白质分解为可溶性的肽类和氨基酸，即蛋白质的水解物。

（4）将蛋白质水解物加热，使酶钝化，再经离心分离可得未分解的细胞壁和水解液。

（5）水解液经真空浓缩与脱色，即成浸膏，而未分解的细胞壁收集后，再经干燥可制得膳食纤维素。

思考题

（1）啤酒发酵罐底部沉降的酵母菌各层有何特点？
（2）啤酒生产中，常采用哪些方法进行酵母菌回收？
（3）啤酒废酵母具有哪些特点？

（4）啤酒废酵母可以应用于哪些产品的加工？

🔗 标准与链接

一、相关标准

1.《啤酒》（GB/T 4927—2008）

2.《食品安全国家标准　啤酒生产卫生规范》（GB 8952—2016）

3.《啤酒企业 HACCP 实施指南》（GB/T 22098—2008）

二、相关链接

1. 澜埔国际酿酒学院　https://zw-lab.com

2. 中华酿酒传承与创新教学资源库　http://jszyk.36ve.com

任务四　CO_2 的回收和利用

🍷 任务分析

本任务介绍啤酒生产过程中 CO_2 的回收过程（图4-3），并制备成有益的产品，以供啤酒厂自身使用或作其他用途。

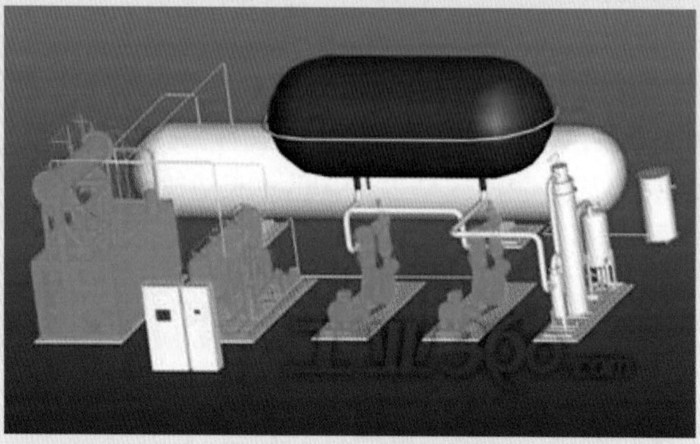

图 4-3　CO_2 回收系统

🎒 任务实施

回收 CO_2

【相关知识】

CO_2 是啤酒生产的重要副产物，根据理论计算，每 1kg 麦芽糖发酵后可以产生 0.514kg 的 CO_2，每 1kg 葡萄糖可以产生 0.489kg 的 CO_2，实际发酵时前 1～2d 的 CO_2 不纯，不能回收，CO_2 的实际回收率仅为理论值的 45%～70%。经验数据认为，啤酒生产过程中每百升麦汁实际可回收 CO_2 2～2.2kg。因此，CO_2 有很高的回收价值。

回收的 CO_2 纯度高于 99.8%（体积分数），其中水的最高含量为 0.05%，油的最高含量为 5mg/L，硫的最高含量为 0.5mg/L，残余气体的最高含量为 0.2%。

CO_2 回收和使用工艺流程为：收集 CO_2→洗涤→压缩→干燥→净化→液化和贮存→汽化→使用。

【实施步骤】

回收 CO_2 的步骤如下所述。

1. 收集 CO_2

发酵 1d 后，检查排出 CO_2 的纯度为 99%～99.5%，CO_2 的压力为 100～150kPa；经泡沫捕集器和水洗塔除去泡沫、微量乙醇及发酵副产物，并不断送入橡皮囊，使 CO_2 回收设备连续均衡运转。

2. 洗涤

CO_2 气体进入水洗塔逆流而上，水则由上喷淋而下洗涤，有些设备还配备高锰酸钾洗涤器，能除去气体中的有机杂质。

3. 压缩

水洗后的 CO_2 气体被无油润滑 CO_2 压缩机二级压缩。

第一级压缩到 0.3MPa（表压），冷凝到 45℃；第二级压缩到 1.5～1.8MPa（表压），冷凝到 45℃。

4. 干燥

经过二级压缩后的 CO_2 气体，进入一台干燥器，器内装有硅胶或分子筛，可以去除 CO_2 中的水蒸气，以防止结冰。

5. 净化

经干燥后的 CO_2 气体，再经一台活性炭过滤器净化。器内装有活性炭，清除 CO_2 气体中的微细杂质和异味。

要求两台并联，其中一台再生备用（有的用蒸汽再生，要求应在 37h 内再生一次），内有电热装置。

6. 液化和贮存

CO_2 气体被干燥和净化后，通过列管式 CO_2 净化器。列管内流动的 CO_2 气体冷凝到 −15℃以下时，转变成 −27℃、1.5MPa 的液体 CO_2，进入贮存罐，列管外流动的冷媒 R22 蒸发后吸入制冷机。

7. 汽化

液态 CO_2 的贮罐压力为 1.45MPa 左右，通过蒸汽加热蒸发装置，使液体 CO_2 转变

成为气体 CO_2，输送到各个用气点。

CO_2 在生产实际中的应用

【相关知识】

1. CO_2 应用

目前，CO_2 的应用主要有两个方向，一个是化工方向，另一个是食品工业方向。前者对 CO_2 的品质要求稍低，后者要求较高，必须符合食品级 CO_2 的国家标准。

2. CO_2 捕获和封存

CO_2 捕获和封存技术是指将能源工业和其他行业生产中产生的 CO_2 分离、收集，并集中埋存于地下数千米的地质层中与大气隔绝。

3. CO_2 在食品业的应用

CO_2 可用作啤酒、碳酸饮料等充气添加剂，也可作为蔬菜保鲜剂。气体保鲜是国际上广泛采用的一种方法，CO_2 气体保鲜技术是在产品贮藏和包装过程中注入高浓度的 CO_2 以降低 O_2 含量，以抑制水果、蔬菜中微生物呼吸，防止病菌发生。因其不含化学防腐剂而深受人们欢迎。

CO_2 还可作为制冷剂。由于 CO_2 操作性能好，制冷速度快，不浸湿、不污染食品，液体 CO_2 和干冰被广泛用作各种食品的冷冻剂和冷藏剂。

【实施步骤】

CO_2 在生产中的应用如下所述。

1. CO_2 用于啤酒生产

（1）利用 CO_2 充气法：过滤过程中在管道上连续自动饱充 CO_2，以达到要求的 CO_2 含量。

（2）用 CO_2 对酒精罐背压，控制乙醇的氧含量低于 0.3mg/L，降低瓶颈空气含量。

（3）改进过滤操作，以 CO_2 顶水或顶酒，减少酒头、酒尾。

（4）灌装前先以 CO_2 顶出管道内余留水。

（5）发酵时用 CO_2 洗涤，除去生酒气味，后期补充 CO_2。

（6）在高浓度酿造和稀释啤酒的工艺中，利用 CO_2 置换稀释用水中的 O_2，并使 CO_2 饱和，可制成稀释用碳酸水。

2. CO_2 用于碳酸饮料生产

将回收的 CO_2 充入碳酸饮料包装瓶或罐中，以保证有足够的 CO_2 含量，增强刹口感。

3. CO_2 的其他应用

除了用于食品添加外，回收的 CO_2 还可用于人工降雨和干冰灭火剂等的生产。

思考题

（1）回收 CO_2 有哪些步骤？

（2）回收的 CO_2 可以应用在啤酒生产的哪些环节？

（3）CO_2 在食品方面有何应用价值？

标准与链接

一、相关标准

1.《啤酒企业 HACCP 实施指南》（GB/T 22098—2008）

2.《食品安全国家标准　啤酒生产卫生规范》（GB 8952—2016）

二、相关链接

1. 澜埔国际酿酒学院　https://zw-lab.com

2. 中华酿酒传承与创新教学资源库　http://jszyk.36ve.com

CO_2 在农业、化工及医学方面的应用

啤酒的过滤

知识目标

（1）掌握啤酒过滤的目的和要求。

（2）理解啤酒过滤的原理。

（3）了解啤酒过滤的基本方法。

（4）认识并了解啤酒过滤的设备。

（5）了解硅藻土过滤的优点。

技能目标

（1）掌握啤酒过滤的基本步骤。

（2）能够熟练操作硅藻土过滤机进行啤酒的过滤。

啤酒的过滤

任务 硅藻土过滤

🍷 任务分析

> 啤酒发酵结束后，啤酒口味已经成熟，经过一段时间的低温冷贮后，酒液也逐渐澄清，但这种自然的澄清不能满足消费者和生产者对啤酒外观的要求，因此必须将啤酒进行过滤处理。为生产澄清透明的啤酒，本任务主要介绍啤酒过滤的原理和方法，主要包括板框式硅藻土过滤机过滤、烛式过滤机过滤。

🍺 任务实施

板框式硅藻土过滤机过滤

【相关知识】

1. 啤酒过滤的目的和要求

（1）过滤目的。过滤是一种机械分离过程，通过过滤可将啤酒中存在的酵母细胞和其他浑浊物从啤酒中分离出去，以达到澄清透明，从而改善啤酒的外观，同时提高啤酒的非生物稳定性和生物稳定性。

（2）过滤要求。啤酒澄清的要求：产量大，透明度高，酒损小，CO_2 损失小，不易污染，不吸入氧，也不影响啤酒的风味等。

2. 过滤原理

啤酒中悬浮的固体微粒被分离的原理如下所述。

（1）阻挡作用。啤酒中比过滤介质空隙大的颗粒，不能通过过滤介质空隙而被截留下来，对于硬质颗粒将附着在过滤介质表面形成粗滤层，而软质颗粒会黏附在过滤介质空隙中甚至使空隙堵塞，降低过滤效能，增大过滤压差。

（2）深度效应。过滤介质中长且曲折的微孔通道对悬浮颗粒产生一种阻挡作用，对于比过滤介质空隙小的微粒，由于过滤介质微孔结构的作用而被截留在介质的微孔中。

（3）静电吸附作用。有些比过滤介质空隙小的颗粒及具有较高表面活性的高分子物质如蛋白质、酒花树脂、色素等，因其自身所带电荷与过滤介质的不同，则会通过静电吸附作用而被截留在过滤介质中。

3. 啤酒过滤的方法及设备

按照啤酒过滤时酒液流动方向的不同，可以将啤酒过滤的方法分为两种：静态过滤和动态过滤。

1）静态过滤

静态过滤是指过滤中，酒液以与过滤介质垂直的方向流动，由于过滤介质的拦截和吸附作用，酒液中固形物不断积淀在过滤介质表面，穿过过滤介质的酒液变得清亮透明。所用的设备称为静态过滤设备。

2）动态过滤

动态过滤也称错流过滤，较静态过滤优势之处在于使用膜或微孔陶瓷材料替代硅藻土，使啤酒过滤不再依靠助滤剂，所用的设备称为动态过滤设备。

过滤过程中，酒液以与过滤介质平行的方向流动并循环，在流体湍流作用下，不断冲洗过滤介质表面，始终只会有少量的固形物停留在过滤介质上，实现澄清酒液。静态过滤和动态过滤对比如图 5-1 所示。

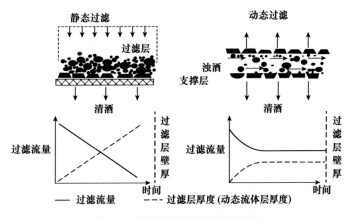

图 5-1　静态过滤和动态过滤对比

4. 啤酒过滤的注意事项

（1）始终把握住硅藻土的适量添加，并根据过滤压力的上升快慢做适当调整。

（2）滤机出口压力一般应保持基本不变，使进口压力逐步上升。

（3）突然停电时，应立即关闭所有阀门，切断所有动力电源。

（4）若在较短时间内继续供电，必须先采取小循环一次，待酒液清亮后再转入正常过滤。

（5）操作人员要随时掌握过滤机的运行情况，要不断观察压力的变化，不要使操作压力超过最大工作压力。

5. 啤酒过滤设备

1）棉饼过滤机

棉饼过滤机（图 5-2 和图 5-3）是世界第一台用于啤酒过滤处理的设备，1960 年投入使用，以纤维素、棉绒和石棉压缩而成的棉饼作为过滤介质，但由于其操作烦琐、工人劳动强度大等缺点，目前已被啤酒生产企业所淘汰。

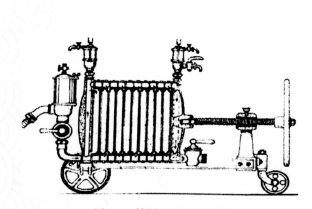 

图 5-2　棉饼过滤机平面图　　　　　图 5-3　棉饼过滤机安装棉饼的场景

2）预涂式硅藻土过滤机

预涂式硅藻土过滤机（图 5-4）主要采用硅藻土作为过滤介质，对啤酒进行粗过滤处理。使用时，首先将硅藻土预涂在过滤机的支撑材料上形成过滤层，然后再对啤酒进行粗过滤。

（a）板框式硅藻土过滤机　　（b）叶片式硅藻土过滤机　　（c）烛式硅藻土过滤机

图 5-4　预涂式硅藻土过滤机

目前啤酒行业常见的三种硅藻土过滤机是板框式硅藻土过滤机、叶片式硅藻土过滤机和烛式硅藻土过滤机。

3）纸板过滤机

纸板过滤机是以纤维素及其他辅助材料压缩而成的纸板为过滤介质，主要用于硅藻土过滤后的精过滤处理。

使用时，将其安装在硅藻土过滤机的后面。根据纸板孔径及材料组成的不同，纸板过滤机又有不同作用，如精滤处理、无菌化处理及稳定化处理等。

【实施步骤】

板框式硅藻土过滤机过滤步骤如下所述。

1. 过滤前准备

启动过滤机输液泵，打开进出水阀，输入冷清水，清洗过滤机，然后输进85～90℃的热水，杀菌20～30min。杀菌后通入冷水顶出热水，使过滤机冷却，同时将过滤机上部四个视镜上的排气孔打开，排尽空气，并进一步压紧。

2. 第一次预涂

根据过滤面积计算硅藻土（粗土）用量，按水∶土＝5∶1向搅拌筒加入足够的冷水，然后启动搅拌器加入硅藻土，等混合液搅拌均匀后，启动输液泵，打开进出口阀和大循环阀进行大循环，保持机内压力 0.2MPa 左右，压差 0.05MPa，使硅藻土在机内基本形成预涂层（从视镜中可以判断），接着转换大、小循环阀，小开、大关同步进行，开始小循环。

3. 第二次预涂

利用以上小循环的时间，向搅拌筒内加入足量的细土，进行搅拌，待混合液搅拌均匀后，开始转换大、小循环阀，小开、小关，进入大循环。5～10min 后再转为小循环，至视镜全部出现清液，预涂即为结束，转入过滤。同步打开进酒阀和排水阀，关闭小循环阀，开始过滤，并不断从过滤机出口的取样阀处抽样检验，直至抽样合格（浊度值为 0.4～0.6EBC），即可以打开清酒阀，关闭排水阀，进行正常过滤。开始流量控制在 300L/m²，逐步调整到 350L/m² 左右。过滤一开始，便马上启动计量泵，根据实际流量调整好添加量，一般为 1.2～1.5kg/t 啤酒。

烛式硅藻土过滤机过滤

【相关知识】

1. 硅藻土

硅藻土是单细胞藻类的化石，壳体上微孔密集、堆密度小、比表面积大，主要为非晶体二氧化硅。硅藻土具有颗粒小、疏松多孔、表面积大、吸附能力强等优点，所以被广泛地应用于啤酒粗过滤中作为过滤介质。

天然硅藻土含有有机物、砂石、黏土、可溶性碳酸盐及铁等杂质，故使用前要进行加工。天然硅藻土矿直接焙烧（800～1100℃）的产品为粉红色，由于其粒度较细，相对流速较低，堆密度较小，相对澄清度较高。加助溶剂焙烧的产物为白色（助溶剂一般为氯化钠、碳酸钠等碱金属化合物，800～1100℃焙烧），这类硅藻土颗粒较粗，相对流速较高，堆密度较大，相对澄清度较低。硅藻土因密度小（100～250kg/m^3），表面积很大（1 万～2 万 m^2/kg），故可暂浮于水。它具有强吸水性，不溶于水、酸类和稀碱，溶于强碱，能滤除 0.1～1.0μm 的粒子。

2. 硅藻土加工过程

硅藻土加工过程为

天然硅藻土→研磨→干燥（400℃）→研磨→淘洗→添加流体材料→煅烧（800～900℃）→冷却→研磨→分选→无菌包装

加工后的硅藻土颗粒大小一般为 1～200μm，颗粒越小，则酒液过滤得越清亮，但过滤速度也就越慢。

3. 硅藻土过滤机的优点

（1）操作简便，价格适中，过滤稳定。

（2）以支撑板作预涂介质，预涂层附着牢固。

（3）沉降均匀，过滤性能一致，酒液澄清度较好。

（4）过滤时压力波动小，预涂层不易脱落。

（5）硅藻土可再生，耗土量低。

【实施步骤】

烛式硅藻土过滤机清酒过滤步骤如下所述。

1. 过滤前操作

用脱氧水充满过滤机。

2. 第一次预涂

硅藻土与水混合，在烛形棒上预涂 10min 左右，形成过滤层。用土量为粗土 0.58kg/m^2，主要起架桥作用，形成初步滤层，但达不到清酒的浑浊度要求。

3. 第二次预涂

用土量为粗土 0.29kg/m^2 和中土 0.29kg/m^2，中土比例不易过高，否则将使滤层的孔径过小，对过滤不利，会降低过滤量。

4. 啤酒过滤

用啤酒将水顶出，待过滤的啤酒缓慢通过烛形棒而被过滤，同时通过计量泵向待过滤啤酒中添加硅藻土。添加土液的浓度随过滤的进行不断地调整，开始过滤时质量比为1∶5（土∶水），之后根据发酵液的清亮程度、清酒的浑浊度、压差上升速度适当调整配比。由于硅藻土的积累，烛形棒上的硅藻土层越来越厚，进口处的压力越来越大，当达到最大允许压力500～600kPa（表压）时，停止过滤。当过滤机容土量接近最大量时，过滤压差也达到最大值，此时过滤机的效率最高。

5. 过滤结束并清洗

过滤结束时，清酒被从下部进入的脱氧水顶出。以与过滤相反的方向进行清洗，空气通过间歇方式和水混合通入，在烛形棒上产生漩涡而使烛形棒变得干净，最后用高温水进行杀菌。

思考题

（1）啤酒过滤的目的和要求分别是什么？
（2）啤酒过滤的方法有哪些？
（3）硅藻土过滤常用到哪些设备？
（4）硅藻土过滤的基础操作有哪些？
（5）使用硅藻土对啤酒进行过滤有哪些优势？

标准与链接

一、相关标准
1.《啤酒硅藻土支撑过滤板》（QB/T 22202—1996）
2.《啤酒饮料机械　烛式 PVPP 过滤系统》（QB/T 4210—2011）
二、相关链接
1. 澜埔国际酿酒学院　https://zw-lab.com
2. 中华酿酒传承与创新教学资源库　http://jszyk.36ve.com

废硅藻土的
利用研究

项目六 啤酒的包装

知识目标
（1）了解啤酒包装的原则。
（2）掌握洗瓶机的清洗原理和步骤。
（3）了解洗瓶机的常见类别。
（4）掌握啤酒灌装的方法。
（5）掌握啤酒杀菌的操作。
（6）掌握空瓶检验与杀菌后啤酒检验的知识。
技能目标
（1）能够进行啤酒灌装的操作。
（2）能够进行啤酒巴氏消毒的操作。

啤酒的包装

任务一　瓶装熟啤酒的包装

任务分析

本任务以瓶装熟啤酒为例，介绍了啤酒生产最后一个环节——包装中的各个工序，即卸垛、卸箱、洗瓶、验瓶、灌装、压盖、杀菌、验酒、贴标、装箱，掌握包装工序中影响啤酒质量的关键控制点。

任务实施

卸　垛

【相关知识】

1. 啤酒包装——啤酒质量的最后保障

啤酒包装（图6-1）是啤酒生产的最后一个环节，包装质量的好坏对成品啤酒的质量和产品销售有较大影响。过滤好的啤酒从清酒罐分别装入瓶、罐或桶中，经压盖、生物稳定处理、贴标、装箱成为成品啤酒出售。

一般把经过巴氏消毒处理的啤酒称为熟啤；把未经巴氏消毒，但经无菌过滤、无菌灌装等处理的啤酒称为纯生啤酒或生啤酒。

啤酒灌装的形式有瓶装、罐装或听装、桶装等，其中国内瓶装熟啤酒所占市场份额最大。

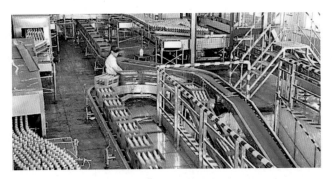

图 6-1　啤酒包装

2. 卸垛过程的注意事项

（1）检查瓶垛是否破损、歪斜。为避免更大的瓶损，不整齐的瓶垛、有倒瓶的瓶垛、垛板坏的瓶垛都不能上线生产，要求做到每垛上机器前检查，将不符合要求的瓶垛退还给仓贮部，待整理好后才能用于生产。

（2）若使用洗瓶机，在卸垛时不断检查每一垛的外包装收缩薄膜是否有破损。

（3）叉车所放瓶垛是否在正确的位置，只有放入准确的位置，瓶垛在输送带上行走才能平稳；到位后卸垛机才能对准位置准确卸垛。

（4）瓶垛上的塑料收缩薄膜要及时清理干净，否则这些残留的薄膜会影响光电开关的使用。

（5）确保瓶垛输送带上的瓶垛足够生产，以免造成生产中断。

（6）注意检查垛板输送带运转是否顺畅。

啤酒包装——瓶
装啤酒的包装

（7）分层垫是否被集中收集，空垛板堆放是否整齐。

【实施步骤】

卸垛步骤如下所述。

1. 启动前准备与检查工作

（1）检查换线工作是否完成。

（2）检查设备上是否还有维修工作正在进行。

（3）检查设备上是否有工具和其他杂物，如有需要及时拿掉。

（4）通知灌装机操作工打开空瓶（罐）输送带，通知杀菌机操作工打开空瓶（罐）输送带水润滑系统。

（5）检查各光电开关的反应是否正常。

（6）检查原材料（瓶子）领用是否正确，是否符合当前生产品种。

（7）空瓶（罐）输送带上是否遮蔽好，防止虫、蝇进入。

2. 送电、送气

（1）检查空气干燥器内是否有多余水分，若有，应旋开干燥器底部的黑色旋钮，将多余水分排完后，即干燥器的视镜里不再留有水滴，旋上干燥器底部的黑色旋钮。

（2）打开卸垛机左侧的总电源开关（接近出瓶链带），旋至"Ⅰ"；打开卸垛机右侧（靠墙）的卸垛机气源总阀，打开"维护单元"的"关断闸阀"，确保气压在 0.5MPa 以上。

3. 上瓶垛

（1）在上瓶垛之前要先检查瓶垛是否歪斜，是否有倒瓶，垛板是否有坏的、缺少木条的，或其他不利于卸垛的情况。

（2）瓶垛在输送轨上与两边距离 10cm 左右，并尽可能使瓶垛边与轨边平行，确保木板条都压在链带上。

（3）在叉车叉瓶垛时叉车工一定要注意：双叉尽可能地保持水平，否则会使瓶垛歪斜。

（4）在解除瓶垛包装薄膜时要注意将两边薄膜解除干净，否则容易挡住光电信号。

4. 试运行

（1）在试运行之前要检查"光电保护栅"是否复位，光电开关、接近开关是否正常，托盘架是否正常，生产区域是否有人或工具。

（2）接通托盘输送装置，接通包装箱输送装置。

（3）检查参数设置是否与需生产瓶垛相一致。

（4）用钥匙打开操作台电源。

（5）按复位按钮复位。

（6）手动操作试运行机器，检查各部分运作是否正常。

（7）打开自动开关，进行正常生产。

5. 生产结束后操作

（1）生产结束未用完的瓶子，需要用缠绕膜缠好，从电柜里手动操作，将瓶子退至上瓶处，不允许私自从中间用叉车叉下来。

（2）瓶垛卸完和托盘走空，设备转到等待位置。

（3）关闭操作台电源。

（4）关闭电柜总电源。

（5）按下操作台紧急开关，按照卫生标准及时做好卸垛机区域的卫生。

（6）分层板整理好，由叉车叉至指定位置。

卸　箱

【相关知识】

1. 卸箱机结构与工作流程

卸箱机结构如图 6-2 所示。装满空瓶的塑箱由进箱输送带输送进入卸箱机，阻箱器弹起将塑箱定位在工作位置。此时机头向下运行至最低位置，抓头将瓶头完全罩住时，抓头开始充气，抓头内的气囊变形将瓶子牢牢夹住。此时机头向上运动，瓶子被抓头夹住向上一起运行，与塑箱脱离并运行到瓶台输送带位置上时，抓头放气，瓶子与抓头分离并平稳地落在走瓶输送平台上，机头离开，走瓶输送平台将空瓶送入输送带。与此同时，阻箱器落下，卸完空瓶的空塑箱由走箱输送带输出卸箱机，同时装满空瓶的塑箱进入，阻箱器弹起将塑箱定位，机头向下运行进入下一个工作循环。

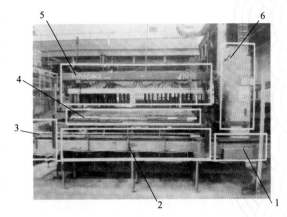

1. 进箱输送带；2. 定箱输送带；3. 出箱输送带；
4. 瓶台输送带；5. 机头、抓头；6. 电器控制柜

图 6-2 卸箱机结构

2. 材料要求

（1）塑箱。目前可使用两种规格的塑箱：24 瓶的大塑箱和 12 瓶的小塑箱。要求是没有破损、变形、规格尺寸一致。

（2）空瓶。所回收空瓶要求使用瓶型与生产计划相符；无批量特脏瓶。

（3）压缩空气。供气压力大于 0.5～0.6MPa，干燥不带水。

（4）设备要求。

① 电源：电压（380±38）V，频率 50Hz。

② 使用的原材料必须符合要求，如塑箱内外没有明显变形破损，空瓶与生产计划一致。

③ 结束生产时，必须对机器进行必要的清洁保养，以利于设备保持良好的工作状态。

【实施步骤】

卸箱步骤如下所述。

1. 启动前检查和准备

（1）检查设备的换线工作是否完成。

（2）检查设备上是否还在进行维修工作；有无警示牌。

（3）检查工具或杂物是否遗留在链条和机器上。

（4）检查设备电源开关是否打开。

（5）检查各个光电开关及接近开关是否处于正常工作状态。

（6）检查有无压缩空气，如没有，打开压缩空气总阀，并调节压力至 0.45MPa 以上。

（7）检查空气服务器上水分分离器中是否有积水，如有，旋松气水分离器底部的黑色旋钮，将多余水分排完后，旋紧旋钮。

（8）按要求给设备各保养点添加机油润滑。

2. 卸箱并实时检查

（1）检查各抓头的气囊有无变形严重的情况，抓头是否漏气，如有变形和漏气的抓头，更换新的气囊。

（2）调整抓头空气压力在 0.1～0.15MPa。

（3）通知灌装机操作工在灌装机面板上打开洗箱机、洗瓶输送带同时打开洗箱机和洗瓶的润滑。

（4）检查输送带的润滑系统是否正常，输送带的运行是否正常。

（5）检查瓶台输送带处的过桥板是否能够良好工作，瓶子过渡时是否平稳。

（6）检查出瓶输送带上的预喷淋装置水阀是否打开，喷淋是否正常。

（7）检查并确保有足够的塑箱供应，空瓶种类是否与生产计划一致。

（8）检查进、出箱处的过渡辊运行是否顺畅，有无卡箱现象。

（9）手动操作抓瓶一次，检查卸箱是否能正常进行。

3. 结束生产

（1）手动操作设备抓完现场剩余塑箱内的空瓶，并将瓶台输送带上的空瓶全部送到洗瓶输送带上，直到洗瓶机进口；关闭卸箱机到洗瓶机进口的洗瓶输送带。

（2）关闭洗箱机前洗箱机输送带。

（3）把机头手动停在瓶台输送带上方，关闭压缩空气阀及设备电源。

（4）把现场已损坏的塑箱集中码放到卸垛处垛板上，通知叉车叉走。

4. 换线

高低瓶型换线卸箱机换线步骤如下所述。

（1）准备好下一品种的空瓶 4 个大塑箱。

（2）调整抓头部分的高度调节螺杆到品种对应高度，用钢尺检测确认高度。

（3）把准备好的空瓶放在进箱部分，打开自动进箱，把塑箱停在卸瓶区域，点动机头至最低位置，按下紧急开关，检查抓头四周的高度是否合适。

（4）锁紧抓头部分上高度调节螺杆上的固定螺母。

（5）准备生产。

洗　瓶

【相关知识】

1. 啤酒包装的基本原则

（1）包装过程中应尽可能减少接触 O_2，即使让啤酒吸入极少量的 O_2 也会给啤酒质量带来很大影响，要求包装过程吸氧量小于 0.02mg/L。

（2）尽量减少啤酒中 CO_2 的损失，以保证啤酒较好的刹口力和泡沫性能。

（3）严格无菌操作，防止啤酒污染，确保啤酒符合卫生要求。

2. 对包装容器的质量要求

（1）能承受一定的压力。包装熟啤酒的容器应承受 1.76MPa 以上的压力，包装生啤酒应承受 0.294MPa 以上的压力。

（2）易于密封，也方便开启。

（3）能耐一定的酸度，不能含有与啤酒发生反应的碱性物质。

（4）一般具有较强的遮光性，避免光对啤酒质量的影响。若采用四氢异构化酒花浸膏代替全酒花或颗粒酒花，也可使用无色玻璃瓶包装。

3. 洗瓶的目的和要求

（1）洗掉酒瓶内外的灰尘、污渍，如果是带商标的旧瓶，还要求完全去除商标。

（2）消毒、杀菌。

（3）酒瓶内壁、外壁洁净、光亮；无异味；保证瓶内无积水，且水为中性。一般要求容量为 500mL 以上的酒瓶内积水少于 3 滴，500mL 以下的酒瓶内积水少于 2 滴。生产现场操作工可用酚酞试纸检测积水是否为中性；微生物检验合格，无大肠菌群菌落，细菌菌落不超过 2 个。

（4）保持最低的酒瓶破损率。

4. 洗瓶机的分类及特性

1）洗瓶机分类

（1）按结构分类：分为单端式和双端式。单端式是指进出瓶均在洗瓶机的同一端，双端式是指进瓶与出瓶分别在洗瓶机的前后两端。

（2）按运行方式分类：分为间歇式和连续式。

（3）按洗瓶方式分类：分为喷冲式和刷洗式。

（4）按瓶盒材料分类：分为全塑型、半塑型和全铁型。

（5）按洗瓶操作工艺流程方式分类：分为刷洗式、冲洗式和浸泡加喷冲组合式等。

刷洗式洗瓶机是利用毛刷的旋转刷洗酒瓶的内壁、外壁。其结构简单，成本低，但劳动强度大，效率低，现在已基本被淘汰。

冲洗式只适用于洗新瓶，对回收瓶则不能使用此类机器清洗。

浸泡加喷冲组合式洗瓶机是通过对酒瓶的浸泡和喷冲来达到洗瓶和消毒的目的。其清洗效果好，新瓶、旧瓶都能使用，自动化程度和生产效率高，适合大生产使用，发展迅速。几乎所有啤酒厂都在使用这种形式的洗瓶机。

2）浸泡加喷冲组合式洗瓶机

（1）单端式洗瓶机：进瓶与出瓶集中位于机器一端的洗瓶机称为单端式洗瓶机（图 6-3），其主要特点是脏瓶的进口与洗净瓶的出口在洗瓶机的同一端。

优点：操作方便，使用的人工少，机器的长度和占地面积较小。

缺点：由于脏瓶的进口与洗净瓶的出口在洗瓶机的同一端，卫生条件稍差。

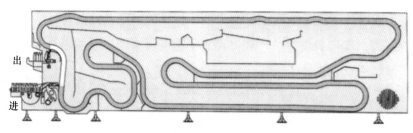

图 6-3　单端式洗瓶机示意图

（2）双端式洗瓶机：进瓶口与出瓶口分别位于机器两端的洗瓶机称为双端式洗瓶机（图 6-4）。

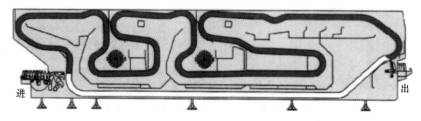

图 6-4　双端式洗瓶机示意图

优点：脏瓶的进口与洗净瓶的出口分别设在洗瓶机的两端，卫生条件好。

缺点：操作和控制较麻烦，使用人工多，机器的长度和占地面积大，生产制造成本高。

【实施步骤】

洗瓶步骤如下所述。

1. 送电及送气

打开配电柜上的总电源，打开压缩空气阀，调整压力至 0.45MPa，确保汽水分离器内无残留。

2. 开机前准备

确保无人在危险区域内，确保所有的排污阀及清洗口都已关上。使电源开关处在"ON"位。

3. 碱液的准备

（1）确保所有排污阀门、人孔门都关闭，打开洗瓶机主碱槽进碱阀门。
（2）打开回收碱罐阀门。
（3）打开碱泵，往主碱槽打碱，直至到设定液位。

4. 加水

（1）打开加水阀门往喷冲 1 槽、2 槽、3 槽、预浸槽加水直到有水流出。
（2）打开主碱槽液位显示仪上小阀门，往碱槽加水直到加满为止。

5. 升温

主碱槽注满后，需加热至 85～92℃。

（1）启动除标系统，除标筛网运行的目的是带出主碱槽的杂物；启动主碱泵。

（2）缓慢且全部打开蒸汽阀，然后回旋半圈，要保证安全，同时确保冷凝水回收系统工作正常。

（3）碱加热循环管道上的调节阀应旋至最大。

（4）加大碱液换热速度，碱液升温快。

（5）加大碱液喷冲压力，有利于洗瓶。

（6）喷冲区槽的加热。

（7）主碱槽加热时，有热量辐射给喷冲区槽。

（8）机器启动，瓶盒的运转会传热（主机可以在进瓶前大约 5min 时启动，但要确保在进瓶前各温区的温差不要太大，以防止爆瓶）。主碱泵在循环作业时，也会带入热量。

（9）预浸区槽的加热，由喷冲区槽的溢流液加热。

6. 清洗

旧瓶可以先经人工预洗，去掉瓶子商标和污物，也可以直接进入洗瓶机。新瓶则直接进入洗瓶机。具体清洗过程如图 6-5 所示。

氢氧化钠、添加剂、除泡剂
↓
预浸（35～40℃）→预碱洗（55～60℃）→第一次碱洗（75～85℃）→第二次碱洗（60～70℃）→温水Ⅰ
（35～40℃）→温水Ⅱ（20～25℃）→冷水（10～15℃）→净水
　　　　↑　　　　　　　　↑
　　　防垢剂　　　　　消毒剂

图 6-5　洗瓶过程

（1）预浸：酒瓶由进瓶装置进入洗瓶机后先用温水浸泡（预浸），水温为 35～40℃，浸泡时间随设备不同而异。为了节约用水和蒸汽，预浸用水使用温水喷洗后的水。

（2）碱液浸泡：用于浸泡的碱液为"碱液Ⅰ"，碱一般采用固体氢氧化钠，添加方便、安全。添加液体氢氧化钠时易产生大量的热，发生喷溅。碱液浓度的高低应根据酒瓶的洁净程度进行适当的调整。

浸泡温度约 80℃，浸泡时间约 6min。用碱液处理酒瓶分两步，先用 80℃碱液Ⅰ浸泡，再用 85℃碱液Ⅱ喷洗。

根据上线酒瓶的干净程度，可以适当使用洗瓶添加剂。一般情况下，只有在清洗回用的旧瓶时才使用添加剂。

（3）用于喷洗的碱液：用于喷洗的碱液为"碱液Ⅱ"，浓度低于"碱液Ⅰ"，并加少量磷酸盐。喷洗分两步，第一步喷洗温度为 75～85℃，第二步为 60～70℃。第一步喷洗后约 70℃的碱液与冷水在蛇管换热器中换热，碱液被冷却到 60℃，用于第二步碱液喷洗。冷水被加热到 40℃，用于前面的预浸和后面的温水喷洗。

（4）水喷洗：先用上面加热到 35～40℃的温水喷洗，再用 20～25℃温水、

10～15℃冷水依次喷洗，最后用自来水喷洗后出瓶。

在喷洗过程中，要保证水压在 0.1MPa 以上，喷淋管路和喷头都要保持通畅，使水保持一定的压力喷到酒瓶上。另外，酒瓶从碱液槽出来后，要逐步降温，以免炸瓶，造成损失。

验　瓶

【相关知识】

1. 验瓶的目的

验瓶的目的主要是去除不合格的酒瓶，不合格的酒瓶包括以下几种。

（1）未洗净的酒瓶，如有污物、商标屑、碱液或瓶内有残液等。

（2）酒瓶本身存在瑕疵，如破口、结石、炸纹、气泡、瓶颈内凹等。

（3）规格不符合要求的酒瓶。

2. 验瓶的方法

1）人工验瓶

国内小型啤酒生产企业比较多。人工验瓶比较灵活，可根据酒瓶的实际情况进行判断。但长时间难以集中精力，高速灌装线单靠人工肉眼检验空瓶十分困难。

2）机器验瓶

大部分工厂已经开始普及自动验瓶机，它比人工验瓶节省大量劳动力，效率高。机器使用前要认真调试，使验瓶机既能保证酒瓶质量又能降低瓶损。自动验瓶机主要是采用光学照相成影的原理，从不同角度成影，找出有瑕疵的酒瓶。

3. 空瓶检验要求

酒瓶内外洁净，无污垢、杂物和旧商标纸残留；瓶子不得有裂纹、崩口等现象；酒瓶高低应一致。

【实施步骤】

验瓶步骤如下所述。

1. 光学检验

全瓶检验包括一个或多个瓶底检验站，对碱液或残液检查两次，对瓶壁、瓶口检查一次，对瓶口主要是检查密封面。采用光学检验装置自动把污瓶和破损瓶由传送带推出，还可以连一个辨认和剔除异样瓶的装置。

2. 人工验瓶

利用灯光照射，人工检验瓶口、瓶身和瓶底，一旦发现酒瓶不符合要求，立即剔除，另行处理。检验员必须定时轮换，酒瓶输送速度一般为 80～100 个/min，灌装速度快时可以采用双轨验瓶。

灌　装

【相关知识】

1. 灌装过程中要遵循的原则

（1）在灌装过程中，啤酒要尽可能与空气隔绝，即使是微量的氧也会影响啤酒的质量，因此要求灌装过程中的吸氧量不得超过 0.02～0.04mg/L。

（2）啤酒始终要保持一定的压力，否则 CO_2 逸出，从而影响啤酒质量。

（3）要保持卫生。灌装设备结构复杂，必须经常不断地清洗，不仅要清洗与啤酒直接接触的部位，还要清洗全部设备。

2. 长管灌装机

带导管的灌装阀灌装机又称长管灌装机，其灌装过程如下所述。

（1）在灌酒时，瓶子升高，通过对中罩对中瓶子，使导酒管对中插入瓶内。

（2）CO_2 背压，瓶子压接到灌装机构之上之后，带压的 CO_2 气体通过通道进入导液管而进入瓶子底部，利用 CO_2 相对密度大于空气的特点，自下而上地将瓶中的空气排出。

（3）液体阀打开，啤酒通过液体导管流入瓶内，同时将酒瓶中的 CO_2 气体排挤出瓶外。啤酒流入速度由截面很小的回气排风嘴决定，由于压差很小，啤酒流入十分缓慢，从而避免酒液落到瓶底产生大量泡沫。这一阶段耗时仅几秒钟，直到液面超过导液管管口后为止。

（4）通过截面积大的回气口产生的较大压差，提高灌入速度，这一过程的耗时较长。

（5）啤酒流入速度再次放慢，液面进入瓶颈部分后缓慢上升，从而能够精确地控制液面高度。

（6）达到预定液位高度后，液阀关闭，进行卸压，瓶中压力缓慢降至与回气室相同，完成第一步卸压。

（7）卸压至大气压。作为第二步卸压，瓶中压力缓慢降至大气压。

（8）通过连通 CO_2 通道和导酒管使管内所含啤酒流入瓶内，最终使酒瓶的灌装量达到预定值。最后酒瓶下降脱离灌装机构被送至压盖机，至此灌装结束。

3. 短管灌装机

短管灌装机是不带导管的灌装形式。在灌入啤酒前，可采用抽真空的办法减少瓶中空气的含量，并随后将 CO_2 气体补充入瓶内。

当第一次抽真空完成后，向瓶内补充纯度高的 CO_2 气体，随后再次抽真空，最后再背压。这样瓶中的氧气含量得到了控制，氧气对啤酒质量的影响程度也降到了比较低的水平。

装酒过程中应使啤酒在等压条件下进行灌装，这样才能避免起泡沫和损失 CO_2。装酒前应抽成真空后充 CO_2，当瓶内压力与酒缸内压力相等时，啤酒可灌入瓶内，气体通过回风管返回贮酒室。

【实施步骤】

以短管灌装机为例进行啤酒灌装的具体步骤如下所述。

1. 第一次抽真空

瓶子对中罩气密地压接到灌装阀上，真空阀由固定的挡块顶开。在很短的时间内，瓶中真空度达 90%。被对中罩顶起的真空保护阀用来防止无进瓶情况下真空系统吸入过量空气引起的真空度降低。

2. 中间 CO_2 背压

通过操作滚轮阀柄，短时开启 CO_2 气体阀，让 CO_2 由酒缸导入瓶中。当滚轮阀柄复位后即结束。此时瓶内压力升至接近大气压。

3. 第二次抽真空

重复第一步过程，再次得到约 90% 的真空度，由于此次被吸取的是上次抽真空后残留的空气和 CO_2 混合气，所以，酒瓶中仅剩极少的空气。

4. CO_2 背压

重复第二步过程。只是时间稍长。由于 CO_2 的充入，瓶中 CO_2 的浓度很高，最终瓶内的压力与酒缸压力达到平衡。

5. 灌酒

当酒缸压力与瓶内压力平衡时，滚轮阀柄借助弹簧使啤酒阀密封件抬起，啤酒液向下经伞形分散帽沿瓶壁呈很薄的膜状流入瓶内，同时瓶内的 CO_2 气体通过回风管返回到酒缸中。

6. 灌酒结束

当啤酒的液面达到回气管的管口时，瓶中液面仍会上升，但此时瓶中所剩气体已无法排出，此时灌装结束。但啤酒在回气管内升高多少难以确定，它受灌酒速度、压力等影响。这一阶段灌装量出现了少量的过剩，因此需要进行液位校正。精确的灌装高度是衡量瓶装啤酒质量的一项指标。

7. 液位校正

为了达到准确的高度，可通过滚轮阀柄关闭啤酒阀，但气体阀仍处于开启状态，然后通过固定的曲线挡块顶开侧向安装的 CO_2 附加阀，将压力略高的 CO_2 气体由附加槽导入瓶内。由于压差的缘故，超过回气管端口的啤酒将通过回气管被压回酒缸，从而保证了精确的灌装高度。

8. 卸压

通过滚轮阀柄使气体阀关闭，酒瓶送去压盖。

卸压过程是通过一个固定的挡板顶开侧向安装的卸压阀，以使酒瓶与一个小的节流嘴发生连通，于是瓶内压力由于节流排气而渐渐趋于大气压，避免了压力突变导致啤酒起泡。

9. CIP 清洗

在 CIP 清洗过程时，只需将清洗帽安装于酒阀下，并借助对中罩将其紧压在灌装阀上，这样整个系统可通过清洗介质循环得到充分清洗。

压　盖

【相关知识】

1. 压盖时间的要求

灌装结束后，为了保证啤酒的无菌、新鲜、CO_2 无损失，应立即进行压盖，其间隔一般不超过 10s，以防啤酒吸氧和 CO_2 损失，影响产品质量和保质期。

2. 皇冠盖

玻璃瓶装的啤酒一般用皇冠盖封瓶，由于皇冠盖密封性能好，制造容易，成本低，在啤酒行业广泛使用。皇冠盖一般有 21 个尖角，这些尖角在压盖时经挤压靠拢而使瓶密封。皇冠盖内衬有高弹性的 PVC 塑料膜，它起到密封垫的作用。

3. 压盖后的密封性

压盖后要求瓶盖封口尺寸一般控制在 28.5mm$<X<$28.8mm，密封压力一般要求大于等于1.0MPa。

【实施步骤】

压盖步骤如下所述。

1. 送盖

瓶盖从料斗中按照预定的方位，通过正盖器和瓶盖滑道送至压盖模处。

2. 定位

瓶盖进入压盖头的压槽内定位，同时，装满啤酒的瓶子也输送到位，并对准压盖头的中心。

3. 压盖

压盖头下降，瓶盖在压盖模的作用下压向瓶嘴，以实现封口。

4. 复位

封口后，压盖头上升复位，弹簧的力量使被封口的酒瓶离开压盖工位。

杀　菌

【相关知识】

1. 杀菌的目的和要求

啤酒杀菌是为了保证啤酒的生物稳定性，有利于长期保存。

啤酒杀菌要求在最低的杀菌温度和最短的时间内杀灭酒内可能存在的有害微生物。不同工厂在啤酒生产中可根据不同的对微生物控制情况，确定不同的啤酒杀菌工艺。不必要地提高杀菌温度或延长杀菌时间，对啤酒口味有很大的危害。

2. 热杀菌方式

（1）热杀菌方式分为装瓶前杀菌和装瓶后杀菌。装瓶前杀菌又称瞬间灭菌，常采用薄板热交换器进行。目前应用广泛的是装瓶后杀菌，采用的设备大多是隧道式喷淋杀菌机和步移式巴氏消毒机。

（2）应用低温（60℃加热维持一定时间）杀菌可以将微生物细胞杀死，人们把这种杀菌方法称为巴氏消毒法。

习惯上把60℃经过1min处理所达到的杀菌效果称为1个巴氏消毒单位，用Pu值表示。

$$Pu = T \times 1.393^{(t-60)}$$

式中，T——时间，min；

　　　t——温度，℃。

生产上一般控制Pu值为15～30。

3. 杀菌工艺的要求

（1）杀菌后的啤酒不能发生酵母菌浑浊的现象，熟啤酒的色香味与原酒也不能有显著差别，不能有明显的微小颗粒或瓶颈的黑色圈。

（2）在杀菌温度小于65℃、CO_2质量分数0.4%～0.5%的条件下，瓶装啤酒的瓶颈部分体积应为瓶总体积的3%。杀菌温度在65℃以上时，瓶装啤酒的瓶颈部分体积应为瓶总容积的4%，以免因杀菌时瓶内压力过高而造成爆瓶。

（3）喷淋水分布要均匀，主杀菌区温度为61～62℃，杀菌效果为11～30Pu。

4. 操作要点

（1）严格控制各温区的温度与瓶装啤酒停留的时间。各区温差不超过 35℃，瓶升温速度控制在 2～3℃/min 为宜，以防温度骤升骤降引起酒瓶的破裂。

（2）经常观察各温区的温度，控制温度变化为 ±1℃为宜，每班要测 Pu 值 1～2 次。

（3）严格清洗机体和各喷管，保持喷嘴的畅通，喷淋水压通常为 0.2～0.3MPa。

（4）为了防止由于啤酒爆瓶所产生喷淋水偏酸而腐蚀设备，可用 1%～2% 的氢氧化钠溶液调节喷淋水的 pH 值为 7.6～8，必要时可加 5～10mg/L 的磷酸三钠，以防止喷嘴阻塞及瓶子干燥后覆盖一层盐。

【实施步骤】

杀菌的具体步骤如下所述。

1. 杀菌操作

待杀菌的瓶装啤酒从杀菌机一端进入，在移动过程中瓶内温度逐步上升，达到 62℃左右（最高杀菌温度）后，保持一定时间，然后瓶内温度又随着瓶的移动逐步下降至接近常温。主要工艺条件为：15℃→30℃→45℃→62℃→54℃→45℃→35℃。

2. 杀菌结束

瓶装啤酒从出口端进入相邻的贴标机贴标。整个杀菌过程需要 1h 左右。

验　酒

【相关知识】

1. 验酒的要求

（1）酒液清亮透明，无悬浮物和杂质。

（2）瓶盖不漏气、漏酒。

（3）瓶外部清洁，无不洁附着物。

（4）啤酒液位符合现行国家标准：≥500mL 标签容量的，液位要满足标签溶液量 ±10mL；≤500mL 标签容量的，液位要满足标签容量 ±8mL。

2. 检查漏气酒

不漏气的瓶酒因瓶颈空间保持一定压力，酒内气泡不释放。漏气酒因瓶颈压力下降，可以从酒液面产生气泡检验出来。但轻微的漏气，有时通过人工难以检查出来，可以在验酒的上线输送带下面安装超声波振荡器，促使酒液面产生大量的气泡，然后被自动检瓶仪检出排除。

3. 酒内微细异物的检查

通过人工验酒，从瓶外检查瓶酒内极微细的异物较为困难，特别是已经沉淀在瓶底的异物。当瓶酒灌装和压盖后，瓶中的异物会在酒瓶的高速运转中悬浮起来，可采用电荷耦合器件（CCD）摄影机在汞灯的照射下，将其检出并自动排除。

【实施步骤】

杀菌完后的啤酒分别经人工验酒、漏气检测仪和酒内微细异物检测仪进行检验，剔除不合格的啤酒，合格的装瓶啤酒送去贴标和装箱。

贴标、装箱

【相关知识】

1. 贴标的目的

贴标的目的是使贴标后的瓶装酒美观，标明产品的名称、性能、原料配比等，具有鲜明的图案。优质醒目的贴标，有利于吸引消费者的消费欲望，有利于提高啤酒的档次。它是厂家促进销售并传播其产品的一种标志，可以提高产品在市场中的吸引力和竞争力。

2. 贴标的要求

（1）商标整齐美观，紧贴瓶壁，不能歪斜、翘起、鼓起、透背、破裂或脱落等。

（2）贴标位置。①圆形商标：下端距瓶底为 2.7～3.0cm。②方形商标：下端距瓶底为 3.7～4.0cm。③小瓶商标：下端距瓶底为 1.7～1.9cm。

（3）商标用纸应具备耐湿性，并尽可能选用耐碱性的纸张，其规格为 $70\sim80\mathrm{g/m^2}$，在特殊情况下采用较轻（$60\mathrm{g/m^2}$）或较重（$100\mathrm{g/m^2}$）的纸。

（4）有选择地使用黏着剂，一般采用糊精、酪素或醋酸聚乙烯酯乳液等。

3. 装箱的注意事项

灌装好酒的酒瓶在装箱之前，需经过整队通道编排队形，通过机械运动的瓶流疏导器将瓶子分流，变成多个单路纵队，然后进入抓取台，以便能顺利抓取而不至于缺瓶。最后通过抓瓶头抓取一定数目的酒瓶并使酒瓶越过箱子的边缘完成装箱的最后一个动作。

【实施步骤】

贴标和装箱具体步骤如下所述。

1. 贴标

回转式贴标机的贴标步骤如下所述。

（1）上胶。取标板经过涂胶机构涂上液体黏着剂。

（2）取标。通过取标板从标签盒中取出标签，保证每次只取一张标，无瓶时不取标。

（3）传标。把取出的标签传送到粘贴位置，这个动作是由夹标转鼓来完成的。

（4）贴标。涂好胶的标签到达粘贴位置，酒瓶也应同时到达该位置，酒瓶先由链条式输送机构输送，到达贴标机时，由贴标机上的分件机构按贴标工作节拍逐个送到指定的位置。

（5）滚压、熨平。标签贴到瓶子上，并不能保证整个标签全都贴在瓶子上，这就需要熨平机构熨平，使标签纸贴牢，避免起皱、鼓泡、翘曲、卷边等，然后由送出机构送出贴标机。

2. 装箱

贴标签后的瓶装啤酒，经人工或机械包装，即可销售。

包装形式有装箱、装筐或塑封。目前市场上装箱规格［瓶装体积（mL）×瓶数］有 355×24、355×12、500×12、600×12、640×12 等几种，筐装（图 6-6）以 12 瓶装居多，外尺寸一般为 450mm×365mm×315mm；塑封规格［瓶装体积（mL）×瓶数］以 500×9、640×9、500×6、640×6 为主。

图 6-6 啤酒筐

思考题

（1）啤酒包装过程的要求是什么？我国对啤酒瓶的理化性能有何要求？

（2）单端式洗瓶机和双端式洗瓶机的区别是什么？

（3）什么是 Pu 值？瓶装熟啤酒一般的 Pu 值要求是什么？

（4）验酒的要求是什么？

标准与链接

一、相关标准

1.《啤酒瓶》（GB 4544—1996）

2.《食品安全国家标准 啤酒生产卫生规范》（GB 8952—2016）

3.《啤酒企业 HACCP 实施指南》（GB/T 22098—2008）

二、相关链接

1. 中国酒业协会 https://www.cada.cc

2. 中华酿酒传承与创新教学资源库 http://jszyk.36ve.com

3. 澜埔国际酿酒学院 https://zw-lab.com/

任务二　啤酒厂的废水处理

🍷 **任务分析**

> 本任务主要介绍啤酒厂废水的来源，及啤酒生产环节废水的处理方法，并以酸化加接触氧化法为例，介绍啤酒包装废水的处理过程。

🍺 **任务实施**

啤酒厂的废水来源及处理方法

【相关知识】

1. 啤酒厂的废水来源

我国啤酒厂的吨酒耗水量较大，平均每 1t 酒耗水量为 12～16t，废水排放量约为耗水量的 90%。啤酒厂的废水来源可分为三类。

（1）大量的冷却水和冲洗水，如冷冻机冷却水、麦汁冷却水、发酵冷却水、洗瓶机洗涤水等。这些水的量较大，但无污染，可回收再用，以减少排污量和水耗。

（2）含有大量有机物的废水，如洗糟水、凝固物洗涤水、过滤洗水、容器洗涤水等。这些废水中含有大量有机物，是主要的污染源，但其中有一部分可循环再用。

（3）含无机物的水，主要来自成品车间的洗涤水，其中含有碱和洗涤剂成分。这部分水有腐蚀性，能腐蚀下水道，必须进行处理。

啤酒生产耗水量大，水循环利用率低，如不加以处理直接排放，会对环境造成较大的污染。啤酒生产包装环节也会产生大量废水，大部分来自灌装环节和洗瓶环节。

2. 我国啤酒工业废水排放标准

按《啤酒工业污染物排放标准》（GB 19821—2005）规定，麦芽厂与啤酒厂的废水属第二类废水，其长远污染影响小于第一类废水。对啤酒生产企业废水排放有限制性的项目有 4 项，见表 6-1。

表 6-1　啤酒生产企业水污染物排放最高允许限值（部分内容）

项目	最高允许排放浓度	项目	最高允许排放浓度
pH 值	6～9	BOD（20℃，5d）/（mg/L）	20
SS/（mg/L）	70	COD_{Cr}/（mg/L）	80

注：SS 为悬浮物，BOD 为生物需氧量，COD_{cr} 为化学需氧量。

3. 灌装废水

在灌装啤酒时，机器的跑、冒、滴、漏时有发生，还经常出现冒酒，使废水中掺入大量残酒。另外喷淋时由于用热水喷淋，啤酒升温会引起瓶内压力的上升，"炸瓶"现象时有发生，致使大量啤酒喷散到喷淋水中。为防止生物污染，循环使用喷淋水时需加入防腐剂，因此被更换下来的废喷淋水还会含防腐剂的化学物质。

4. 洗瓶废水

清洗酒瓶时先用碱性洗涤剂浸泡，然后用压力水初洗和终洗，酒瓶清洗水中含有残余的碱性洗涤剂、纸浆、染料、浆糊、残酒和泥沙等。所以，碱性洗涤剂要定期更换，更换时若直接排入下水道会使废水呈碱性，因此废碱性洗涤剂应先进入调节、沉淀装置单独处理。若将洗瓶废水的排出液经过处理后贮存起来，用以调节废水的 pH 值（啤酒废水平时呈弱酸性），则可以节省污水处理的药剂用量。

5. 酸化法处理废水

酸性条件下，将原水中非溶解态有机物转变成溶解态有机物，即将其中难降解物转变成为易生物降解物质，可提高废水的生化性，为后续的好氧生物处理创造条件。此过程科学地实现了沉淀、生物絮凝、降解分离于一体的功效。

6. 生物接触氧化法处理废水

生物接触氧化法是介于活性污泥法和生物膜法之间的一种好氧处理工艺。其在反应器内设置一定量的生物填料，通过培养一定的好氧菌，使填料上形成稳定的耐冲击生物膜，生物膜与有机废水充分接触，可促使废水中有机物得到降解和净化。

生物接触氧化法具有容积负荷高、生物活性高，不存在污泥膨胀等优势。

【实施步骤】

酸化加接触氧化法对污水进行处理的具体步骤如下所述。

1. 格栅井拦截

（1）井中采用粗格栅，栅隙为 10mm，主要拦截污水夹带的瓶盖、塑料制品及车间与室外环境带来的较大漂浮物。

（2）粗格栅处理后采用回转滤网或固液分离机处理。回转滤网网孔或栅隙为 1.0～2.0mm，主要拦截细小的糟渣、麦皮、麦芒、废酵母絮体和其他漂浮物，以防止在调节池中沉淀，产生新的化学需氧量（COD），并减少后续活性污泥中的无机悬浮固体与惰性有机物质。

2. 均质调节

均质调节是利用水池双向对流水中间斜渠出水的方式，使不同时刻的进水在斜渠内混合而实现均质。其在水池的隔墙下部设联通孔口，使水池具有水量调节的功能。

3. 酸化

（1）酸化池中设有 1/2 高度的填料层，由于其水流相对稳定，可采用软填料、半软填料或弹性填料的方式形成填料层。水的流态应保证从下而上穿透填料层。

（2）酸化池池底设穿孔布水器及水流反射体，以保证污泥悬浮向上流。池底穿孔贮水管应有向池外排泥的功能，以防止堵塞和定期排泥。

4. 接触氧化

（1）在接触氧化池中，呈立体状均匀分布的填料层作为微生物生长床。填料层采用 0.3mm 和 0.5mm 拉毛尼龙丝混合编织的弹性材料。

（2）以丝状细菌为主体的生物膜吸附固着在接触氧化池上，在池中整个空间形成密集的、相对固定的生物群体，成为组合状生物滤网，原污水从生物群体中滤过时，均匀地接受细菌的吸附和氧化。

5. 气浮

气浮是指在高压（约 0.35MPa）下将空气溶于水中形成溶气水，再经过减压释放装置形成微小的气泡（约 50μm）群，以黏附在杂质颗粒之上，并将之举升至液面，通过刮渣机清除，使污水得到澄清。

6. 鼓风曝气

鼓风曝气起到充氧和搅拌的作用，同时也对污水起到保温和升温的作用。

7. 污泥脱水

污泥脱水采用手动或自动板框压滤机、叶片压滤机、转鼓真空过滤机、卧式螺旋离心机、带式压滤机等进行活性污泥脱水。

❓ 思考题

（1）啤酒生产的废水来源有哪些？
（2）啤酒包装环节的废水有何特点？
（3）常用的啤酒包装废水处理办法有哪些？

🔗 标准与链接

一、相关标准

1.《啤酒工业污染物排放标准》（GB 19821—2005）

2.《啤酒企业 HACCP 实施指南》（GB/T 22098—2008）

二、相关链接

1. 澜埔国际酿酒学院　https://zw-lab.com

2. 中华酿酒传承与创新教学资源库　http://jszyk.36ve.com

厌氧发酵法

模块二

白酒生产

项目七

小曲的生产

知识目标

（1）掌握制曲原料大米、米糠及麸皮等的质量标准与判断方法。

（2）掌握小曲中微生物的基本特性及其生长基础理论知识。

（3）掌握消毒、灭菌基本理论知识及设备使用知识。

（4）掌握小曲的特点及小曲的类型。

（5）了解小曲生产中的常用术语，掌握曲坯检验抽样方法，理解曲坯感官标准和理化标准。

（6）掌握制曲设备维修、保养的基本知识及设备的安全操作规程。

技能目标

（1）能完成生产原料质量的判断和选料。

（2）能独立完成拌料、制曲坯、入箱、培曲管理、烘干等工艺操作。

（3）能根据实际环境、设备条件制定培曲工艺方案并精确调控曲室温度、相对湿度。

（4）能完整记录曲坯在培曲过程中的感官变化，针对培曲过程中出现的异常现象进行分析，并提出处理措施。

（5）能进行酒曲质量的判断，具备成品曲的香味、色泽等感官检验标准的鉴别能力，能够准确分析不同样品的理化指标。

小曲的生产

任务一　米曲的制作

🍷 任务分析

本任务主要学习米曲的制作工艺。米曲，即以大米为原料，按制作工艺要求，将优质大米原料经浸泡、粉碎、拌料、制曲坯、入箱、培曲管理制得的成品，主要用于固态和半固态小曲酒的生产。影响米曲质量的关键因素主要有原料质量、粉碎度、加水量、曲母质量、培养相对湿度、温度等，成品米曲如图 7-1 所示。

图 7-1　成品米曲（一）

任务实施

生产准备

【相关知识】

1. 原料的质量要求

（1）大米。大米的营养成分丰富，其淀粉含量为70%～72%，维生素和矿物质含量丰富，含水量为12%左右，并含有适量的粗蛋白、粗脂肪和灰分等，符合根霉菌的营养需求。要求大米农药残留量不超标，无虫蛀、无霉变或异味。

（2）中药材。要求有明显的药香，无杂质和霉烂，符合中药材质量标准。

2. 曲室的消毒杀菌

加强曲室消毒杀菌，每一批米曲培养之后曲室都要经过严格的杀菌，以防止其他杂菌污染。一般选用硫磺和漂白粉消毒，使用时将硫磺与锯末按1∶4混合点燃后熏蒸；漂白粉则加水按1∶125制成消毒液喷雾消毒。

3. 设备和能源的检查

为确保生产正常进行，在正式投入物料前，需检查设备及能源供应是否正常，并定期对设备进行润滑保养。设备应保持洁净，避免杂菌滋生。

【实施步骤】

生产准备具体步骤如下所述。

小曲的制作

1. 接收物料

大米质量要符合《大米》（GB/T 1354—2018）和生产要求，并且无霉变、虫蛀等。

2. 曲室的消毒杀菌

（1）硫磺熏蒸。将曲室打扫干净，点燃硫磺锯末混合物，让整个烟雾弥漫于室内，保持密闭12h后再通风，硫磺用量为4～6g/m³。

（2）漂白粉消毒杀菌。使用漂白粉稀释液进行消毒杀菌，然后将消毒液均匀喷洒于曲室内，待喷淋完毕保持密闭30min，消毒液用量为100mL/m³。

3. 设备和能源的检查

（1）检查设备的螺丝与螺帽是否松动、皮带松紧是否合适。

（2）检查电源插头、插座是否完好。

（3）启动设备后，检查设备运转是否正常，排查有无异响。

制曲坯

【相关知识】

　　1. 物料计算

　　曲母与米曲饼均为米曲中的一种，一般曲母形状为方坯形，米曲饼为圆饼形，在原辅料配比上也有一定差异。

　　根据生产要求，计算曲母与米曲饼制作所需要的各种原料、辅料的用量。

　　（1）每批次曲母制作所需原辅料用量如下所述。

　　大米：35kg。

　　中药材：2.4kg（中药材共67种，配比如表7-1所示）。

　　母曲（为上一季度的成曲）：0.3kg。

　　拌料水量：$35 \times 25\% = 8.75$（kg）。

表 7-1　曲母中加入的药材配比 （单位：g）

名称	数量	名称	数量	名称	数量	名称	数量	名称	数量	名称	数量
蓼子草	5.2	大茴香	5.2	草寇	10.4	砂头	10.4	建苓	10.4	神曲	10.4
桂皮	15.6	香附	15.6	公丁	10.4	川芎	10.4	均姜	15.6	杜仲	10.4
白芍	10.4	广香	10.4	双术	20.8	麦芽	20.8	牛膝	10.4	玉桂	10.4
胡椒	10.4	蓖麻	20.8	苓皮	15.6	甘草	15.6	排草	5.2	巴头	10.4
大黄	10.4	枳壳	15.6	独活	5.2	灵草	5.2	羌活	15.6	栀子	15.6
斑蝥	10.4	麻黄	26.0	北辛	26.0	甲壳	26.0	丑牛	15.6	白芷	15.6
山奈	15.6	甘松	10.4	良姜	26.0	官桂	26.0	丹皮	10.4	小香	31.3
中茂	15.6	椰梗	15.6	黄柏	15.6	小荷	15.6	法下	10.4	石斛	5.2
南星	10.4	川乌	41.7	灵先	15.6	台乌	15.6	生地	10.4	茵陈	15.6
薄荷	15.6	粉可	26.0	菊花	10.4	茶花	10.4	通片	26.0	土皮	26.0
牙皂	15.6	桑皮	26.0	柴胡	15.6	荆芥	15.6	南藤	15.6	坝归	15.6
香茄	15.6										

　　（2）每批次米曲饼制作所需原辅料用量如下所述。

　　大米：80kg。

　　中药材：2.75kg（中药材共72种，配比如表7-2所示）。

　　母曲：0.25kg。

　　拌料用水：$80 \times 25\% = 20$（kg）。

表 7-2　米曲饼中加入的药材配比 （单位：g）

名称	数量	名称	数量	名称	数量	名称	数量	名称	数量	名称	数量
神曲	110.4	北辛	41.4	茵陈	41.4	砂头	20.7	均姜	13.8	甘松	34.5
牙皂	41.4	公丁	13.8	麦芽	55.2	小荷	48.3	粉可	55.2	广香	13.8
苓皮	34.5	羌活	34.5	勾片	34.5	胡椒	13.8	枳壳	34.5	白附子	20.7

续表

名称	数量	名称	数量	名称	数量	名称	数量	名称	数量	名称	数量
通片	34.5	栀子	51.8	斑蝥	13.8	甲皮	41.4	土皮	55.2	丑牛	48.3
白芷	48.3	香本	34.5	川乌	96.6	中茂	48.3	丹皮	27.6	良姜	31.1
南星	55.2	麻黄	110.4	香附	13.8	建苓	27.6	双球	55.2	南藤	55.2
灵草	6.9	川芎	41.4	大黄	27.6	灵先	55.2	山楂	20.7	条芍	27.6
木香	31.1	桑皮	55.2	独活	55.2	草乌	27.6	桂枝	34.5	前胡	13.8
草寇	13.8	蓖麻	48.3	甘草	34.5	柴胡	41.4	付皮	31.1	台乌	48.3
官桂	62.1	荆芥	41.4	白芍	41.4	榔梗	20.7	黄柏	48.3	香茄	31.1
卜桂	27.6	坝归	34.5	杜仲	20.7	紫苏	69.0	排草	6.9	生地	27.6
小茴香	34.5	荆芥子	13.8	大茴香	20.7	薄荷	62.1	石斛	13.8	巴豆	48.3

2. 润料和粉碎的质量要求

（1）润料水温与水量：大米浸泡时间过长，会使米粒含水量超过 60%，碾碎后易发烧、滋长杂菌，出现酸馊味；若浸泡时间过短，含水量低于 40%，米粒较硬，则不易碾碎，曲面黏结性差，难以制坯成形。大米浸泡时间一般为 20～50min，浸泡时间因大米质地及水温而异。制作曲母时，宜采用温水（30～40℃）浸泡，一般为 30～50min；米曲饼制作通常用常温冷水浸泡即可，浸泡至以手捻易碎、微带硬心为度，一般为 20～40min。

（2）大米粉碎要求：大米用粉碎机粉碎后，不能通过振动筛孔径 1mm 筛孔者，约占 30%；能通过 1mm 而不能通过 0.5mm 筛孔占 40%；能通过 0.5mm 筛孔的细粉占 30%。若大米粉碎粒度太粗，则制坯时不易成形。

（3）中药材粉碎要求：在制作曲母与米曲饼中添加的中药材用粉碎机粉碎应粗细适度，不能通过振动筛孔径 1mm 筛孔者，约占 30%；能通过 1mm 而不能通过 0.5mm 筛孔者，占 40% 左右；能通过 0.5mm 筛孔的细粉，占约 30%。

【实施步骤】

制曲坯步骤如下所述。

1. 润料、粉碎

（1）制作曲母时，原料大米用温水浸泡 30～50min 后沥干，用粉碎机碾碎成无半粒米状时，加入原料量 0.5%～1% 的母曲再碾 1～2min，再撒入粉碎适宜的中药粉碾匀。

（2）米曲饼制作时，原料大米通常用冷水浸泡 20～40min 后适度沥干，以保持含水量为 30%～32%，将湿米倒入粉碎机，碾至手捻成片、无半粒米状时，加入母曲再碾 1～2min，加入粉碎适宜的中草药粉再碾匀。

2. 拌料

碾碎的原料不能放置过久，碾碎后应立即倒入木盆，加水拌和均匀，保持含水量为42% 左右。

3. 制曲坯

（1）曲母制作时，将拌匀后的物料分次移至木板上，和匀揉紧，制成 $3cm^3$ 的方形坯，每块重约 6g。曲坯要求大小均匀一致，便于培养时控制其温度和含水量。

（2）米曲饼制作时，将拌匀后的物料分次移至木板上，和匀揉紧，制成直径为8～9cm、厚为 3～3.5cm 的圆形饼状，曲饼的质量约为 110g。曲饼要求大小均匀一致，便于培养时控制其温度和含水量。

入箱、培曲管理

【相关知识】

1. 曲室环境对培曲管理的影响

曲坯在入箱后，培曲管理过程中，曲室（培养室）的温度、相对湿度、空气、酸度等都对曲坯的质量有所影响。

1）含水量对培曲管理的影响

制曲过程中，作为米曲中最主要的微生物——曲霉菌，其生长与作用均受到曲坯含水量的影响。在曲霉菌培养的不同阶段，对含水量有不同的要求，曲室相对湿度应根据培养的不同阶段而做调整，要与曲池大小、曲层厚度及通风条件相适应。

2）温度对培曲管理的影响

曲霉菌从孢子发芽到菌体生长及酶的生成，每个阶段都离不开适宜的温度。在整个制曲过程中，通过温度调节处理好曲坯品温与室温的关系，控制后期的培曲温度要高于前期，以保证曲坯的质量。

3）空气与酸度对培曲管理的影响

曲霉菌是好气性微生物，通过配料时添加稻壳与酒糟，不仅可使曲料疏松，提高其含氧量，还能获得适当的酸度。

在培曲管理中，主要通过开启门窗来完成 O_2 的供给，重点在于掌握好通风时机、通风时长及风量大小。适当的 pH 值是曲霉菌生长繁殖所要求的基本条件之一，不同曲霉菌有不同的最适 pH 值范围。同一曲霉菌，每次配料中 pH 值若有变化，均会影响到其生成酶的种类和数量。实践证明，酸度稍小，曲坯的糖化力增高；酸度稍大，曲坯的液化力增高。同时，一定的酸度对杂菌也有控制作用，加糟制曲是调节酸度的较好方法。

2. 培曲时间对培曲管理的影响

培曲管理的最终目的是尽可能多地生成酶类。对于培曲管理而言，最重要的就是曲霉菌的生长，所以培曲时间的确定是根据某一曲霉菌生成酶的高峰期而定的，不可过早出曲（一般不早于入箱培养 92h），否则曲的糖化力将受到很大影响。同时，制好的米曲要及时使用，不可放置时间过长（一般不超过 1 年），以防止糖化力的损失。

3. 培曲过程中判断是否翻箱

翻箱条件为：曲坯含水量降至约 38%；霉菌在曲坯表面发育健壮，占绝对的优势，曲坯表面产生褶皱。

4. 曲母入箱培曲过程的变化

（1）生皮阶段：即霉菌在曲坯表面生长，并布满表面形成菌膜，历时 17～23h。

（2）干皮阶段：历时 12～13h。该阶段曲坯水分大量挥发，曲心酸度略有上升，同时酵母菌在较低的温度下稍有增殖。

（3）过心阶段：历时约 40h。该阶段霉菌向曲心生长，曲心颜色逐渐转白，曲坯逐渐成熟，酸度逐渐下降。

【实施步骤】

米曲饼入箱、培曲步骤如下所述。

1. 入箱

将曲坯轻轻放入曲箱（规格为 2960mm×1500mm×185mm），均匀摆放，不得重叠。每箱排列 16～17 行，每行排列约 15 块，并在四周和中间插入温度计和湿度计，检测初始温度和相对湿度。

2. 培曲

（1）生皮阶段。覆盖竹席、草垫，并于箱底加木炭生火保温。要求在入箱之后 2h 之内，曲坯品温不低于 25℃。在入箱 14h 左右，品温达到 32～33℃，此时为曲霉菌有氧呼吸的旺盛阶段，曲坯产生水分，变软甚至变形，俗称"软坯"。入箱后 17～18h，品温升至 34～35℃，曲坯微生物大量繁殖，菌丝包着曲坯，俗称"生皮"。

（2）翻箱。曲坯入箱 24h 左右，品温升至 37～38℃，将箱边与箱中部的曲坯互换位置，调节箱内的含水量和温度，并排出集聚的 CO_2。翻箱时应使曲坯保持原有的形态，待品温降至约 32℃时，即可加箱盖和草帘，使品温不低于 30℃。

（3）发泡。翻箱后 14h 左右，控制品温不再升高，使曲坯水分继续挥发，从 38% 降至 33% 左右，但曲坯体积不变而重量减轻，在曲坯内部形成许多空隙，俗称"发泡"。此时，通过取样镜检发现：霉菌已从曲坯表面向曲心部位扩展；酵母菌数量增多，约为翻箱时的 1.5 倍；细菌繁殖也逐渐加快，数量急剧增大，生酸量达最高值。

（4）揭烧散温。发泡后，为降低品温及加强供氧，促使霉菌进一步繁殖，可将箱上的草帘等所有的覆盖物揭去，俗称"揭烧"，使曲坯裸露于空气中。揭烧后，曲坯品温降至 28～30℃，并维持此温，可再用草帘保温。

（5）过心。揭烧后 48h，霉菌的白色菌丝布满曲心，俗称"过心"。过心后的曲坯，其含水量又比发泡时低 5%，降至 28% 左右，总酸量降为 0.45g/100mL。镜检观察可发现霉菌繁殖充分，已全部过心。酵母菌也得以大量繁殖至足够数量，而细菌的生长已基本上受到抑制。

出箱、烘干、贮存

【相关知识】

1. 成品曲的感官检验标准

（1）色泽。曲坯表面、底部及曲心部位应呈现均匀的白色状，若在保温培养期内管理不善，色泽则会产生异常。

（2）皮张。皮张即曲坯的表皮的褶皱及其厚度，可以表示微生物生长的情况。

（3）泡度。泡度即发泡程度，可表示曲坯的质量。因为微生物在曲坯中繁殖的同时，消耗曲中的营养成分并产生相应的 CO_2，而且挥发水分，形成空隙，因而使曲坯发泡。

图 7-2　成品米曲（二）

（4）菌丝。曲坯内部应密布油润发亮的白色菌丝。若菌丝色泽灰暗，则表示菌丝生长不够健壮，更不得夹有黄、黑等杂色菌丝。

（5）闻香。应具有曲坯的特有的香味。若产生酸臭味，则表示醋酸菌等繁殖过度或某些腐败菌污染，故不能用于生产，成品米曲如图 7-2 所示。

2. 曲母的理化检验标准

（1）含水量：8.23%。

（2）总酸含量：0.3830g/100g。

（3）pH 值：5.8。

（4）液化力：153.8U/g。

（5）糖化力：44.9U/g。

（6）酵母数：1.62×10^8 个/g。

（7）发酵力：12.74%。

【实施步骤】

曲坯出箱、烘干、贮存的步骤如下所述。

1. 出箱

曲坯经 92h 培养后，待其内部的菌系相对平衡时，可将曲坯移出曲箱。通过显微镜检验，可见曲坯内部除含有较多的霉菌和酵母菌外，还有大量的细菌，主要为醋酸菌、乳酸菌、丁酸菌和枯草芽孢杆菌，它们对白酒中有机酸的生成及酒体风味的形成具有重要的作用。

2. 烘干

曲坯出箱后，倒入烘烤灶内，盖上稻草，用木炭在灶内生火烘烤，品温以 40～50℃为宜，最高不超过 60℃。烘烤 24h 后翻动 1 次，将上、下部位的曲坯互换位置，再烘烤 24h，待曲坯水分降至 10% 左右即可。

3. 贮存

将上述成品米曲置于箩筐内，加防潮纸，放在通风干燥处，可贮存 1 年左右不变质。

思考题

（1）米曲制作对原料有哪些要求？
（2）如何根据理化检验报告判断原料质量及配料是否合理？
（3）培菌管理的关键技术有哪些？如何控制米曲培养及烘干过程的温度及相对湿度？

标准与链接

一、相关标准
《大米》（GB/T 1354—2018）
二、相关链接
1. 中国酒业协会　https://www.cada.cc
2. 中华酿酒传承与创新教学资源库　http://jszyk.36ve.com

任务二　无药糠曲的制作

任务分析

本任务以大米和米糠为原料制作无药糠曲，主要生产工序为碾细米糠、煮米粉、拌料、踩曲、切曲、团曲、入室安曲、培曲管理等。由于无药糠曲中没有添加刺激菌种生长与抑制杂菌的中草药，所以在制作时更需注意清洁卫生，既可以选择优良的药曲作为种曲，也可采用成品无药糠曲作为种曲。

任务实施

生 产 准 备

【相关知识】

1. 原料的质量要求

（1）米糠。最好选用毛糠，即稻谷加工成大米时去除粗糠后的细糠。这种糠含有适量的淀粉、蛋白质和果胶质。其次为统糠，即稻谷一次加工成米所得的糠。米糠外观要求新鲜、干燥、疏松，无油臭、霉臭和酸败。淀粉含量为 20% 以上，含水量为 10% 以下。

（2）大米。要求干燥新鲜，无虫蛀，无霉变或异味；淀粉含量为 70%～72%，含水量为 12% 左右。大米的加入是为了增加曲坯的营养及黏合力，因此凡是含有淀粉的薯类或野生植物均可加入其中。

（3）水。感官要求无色、透明、无臭味、无悬浮物、略带甜味。水的酸碱值以微酸或中性为优。制曲过程中水的用量为原料总量的 64%～74%。若曲坯含水量过高，则粘手、易酸败，不利于霉菌的生长和代谢；若曲坯含水量过低，则霉菌菌丝难以生长，容易出现干皮的现象。

（4）种曲。主要采用成品米曲。米曲分两种，一种是立方形，另一种是每个重约 160g 的马蹄形，前者优于后者。也可用无药糠曲接种，但只能连续接种两三代，否则曲坯的糖化力、发酵力会逐渐减退。

2. 物料计算

根据原料配比、每批次投料总量，计算每批次的用水量和原料量。

例如，在生产无药糠曲时，每次投料总量为 100kg，其中米糠 90%，碎米 8%，种曲 3%，用水 70%。计算如下：

米糠：100×90%＝90（kg）。

碎米：100×8%＝8（kg）。

用水：100×70%＝70（kg）。

种曲：100×3%＝3（kg）。

四川无药糠曲

3. 曲室的消毒杀菌

相关内容见项目七任务一。

4. 设备和能源的检查

相关内容见项目七任务一。

【实施步骤】

无药糠曲生产准备步骤如下所述。

1. 接收物料

大米质量要符合《大米》（GB/T 1354—2018）要求，并且无霉变、虫蛀等。

2. 曲室的消毒杀菌

加强消毒灭菌，特别是培菌的曲室，每一批曲培养之后曲室都要经过严格的灭菌，以防止杂菌污染。

3. 设备和能源的检查

检查粉碎机、混合搅拌机及鼓风机运行是否正常，以避免设备出现故障或发生安全事故。

制　曲　坯

【相关知识】

要求拌好的物料含水量均匀，不出现干粉或含水量过高的料团，可通过用手紧握物料的方法检查，以从指缝间滴出1～2滴水为宜。要求置于曲架上、中、下层的曲坯含水量依次递减1%～2%。置于温度较高的灶膛、火道或火堆周围的曲坯，其含水量应高一些；置于温度较低的边角处的曲坯，含水量应低一些。总体要求曲坯的平均含水量应为45%～48%。

【实施步骤】

曲坯制作步骤如下所述。

1. 碾细米糠

应先将糠筛过后再碾，以提高效率和保证糠粉质量，米糠要碾至用手指捻时质软而不带细粒为准，种曲可放在最后一次碾碎的糠内碾细、碾匀。碾完糠后，再碾碎米，在碾碎米前要先加入20%～25%冷水，混匀后放置1.5～2h，使其充分吸水。碾好的碎米粉，应及时使用。夏季温度高，湿米粉易变馊，最好采用干碾或干磨法粉碎。

2. 煮米粉

按每盆曲料所需用的水量，再预加3%的蒸发量加入水，待水接近煮沸时，用少量冷水将米粉泡湿后，倾入沸水中搅拌均匀，然后煮沸，煮米粉时间为15～20min，不必久煮。泡米粉的水，也须计入总用水量。

3. 拌料

先在拌料场上将米糠粉、种曲粉及煮米粉用木锨拌匀后，再将物料过秤、装入盒内，边加水，边用木铲拌和，要求拌得快、拌得散、拌得匀，纵横各拌3～4次。

4. 踩曲、切曲、团曲

（1）踩曲可两人同踩一箱，要求踩紧、踩平。曲坯踩后先用曲刀按紧，再用木枋擀紧、打平。

（2）切曲要求切断、切正、切匀，每块体积约为3.7cm³。

（3）团曲就是将切好的曲坯去棱角而呈光滑的球状。将可盛曲坯的簸箕悬于高约

47cm 的木架上，簸箕可用 3 根长 35cm、直径 3cm 的木棒或竹竿系于簸箕作提手。先在方曲坯上撒以等量种曲粉与碎米粉混合而成的"穿衣粉"，其用量为 100kg 干料需 0.6kg "穿衣粉"。再由一人用手一按一推、一提一拉地顺势操纵簸箕，每次 60～70 转即可。当天拌好的曲料必须全部制成曲坯，以防止酸败。

入室安曲、培曲管理

【相关知识】

1. 培曲过程中五个阶段的温度变化

（1）第一阶段：入室后 8h 之内，室温从 22～25℃缓慢地升至 27℃；曲坯品温从 22～25℃缓慢地上升至 26℃；干湿球温度差一直保持 2℃左右。

（2）第二阶段：自入室后 10～24h，室温自 28℃渐升至 38～39℃；曲坯品温从 27℃渐升至 37～38℃；干湿球温度差一直保持 1.5℃左右。其间曲坯的感官变化为：10h 时呈香甜；12h 时"出针"（似针状菌丝）；14h 时"针齐"（大量菌丝整齐长出）；16h 时"浅白"（菌丝呈浅白色）；22～22.5h 时呈甜浓香；22.5～24h 时"全跑白"（菌丝布满曲表）。操作：24h 时"亮门（窗）"，即调节门（窗）的开启程度，以降低室温和曲坯品温。该阶段可谓菌丝生长期。

（3）第三阶段：自入室后 25～40h 为"收汗"阶段。该阶段的室温及品温均控制为 30℃左右；但干湿球温度差一直保持为 3.5℃左右。其间曲坯感官变化为：培养 25～30h，呈甜浓香。操作：该阶段应"带门（窗）"。

（4）第四阶段：自入室后 42～56h 为排潮阶段。该阶段室温从 31～32℃缓慢地升至 33～34℃；曲坯品温从 32℃升至 36～38℃；干湿球温度差始终保持 2.5℃左右。其间曲坯感官变化为：42～44h 呈清香；48h 时"起烧"（指带门后曲坯逐渐升温现象），起烧时的室温以控制为不超过 34℃为宜，以霉菌等自然繁殖升温为好；52～56h 时呈清香。排潮操作：每次敞开门窗 3～5min，以排出过多的潮气。若在起烧前、后曲坯粘手，则应加大火力，并增加排潮次数。

（5）第五阶段：自入室后 60～96h 为关气窗、大火烘曲阶段。该阶段的室温从 33～34℃升至 35℃以上；曲坯品温从 36～38℃升至 40℃以上；干湿球温度差由 3℃升至 5℃。

2. 培曲管理要点

（1）一匀：原料、种曲、水三者拌和均匀。

（2）二准：水分准、温度准。品温及平均含水量以中间曲坯的曲心的温度和含水量为准。室温及干湿球温度差以悬于中间的温度计和干湿球计所显示的数据为准，通常为每 2h 检测一次。

（3）三不可：不可用馊酸原料；不可用粗的糠粉；不可在起烧前后窝潮。

【实施步骤】

曲坯入室安曲步骤如下所述。

1. 入室安曲

（1）曲坯入室时，因室温须保持约22℃，故除夏季外，应在入室前生火保温。如用炉灶，只要关闭灶门或另加生火炉则室温即可快速上升；如用稻壳火，则将50～70kg的稻壳，在过道两端靠墙边处分为两个圆堆、踩紧，在堆顶处加火种，再用稻壳灰把全部稻壳盖严，以免冒烟。需要火大时可拨灰，需要小火时可盖灰。

（2）摆曲的顺序为自上而下，自边角而后中心，曲坯间应稍留空隙。除夏季之外，摆曲时应关闭门窗，以保持曲室的温度和相对湿度。摆完曲后，将门窗紧闭，但气窗要保持开启以使空气流通。

2. 培曲管理

培曲管理过程中应严格检查并防止灶膛、火道或火堆漏烟，注意调节曲室温度和相对湿度。经过关门保温、开气筒流通空气、收汗关门窗、排潮、关气筒、烘干、成品贮存等曲室管理程序，曲坯品温由22～25℃升至40℃，整个培曲过程共需90h左右。

质量检验

【相关知识】

1. 成品曲检验

成品曲检验主要包括感官检验和理化检验，具体要求如表7-3所示。

表 7-3 成品曲质量指标与检验记录

项目		要求	各项分值/分	实际得分/分
感官指标		具有甜清香味；菌丝生长均匀密致，色白光滑，菌丝过心，曲心空隙多、无霉酸等怪杂味，稍有弹性	40	
理化指标	含水量/%	<12	10	
	酸度/（mmol/10g）	0.5～0.6	10	
	糖化力/[mg/（g·h）]	600～900	20	
	发酵力/[g/（0.5g·72h）]	≥0.4	20	

2. 糖化力的测定

在35℃、pH值4.6条件下，1g大曲1h转化可溶性淀粉生成葡萄糖的毫克数为一个单位，符号为U，以mg/（g·h）表示。

3. 发酵力的测定

在 30℃、72h 内 0.5g 大曲利用可发酵糖类所产生的 CO_2 克数为一个单位，符号为 U，以 $g/(0.5g \cdot 72h)$ 表示。

【实施步骤】

成品曲质量检验步骤如下所述。

1. 取样

袋装无药糠曲取样时，可从总袋数中随机取出 2%～5% 袋作为样品；或在碎曲混合后，在曲堆的四周及中心分上、中、下分别取样。取样后再混合分装入具有磨塞的广口瓶中待用。

2. 成品曲质量检验

（1）外观质量：闻香具有甜清香味；菌丝生长均匀密致，色白光滑，菌丝过心，曲心空隙多、无霉味、酸味等异杂味，表面稍有弹性。

（2）理化检验：无药糠曲质量检查指标包括含水量、酸度、糖化力和发酵力等。

（3）贮存条件要求：成曲应存放于相对湿度在 75% 以下、干燥通风的库房内。

？ 思考题

（1）无药糠曲的制作对原料有哪些要求？
（2）如何进行物料计算？
（3）无药糠曲的培菌过程怎样控制温度和相对湿度？

标准与链接

一、相关标准
1.《大米》(GB/T 1354—2018)
2.《传统清香型小曲生产技术规程》(T/AFIA 003—2018)
二、相关链接
1. 中国酒业协会　https://www.cada.cc
2. 中华酿酒传承与创新教学资源库　http://jszyk.36ve.com

小曲的特点与
类型

项目八 大曲的生产

知识目标

（1）掌握大曲生产原辅料的质量标准。

（2）掌握曲坯制作工艺流程和相关生产参数。

（3）掌握原料粉碎度、加水量对大曲生产过程及质量的影响。

（4）能根据不同季节气温、室温的变化规律，找出适宜于大曲温度调控的办法。

（5）掌握大曲培养过程中翻曲和洒水的时机、通风排潮的次数及时间长短。

（6）掌握大曲质量感官评价标准和理化评价标准。

（7）了解大曲在贮存期间的微生物变化规律，掌握贮曲时间及曲库环境条件的要求。

技能目标

（1）能准确判定原料质量，能熟练鉴别原料的含水量及粗细度。

（2）能熟练实施润料、粉碎、制曲坯、培曲管理等操作，能根据曲坯香气、含水量、外观等特征判别翻曲和通风的时间。

（3）能根据特定气候条件和设备现状，制定差异化的制曲工艺。

（4）通过观察、记录曲坯在生产过程中的外观变化，分析培菌过程中出现的异常问题，并及时提出解决方案。

大曲的生产

（5）能进行大曲的感官检验及理化检验，并对培曲管理方法进行系统分析、总结及改进。

任务一　偏高温大曲的制作

🍷 任务分析

本任务是制作偏高温大曲（图8-1）（又称浓香型大曲），因曲坯中心形如鼓包，故称"包包曲"。传统人工踩曲方法是将拌和均匀的曲料装入盒内，用手压紧，再用双脚脚掌将曲坯从两头往中间踩，踩出"包包"，并提出麦胶（俗称浆子）。机械制曲采用机械装箱，应保持箱满箱平，四角要压紧。本任务选择符合质量标准的小麦为原料，按偏高温大曲制作工艺要求，经润料、粉碎、曲坯成形、培曲管理制得成品。影响大曲质量的关键因素：原料质量、粉碎度、加水量、曲室内相对湿度、温度、曲坯品温、生态环境。

图8-1　偏高温大曲

🍺 **任务实施**

生 产 准 备

【相关知识】

1. 原料的质量要求

制曲原料要求含有丰富的碳水化合物（主要是淀粉）、蛋白质及适量的无机盐等，能够供给酿酒有益微生物生长所需要的营养成分。有的企业全部用小麦［图8-2（a）］为原料制作大曲，由于小麦含丰富的面筋蛋白，其黏着力强，营养丰富，适于霉菌的生长。其他麦类如大麦、荞麦，因缺乏黏性，制曲过程中水分容易蒸发，热量也不易保持，不适于微生物的生长。所以在用大麦［图8-2（b）］或其他杂麦为原料时，常添加20%～40%的豆类，以增加黏着力并补充营养。如果豆类用量过多，黏性太强，容易引起高温细菌的繁殖而导致制曲失败。

（a）小麦

（b）大麦

图8-2 小麦和大麦

2. 原料的主要成分

制曲原料的主要成分如表8-1所示。

表8-1 制曲原料的主要成分　　　　　　　　　　（单位：%）

名称	水分	粗淀粉	粗蛋白	粗脂肪	粗纤维	灰分
小麦	12.8	61.0～65.0	7.2～9.8	2.5～2.9	1.2～1.6	1.7～2.9
大麦	11.～12.0	61.0～62.5	11.2～12.5	1.9～2.8	7.2～7.9	3.4～4.2
豌豆	10.0～12.0	45.2～51.5	25.5～27.5	3.9～4.0	1.3～1.6	3.0～3.1

3. 小麦的质量要求

参考《小麦》（GB 1351—2008），小麦的质量要求为：颗粒饱满、新鲜、无虫蛀、不霉变，干燥适宜，无异杂味，无泥沙及其他杂物，淀粉含量应在60%以上，含水量应在 14% 以下。在采购时应查阅每批小麦的检验报告单，对水分、淀粉和蛋白质等指标进行查看，符合标准的原料方可入库。

4. 物料计算

根据制曲当天的生产任务，计算各种原料、辅料的用量。

（1）根据原料配比、每批次投料量计算每批次润料用水量、拌料用水量和原料量。

例如，以纯小麦制曲，每批次投料量 100kg，润料用水是投料量的 5%，曲坯含水量为 40%（小麦含水量为 12.8%）。计算如下。

小麦：100（kg）。

润料用水：$100 \times 5\% = 5$（kg）。

拌料用水：$100 \times (40 - 12.8 - 5)\% = 22.2$（kg）。

（2）根据生产要求，即每班生产量，计算需拌料的批次数，然后算出所需原料的总数。

5. 曲室的消毒杀菌

（1）药剂的使用标准（熏蒸法为例）：$1m^3$ 空间，用硫磺 5g 和 30%～35% 甲醛 5mL，将硫磺点燃并用酒精灯加热蒸发皿中的甲醛，如果只用硫磺杀菌，$1m^3$ 用量约为 10g。

（2）操作步骤：先将曲室内的中心铺底的糠壳刨开一个到底的圆坑（直径 50cm 左右），放置好熏蒸药剂后点燃，并检查其周围有无易燃物品；关闭所有门窗，使其慢慢全部挥发；密闭 12h 后，打开门窗，通风换气；清理所使用的熏蒸工具和残留物品。

6. 设备和能源的检查

（1）将设备上堆放的杂物移走并清理干净。

（2）检查设备的螺丝、螺帽等连接装置是否松动。

（3）检查电源插头、插座、信号灯是否正常。

（4）设备启动后，判断是否运转正常，如有异常，应立即停机检查并修理。

（5）定期对机械设备进行润滑保养。

7. 大曲生产中常用的术语

（1）大曲：是指以小麦制成、形状较大的含有多菌酶类物质的曲坯。

（2）皮张：是指大曲发酵完成后，曲坯表面的生淀粉部分。

（3）窝水：是指大曲发酵完成后，曲坯内心留有不能挥发水的严重现象，并形成"窝水曲"。

（4）穿衣：是指大曲刚进入曲室培养时，霉菌着生于曲坯表面的优劣状态。或大曲培养时霉菌着生于大曲表面出现的白色针尖大小的现象。

（5）泡气：是指培养成熟后的大曲，其断面所呈现的一种现象。

（6）生心：是指大曲培养完成后曲心有生淀粉的现象。

（7）整齐：是指培养成熟后的大曲曲坯，其切面上出现较规则的现象。这里主要指菌丝的生长是否健壮。

（8）死板：是指培养成熟后的大曲曲坯，其断面表现出一种结实、硬板、不泡气的现象。

（9）菌斑：是指大曲曲坯表面和内部感染杂菌所呈现的斑点现象，主要是霉菌等。

（10）香味：是指大曲在成熟贮存以后散发出的一种浓厚的香味。

【实施步骤】

偏高温大曲制作生产准备步骤如下所述。

1. 接收物料

根据曲室大小和当日生产任务安排，将符合生产要求的小麦准确计量、称取备用。

2. 曲室的消毒杀菌

（1）生产前，检查曲室的门窗是否完好，并对曲室进行清扫和消毒杀菌；将制曲生产车间场地、工用器具、外部周围环境进行清扫，为微生物生长提供一个良好的生态环境。

（2）每班生产结束后，必须将踩曲场、晾堂、设备等清洗干净。

3. 设备和能源的检查

（1）检查小麦粉碎机、搅拌机和电控信号系统等设备是否完好，运转是否正常，如果出现设备故障，需要立即进行修复。针对生产过程使用的温度计、20目筛盘、称重计进行检查，以确保满足生产计量的要求。

（2）检查制曲盒子是否完好，检查遮盖草帘（或散谷草）及铺垫糠壳厚度是否符合生产要求。

（3）生产前做好设备检查和维护保养，以确保正常生产。

润料、粉碎、拌料

【相关知识】

1. 润料

（1）润料的作用：促使小麦表皮吸收水分。在粉碎时，由于小麦内外含水量不一致，表层更容易形成麦皮，而小麦内部基本没有吸水，更容易形成细粉，从而使小麦粉碎后麦粉呈"烂心不烂皮"的梅花瓣形状。

（2）润料的要求：必须掌握润料的加水量、水温和时长三项条件，一般应遵守"水少、温高、时间短、水大、温低、时间长"的原则。润料通过泼洒热水（图8-3）、翻拌堆积（图8-4）而实现，要求是"水洒匀，翻拌匀"。润麦后感官标准为：小麦表面收汗变干，内心带硬，口咬不粘牙，尚有干脆响声。如不收汗，说明水温低，如咬之无

图 8-3　泼洒热水

图 8-4　翻拌堆积

声，则说明用水过多或润料时间过长，需进行工艺改进。

2. 粉碎度要求

小麦粉碎的关键是掌握好粉碎度，保证麦粉粉碎度为未通过 20 目筛孔的占 35%～55%，感官标准为"将小麦粉碎"成"烂心不烂皮"的梅花瓣。"烂心"是为了充分释放小麦的淀粉，"不烂皮"是使曲坯保持通透性。

若粉碎过细，则曲粉吸水强，透气性差，由于曲粉黏得紧，发酵时水分不易挥发，曲坯最高品温难以达到，升酸多，霉菌和酵母菌在透气（氧分）不足、含水量大的环境中极不易代谢，导致细菌数量占绝对优势，且在顶点品温达不到要求时水分挥发难，容易形成"窝水曲"。另一种情形是"粉细、水大、坯变形"，即曲坯变形后影响入室后的摆放和堆积，使曲坯倒伏，造成"水毛"（毛霉）大量滋生。这种曲质量较差，因此物料粉碎不可太细。

粉碎粗时，曲坯吸水差，黏着力不强，曲坯易掉边缺角，表面粗糙，穿衣不好，培养时水分挥发快，曲坯持水力差，中挺温度不足，后火无力（水分偏少）。此种曲坯粗糙无衣，熟皮厚，香单、色黄，质量较差，因而粗粉也不利于制曲。

3. 拌料

（1）拌料方式：人工拌料是两人对立，一般时间在 1.5min 左右，曲料含水量在 38% 左右，标准是"手捏成团不粘手"。人工拌料，曲坯质量易控制，但是操作复杂，劳动强度大。机械拌料时，要待曲料落入料箱时才能判定是否合适，其特点是操作简单，但曲坯质量控制难度较人工拌料大，拌料标准与人工拌料相同，只是含水量一般在 38% 左右。

（2）拌料水温：拌料水的温度以"清明节前后用冷水，霜降前后用热水"为原则。热水温度控制在 40℃，如水温过高则会加速淀粉糊化，过早地生酸，糖被消耗掉，造成大曲发酵不良，成形较差，这种状态俗称"烫浆"。但如果水温太低（特别是冬天），低温曲坯中的微生物不活跃，繁殖速度缓慢，曲坯不升温，无法进行正常的物质交换。所以必须掌握好拌料水温和加水量。

（3）拌料完成后的感官标准：以手捏成团不粘手，并满足翻拌后粉料春冬季（11月～次年4月）含水量为32%～37%，夏秋季（5月～10月）含水量为36%～43%的工艺要求。

【实施步骤】

偏高温大曲润料、粉碎、拌料步骤如下所述。

1. 润料

添加4%～7%的热水（60～80℃），边加水边翻拌，拌和均匀；收堆后堆积润料2h左右。

2. 粉碎

用对辊式粉碎机将小麦粉碎成粉碎度适宜的"烂心不烂皮"的梅花瓣。

3. 拌料

根据小麦含水量、润麦加水量及季节变化，综合确定在小麦粉翻拌时加水量，边翻拌边加水，翻拌2次以上直至小麦粉吸水均匀即可，然后堆闷5～8min。

制曲坯、晾曲、入室安曲

【相关知识】

1. 曲坯成形

曲坯成形可采取机械压制（图8-5）和人工踩制（图8-6）两种方式。机械压制优点是：适合大规模生产，速度快，产量高，劳动强度低；缺点是：提浆不起，拌料时间短，麦粉吃水时间不长，曲料不滋润。机械压制曲坯的质量要求跟人工踩曲曲坯的质量是一样的。

曲坯按成形方式分为"平板曲"和"包包曲"。成形的曲坯要求"表面光滑，不掉边缺角，四周紧中心稍松"。

图8-5 机械压制成形的曲坯

图8-6 人工踩制曲坯

2. 曲室洒水

为了增大发酵室内的相对湿度，每 100 块曲坯洒水量为 7～10kg，并应根据季节调节水的温度。冬季气温低时，可用 60℃ 以上热水，借以提高发酵室内的环境温度和增大相对湿度。夏季高温时，喷洒清水可以降低或调节曲坯的温度。洒水时应泼洒均匀，切记不要洒在曲坯上，要均匀地喷洒于覆盖物上，如无覆盖物，可向墙壁和地面适当洒水，曲室构造如图 8-7 所示。

图 8-7　曲室构造

3. 晾曲

成形的曲坯需晾置一段时间，待不粘手再入曲室培养，此过程称为晾曲，也称为晾汗、收汗。

晾曲时间要灵活掌握，时间太长，曲坯表面水分蒸发太多，曲坯入室之后升温慢，没有菌丝生长，形成光面曲，曲坯质量降低。时间过短，曲坯水分挥发少，曲坯太湿，入室之后升温快，热量不易散失，容易生成黑曲。

晾曲后的曲坯感官标准为，以手指在曲坯的表面轻压一下，不粘手即可。我国北方空气较干燥，可不进行该操作。

4. 人工踩曲

人工踩曲时要踩平、踩光、踩紧、踩匀，特别是四周要踩紧、整齐，中间可略松一点，以免缺边掉角。曲块大小、厚薄、轻重应均匀。

5. 制曲设备的操作规程

为了保障操作工人的安全和健康，确保企业财产安全，保证制曲车间工作正常开展，操作工人应自觉学习并熟悉每台设备的操作规程，严格按照设备的操作规程进行操作，增强安全防范意识，牢固树立"安全重于防范"的指导思想，具体操作规程如下所述。

1）粉碎机的操作要求

开机时应先开对辊机，再开风机，关机时应先关风机，再关对辊机。当有硬物将对辊机堵塞时，需将粉碎机关闭再进行清理，严禁在粉碎机工作时对其进行清理。

2）回转给料机的操作要求

（1）严禁非专业操作人员调整变频器。

（2）机器运行时，严禁清除杂物或将手伸于粉料筒内。

3）螺旋输送机的操作要求

螺旋输送机（图 8-8）的机盖在机器运转时不应取下，以免发生事故，严禁输送机在运转时将手、头发、衣物、铁器等伸进螺旋输送机；严禁直接跨越或踩在螺旋输送机的盖板上。

图 8-8　螺旋输送机

4）延时输送带的操作要求

（1）开机时应先开高速打散机，以免造成物料的堵塞。

（2）当物料在顶端堵塞时，应先扭动面板频率设定旋钮数码显示为零，并关闭高速打散机，再进行清理。

5）压曲机的操作要求

（1）投产前应把机器安装牢固妥善，各种工件表面所涂防锈油脂清除干净，液压油面达到规定高度，电器线路和地线均接好，无漏电及电器损坏的现象。

（2）工作运行时严禁将手伸进压模型面和模盒中，以免发生事故，若机器发生故障或其他原因而停止时，可先将开关调整到关闭位置。如需停止油泵工作进行检查，则需先将两根导轴上的挡块上移贴紧导板端面并锁紧，以防压模下滑。

【实施步骤】

制曲坯、晾汗、入室安曲具体步骤如下所述。

1. 准备曲盒

一般曲盒尺寸为：（30～33）cm×（18～25）cm×（6～7）cm，每块曲坯的重量为 6～8kg。制曲盒子要清洗干净，并检查有无损坏、销子有无脱落等情况。

2. 曲坯成形

（1）人工踩曲（图 8-9）。人工踩曲可由一人或多人完成。踩曲时，将曲料装入曲盒，四角的料要装紧、填满，用脚掌先中间后四周踩一遍，再用脚跟沿盒边踩一遍。曲坯上面踩好后将曲盒翻转，再将下面踩一遍，即完成一块曲坯的踩曲。每块曲坯踩的次数不少于 48～50 足（包括沿边）。

（2）机械压曲（图 8-10）。曲坯成形机有液压成坯机、气动式压坯机和弹簧冲压式成坯机三种。

图 8-9　人工踩曲

图 8-10　机械压曲

3. 晾曲

曲坯制好后需在踩曲场经过晾曲（图 8-11）后方能入曲室培养。晾曲时间以冬春季（11 月～次年 4 月）不超过 30min、夏秋季（5 月～10 月）不超过 10min 为宜。

4. 转运

曲坯转运过程中一定要轻拿轻放，每车装曲坯应不超过 20 块，以避免损坏曲坯的形状（图 8-12）。

图 8-11　晾曲　　　　　　　　　　图 8-12　转运曲坯

5. 入室安曲

曲坯入室前，应先在地面铺上 2～4cm 厚的稻壳。曲坯安置时，应从曲室里面向外按一字形或斗形摆放（图 8-13）。曲坯间距为 1.5cm（夏天间距为 2～3cm），曲坯与墙壁间距为 8～10cm，中间留一行（距离为曲坯间距）不摆放曲坯。当一层曲坯摆放完后，要在上面铺一层草（厚 3～6cm），再摆放第二层，直至堆放 4 层或 5 层为止。注意曲坯摆放时上下左右应错位排列。安曲完成后，室内插上温度计，关闭门窗，以保温保湿。

图 8-13　一字形安曲（左）和斗形安曲（右）

培 曲 管 理

【相关知识】

入曲室后的培曲过程管理直接决定曲坯质量的好坏。根据曲坯的生长情况适当调节曲坯的品温、曲室内的相对湿度，通过喷洒水或加热、翻曲、堆烧（收拢）等方式和手段，为有益微生物的繁殖创造生长的条件。培曲时应控制曲坯温度缓慢上升、缓慢下降，即"前缓、中挺、后缓落"。

1. 培曲过程的管理

培曲是大曲质量的关键环节，也是整个制曲过程的核心工艺。大曲的培曲管理就是给不同种类的微生物提供有利的生长繁殖环境，加强曲坯温度、含水量、营养物质等培养条件的调控，使曲坯中富集有益于酿酒的微生物。

1）低温培菌期（前缓）

目的：使霉菌、酵母菌等有益微生物大量生长繁殖。

时间：3～5d。

曲坯品温和相对湿度：30～40℃时，部分细菌开始生长繁殖，发酵室内的空气相对湿度大于90%。

控制方法：开关门或窗，增减曲坯上面的搭盖物、翻曲等。

翻曲的方法：揭开谷草（帘），采取"四周翻中间，中间翻四周，上翻下，下翻上"的原则。每层曲坯之间以竹竿相隔、侧立放，上下曲坯呈品字形摆放。翻曲完毕后，曲坯重新盖上谷草之类的覆盖物，关闭门窗。

由于低温高湿的环境特别适宜霉菌、酵母菌的生长，所以曲坯入曲室后24h微生物便开始繁殖。一般曲坯进入曲室后的24～48h，是"穿衣"（上霉）的良好时机。"穿衣"就是大曲曲坯表面着落如针头般大小的白色圆点（菌落）。

2）高温转化期（中挺）

目的：让已大量生成的微生物进行代谢，生成香味物质。

曲坯品温和相对湿度：50～65℃，相对湿度大于90%。

时间：5～7d。

控制方法：每天9:00、12:00、15:00开门窗进行排潮（降低相对湿度），每次排潮时间不超过40min。

经过低温培菌，以霉菌为主的微生物生长繁殖已达到了顶峰，这些耐高温微生物在高温期间能够分解小麦中的蛋白质为氨基酸，在酶的作用下形成特殊的香味物质。由低温（40℃）进入高温时，曲坯的温度每天以5～10℃的幅度上升，一般曲坯堆积（5层）3～5d后即可达到最高品温。

3）后火排潮生香期（后缓落）

目的：促使曲心少量水分的挥发和曲坯香味物质的形成。

品温和相对湿度：曲坯温度不低于45℃为适宜，相对湿度小于80%。

时间：9～12d。

控制方法：继续加强保温，关闭门窗，加厚谷草或草帘。

后火排潮生香也是根据大曲不同类型来管理的，其后火均不能过小，否则曲坯将产生软心、窝水、色黑、香弱等质量问题。

2. 大曲贮存过程中微生物及酶活性的变化

（1）大曲贮存过程中，微生物总数随着贮存时间的延长而逐步减少。对贮存 3 个月的曲坯（图 8-14）进行检测，入室时曲坯微生物总数约为每 1g 干曲含 $1.8×10^8$ 个，贮存 3 个月时为每 1g 干曲含 $2.7×10^6$ 个。其中产酸菌数量减少最为显著，霉菌、酵母菌的数量也有所减少，其减少的速度先快后慢，随着贮存时间的延长，减少的速度逐渐变小。

图 8-14　贮存 3 个月的曲坯

（2）大曲贮存中，酶活力也得到调整，绝大部分理化指标（表 8-2）都明显下降。在实际生产中，将贮存 1 年的大曲用于酿酒时，出酒率下降明显。在实际生产中，大曲贮存期以 3～6 个月为宜，最长也不应超过 9 个月，贮存期长的陈曲，其发酵力及酵母菌的数量会大幅下降，生产中使用时应采取相应的补救措施，如将不同季节生产的大曲进行搭配使用，以保证大曲的生物活性。

表 8-2　不同贮存期大曲检验结果

贮存时间	含水量/%	酸度/[mmol/(10g)]	发酵力（CO_2）/[g/(g·72h)]	糖化力（葡萄糖）/[mg/(g·h)]
出室	12.8	0.62	4.58	737
1 月	11.7	0.85	4.38	715
2 月	11.2	0.74	4.12	630
3 月	10.7	0.88	4.05	580
6 月	10.1	1.25	2.24	535

3. 贮存管理

（1）贮存条件。曲库要保持通风、干燥、防潮、防渗漏；严格控制成曲含水量在

12%以下，防止返潮并加强曲库通风排潮。

（2）技术管理（温度、相对湿度的控制和曲虫治理）。直接危害大曲的害虫约有10种，其中数量较大的主要是土耳其扁谷盗、咖啡豆象、药材甲和黄斑露甲4种，黄斑露甲仅发生在潮湿的环境中，且只造成局部危害。

图8-15　灯光诱杀法

为防止曲虫危害，首先应根据大曲所需的合理贮存期及酿酒生产班组数来计划生产量，基本做到产需平衡，减少库存曲量。曲库建设应以单元小库为宜，并安装纱门纱窗阻止曲虫传播。在贮曲库房内，如出现大量曲虫飞舞时，可采用药膜触杀方法或灯光诱杀法（图8-15），其效果十分显著。在选择杀虫方法时，忌用化学杀虫剂直接在贮曲库内触杀，也不宜采用毒剂熏蒸的措施，以免杀灭大曲中的有益微生物，影响大曲的成曲质量。

4. 大曲病害及防治

大曲中的微生物来自原料、空气、器具、覆盖物及制曲用水等。虽然在工艺上已严格控制温度、相对湿度和含水量，为有益微生物的繁殖创造了良好的生长条件，但由于制曲采用的开放式生产，有害菌的生长在所难免。在制曲生产中，若管理不当，大曲易发生如下病害。

（1）不生霉。曲坯入室后2～3d，表面未生出白斑菌丛，称为"不生衣"或"不生霉"，特别是在冬季和初春季节最易发生，这是由于温度过低，曲坯的表面水分蒸发过多所造成的。这时应在曲坯表面加盖草帘或麻袋，再喷洒40℃左右的热水，至曲坯表面润湿为止，然后关好门窗，使其发热上霉。

（2）受风。曲坯干燥、不长菌、红心，此现象在春秋季节最易发生。因受风吹导致曲坯表面失水、内部生长红曲霉而出现红心，因此应经常变换曲坯的位置，同时面对门窗处应用草帘或席子加以遮挡，以防风吹。

（3）受火。曲坯入曲室后的干火阶段，是微生物繁殖最旺盛的时期，此时曲坯温度较高，若温度调节不当或疏于管理，可造成品温过高，曲坯内部炭化成褐色，酶活力降低。此时应特别注意控制曲室温度，扩大曲坯的间距，逐步降低曲坯的品温，使曲坯逐渐成熟。

（4）生心。曲坯中的微生物在发育的后半期，由于品温的降低，致使微生物不能继续生长繁殖，易造成生心。俗话说"前火不可过大，后火不可过小"，其原因就是如此。因为前期微生物生长繁殖非常旺盛，品温极易升高，有利于有害细菌的繁殖；后期微生物繁殖能力减弱，水分减少，品温极易降低，有益微生物不能充分生长，曲坯中的养分也未被充分利用，故出现曲坯局部生心的现象。因此，在制曲的过程中应经常检查曲坯培养的情况，若生心较轻，可把曲坯的距离拉近，把生心较重的曲坯放上层，周围加盖草垫来提高室温，促进微生物的增长。

（5）皮张厚及白砂眼。这种现象主要是因为晾霉时间过长，曲坯表面干燥，内部温度升高后关门窗所造成的。究其原因主要是由于曲坯太热，又未能及时散热，而形成暗灰色、黑圈等现象。防治的办法为晾霉的时间不能过长，以曲坯大部分发硬不粘手为原则，并保持曲坯一定的含水量和温度，以利于微生物的繁殖，使微生物逐渐由外往里生长，最终达到内外一致。

（6）曲坯不过心。其主要原因是曲坯出室时，曲心断面含水量较高，内部不长霉。原因多为曲堆通风不够，保温不好，或因部分曲坯露于堆外。防治措施为，曲坯间多加隔草，以提供良好的保温和通风环境。

（7）曲坯有烟熏味。主要是因为曲坯内含水量较大造成的，应根据曲坯的含水量及时排潮，适当延迟第二次翻曲或堆烧的时机。如果曲坯含水量过大，在堆烧后的3~5d可适当进行排潮，但后期应坚持"无潮则坚决不排"的原则。

【实施步骤】

培曲管理具体步骤如下所述。

1．保温控温

若曲坯入室温度为10~20℃，则入室后最初7d品温应控制在50℃以内；若曲坯入室温度为20~30℃，则入室后最初5d品温应控制在50℃以内；曲坯入室温度为30℃以上，最初3d品温应控制在50℃以内。

2．排潮

曲坯入室后最初几天，品温上升很快，水分排出多，曲室内充满水汽，应及时打开门窗排潮，否则水汽会液化滴在曲坯上，引起杂菌生长。

3．翻曲

曲坯表面水分蒸发后，逐渐变硬，在进曲室后3~7d，冬春季品温达到45~50℃（夏秋季品温达到50~60℃）时翻第一次曲（图8-16和图8-17）。以后隔3~4d再进行翻曲，共翻6次。一般第一次翻曲后进入高温期，应控制品温在60℃以内。门窗开启幅度及时长应根据实际温度情况来调节。

图8-16　翻曲操作

图8-17　翻曲后的大曲外观

4. 堆烧

曲坯翻 2 次以后，堆置 4~5 层，应围盖草帘保温，促使品温保持在 55~60℃，以免品温急剧下降，造成生心、窝水等病害。

5. 收拢

曲坯培养半个月（或视微生物生长情况而定时间）后，大部分水分已蒸发，品温下降，可进行最后一次翻曲，把曲坯靠拢，不留间隙，堆至 5~6 层，控制品温从 50℃ 逐渐下降至 40℃，促使曲坯成熟。

6. 贮存管理

曲坯培养 30d 后，视其培养情况，可提前或推后出曲，入库房贮存（图 8-18）。曲库内应通风干燥，不能出现漏雨、积水潮湿等情况。工作人员应定期查看曲库品温，掌握气温变化情况并做好记录。曲坯（培养好的曲坯）应堆码整齐。一般入库 3~6 个月后曲坯成熟，即可用于生产。

图 8-18　曲坯贮存

质 量 检 验

【相关知识】

大曲的质量检验主要以感官检验为主、理化检验为辅。

1. 大曲的感官检验

1）感官检验标准
（1）香味：将曲坯折断后用鼻嗅之，应有纯正的曲香，无酸臭味和其他异味。
（2）外观：曲坯的外表应有灰白色的斑点或菌丝的均匀分布，不应光滑无衣或有呈絮状的灰黑色菌丝。光滑无衣是因为曲料拌和时加水不足或踩曲场上放置过久，入室后水分散失太快，未成衣前，曲坯表面已经干涸，微生物不能生长繁殖所致。絮状的灰黑色菌丝是曲坯靠拢、水分不易蒸发和水分过多、翻曲不及时造成的。

（3）曲皮厚：曲皮越薄越好。由于曲坯入室后升温过猛，水分蒸发太快；或踩好后的曲坯在室外搁置过久，表面水分蒸发过多等原因，致使微生物不能正常繁殖，易造成曲皮过厚。

（4）断面：曲坯的断面（图8-19）要有较密集的菌丝生长。断面结构均匀，颜色基本一致（似猪油白），若出现其他颜色会影响大曲的质量。

图8-19　曲坯断面

2）感官检验标准示例

表8-3为某酒生产企业大曲感官检验标准。

表8-3　某酒生产企业大曲感官检验标准

项目	一级曲	二级曲	三级曲
香味	曲香纯正、气味浓郁	曲香较纯正、无异味	曲香差，有异味
曲皮厚	≤1.5mm	≤2.0mm	≤2.5mm
外观	灰白色，无异色，穿衣均匀，无裂口，光滑	灰白色，无异色，穿衣不匀，轻微裂口，欠光滑	表面灰白，有异色，穿衣不好，裂口严重，粗糙并有少量菌斑
断面	灰白色，泡气	灰白色，允许少数红斑点菌丛，欠泡气	灰白色，允许少数黑色絮状，欠泡气

2. 大曲的理化检验标准

不同的生产企业，制曲生产工艺及检验标准各有差异，表8-4为某酒生产企业的大曲理化检验指标。

表8-4　某酒生产企业大曲理化检验标准

等级	发酵力（CO_2）/[g/(g·72h)]	糖化力（葡萄糖）/[mg/(g·h)]	液化力（淀粉）/[g/(g·h)]	含水量/%	酸度/[mmol/(10g)]	淀粉含量/%
一级	≥1.2	300≤糖化力≤700	≥1.0	≤13.0	0.9～1.3	≤58
二级	≥0.6	250≤糖化力≤300 700≤糖化力≤900	≥0.8	≤13.0	0.6～0.9	≤60
三级	≥0.4	≤250 ≥900	≥0.5	≤13.0	0.4～0.6	≤61

【实施步骤】

大曲质量检验步骤如下所述。

图 8-20 曲坯感官检验

1. 抽样检查

按照《计数抽样检验程序 第1部分：按接收质量限（AQL）检索的逐批检验抽样计划》（GB/T 2828.1—2012）进行大曲的规范抽样。

2. 感官检验

取出样品曲坯，观察曲坯整体及断面颜色（图8-20），闻其气味，测量断面厚度，曲坯的长度、宽度，并称其重量。

3. 理化检验

将样品曲坯磨成粉末，测定其含水量、糖化力、液化力、发酵力、酸度、淀粉含量等理化指标，具体检测方法参考《酿酒大曲通用分析方法》（QB/T 4257—2011）。

4. 质量等级的确定

以大曲的感官检验标准为基础，结合理化检验标准的分析结果，对照大曲质量标准进行对比、定级。

? 思考题

（1）大曲对原料有哪些要求？
（2）曲坯制作有哪些工序？人工踩曲有什么特点？
（3）培菌管理的关键技术是哪些？
（4）如何进行大曲的质量检验？
（5）讨论：生产过程中以下问题如何解决？
①曲坯培养前期不升温；②不生霉；③黑曲或焦黑曲比较多；④皮张厚；⑤生心；⑥曲香气不浓郁，白色或乳白色较多。

∞ 标准与链接

一、相关标准

1.《小麦》（GB 1351—2008）
2.《酿酒大曲通用分析方法》（QB/T 4257—2011）
3.《浓香大曲》（QB/T 4259—2011）
4.《酿酒大曲术语》（QB/T 4258—2011）
5.《浓香型大曲生产技术规程》（T/AHFIA 006—2018）
6.《计数抽样检验程序 第1部分：按接收质量限（AQL）检索的逐批检验抽样计划》（GB/T 2828.1—2012）

二、相关链接

1. 中国酒业协会　https://www.cada.cc
2. 中华酿酒传承与创新教学资源库　http://jszyk.36ve.com

任务二　高温大曲的制作

任务分析

　　本任务是利用纯小麦为原料制作高温大曲。高温大曲又称酱香型大曲，其酱香浓郁，颜色较深，主要用于酱香型白酒的酿造，对于酱香型白酒的质量风格起决定性作用。高温大曲的原料含有丰富的淀粉、蛋白质，它们在 60～65℃ 酶的作用下可生成各类单糖、氨基酸，单糖和氨基酸会发生氧化反应和美拉德反应，因而产生 3-羟基丁酮、2,3- 丁二酮、醛酮及含氮、含氧、含硫等风味物质，赋予了酱香型白酒特殊的风味。

任务实施

生 产 准 备

【相关知识】

1. 原料的质量要求

生产高温大曲的主要原料是小麦。小麦富含淀粉、蛋白质、氨基酸、维生素，是各类微生物繁殖、代谢产酶的天然优良培养基。

2. 小麦的质量要求

小麦质量应符合《小麦》（GB 1351—2008）的要求，感官检验标准为，颗粒饱满、新鲜、无虫蛀、不霉变，干燥适宜，无异杂味，无泥沙及其他杂物。

3. 物料计算

根据制曲的生产任务，计算各种原料、辅料的用量：

（1）根据原料配比、每批次拌料总量，计算润料用水量、拌料用水量和原料量。

例如，润料用水 5%，拌料用水量 35%，母曲用量 5%，每批次拌料 200kg。则每批次原料如下所述。

小麦：200（kg）。

润料用水量：200×5%＝10（kg）。

拌料用水量：200×35%＝70（kg）。

母曲用量：200×5%＝10（kg）。

（2）根据生产要求，即每班生产量，计算需拌料的数量，然后计算出所需原料的总数，计数方法同批次。

4. 曲室的消毒杀菌

相关内容见项目八任务一。

【实施步骤】

相关内容见项目八任务一。

润料、粉碎

【相关知识】

1. 润料水温与水量

依据小麦的品质和季节、气温的变化，控制小麦润料的水温和用量。使用硬质小麦时水量可多一些，使用软质小麦时水量可少一些；气温低的时候，水温可略高一些，气温高的时候，水温可适当低一些。

2. 粉碎度要求

小麦的粉碎度依据季节、气温而定，冬春季可适当粗一些，夏秋季可适当细一些。在生产中，可称取磨粉机磨出的粉料 100g，过筛后记录过筛细粉质量，计算其粉碎度，如达不到粉碎度标准可停机进行检查，调节磨辊间距，符合粉碎度标准后再进行粉碎操作。粉碎期间还需进行一次粉碎度的抽检，以确保粉碎度达到工艺技术指标要求。粉碎度是粉碎工序控制的核心指标，它不仅影响麦粉的吸水（量）、制曲最高品温的持续时间等工艺参数，而且还影响酱香型大曲的质量及风格。

【实施步骤】

小麦润料、粉碎具体步骤如下所述。

1. 润料

选择质量符合生产要求的小麦，加入 3%～8% 水温为 40～60℃ 的热水，边拌和边加水，至少翻拌 2 次，要求润料均匀，整个润麦时间不超过 12h。如果考虑原料的吸水性，则润料时间应当缩短，并减少用水量，提高水温，时间控制在 4h 以内即可。润料要求：麦粒表皮收汗、内心带硬，不粘牙，内心有干脆响声。

2. 粉碎

用对辊式磨粉机进行粉碎，将小麦粉碎成为"烂心不烂皮"的梅花瓣，要求未通过 20 目振动筛的粗粒及麦皮占总量的 50%～60%，通过 20 目振动筛的细粉占总量的 40%～50%。

配料、拌料

【相关知识】

1. 加水量对拌料过程的影响

（1）加水量过多，曲坯易压紧，入室培养后易黏结，难以成形。曲坯表皮由于含水量过多易繁殖微生物，挂衣快而厚，毛霉生长旺盛，升温快而猛，热量不易散失，水分不易挥发，不利于微生物向曲心生长，曲坯成熟慢。如果室温、相对湿度调节不好，或遇阴雨天，易造成曲坯酸败。

（2）加水量过少，曲坯易散，难以成形。由于曲坯不能提供微生物生长繁殖所必需的水分，影响霉菌、酵母菌的生长繁殖，曲坯中微生物会生长不透，曲质不好。此外，曲坯若过干，边角料在翻曲和运输时易脱落，极易造成浪费。

（3）拌料要求：翻拌均匀，无白粉、无灰包、无球团，用手捏成团后不散、不粘手。

2. 母曲的质量要求

（1）挑选上一年生产出的优质曲，在通风良好、不受潮、不受虫蛀等条件下进行单独存放。在使用前，先对母曲颜色、气味等进行感官检验，若母曲出现霉变、异香、异味时应禁止使用。

（2）根据季节、气温的变化调节母曲的用量，保证微生物的生长代谢，控制品温及成品曲的质量。

【实施步骤】

制曲配料、拌料具体步骤如下所述。

1. 准备母曲

母曲用量：夏季添加 4%～6%，冬季添加 5%～8%，母曲应使用上一年生产的优质陈曲，使用前应按要求进行粉碎。

2. 拌料

将母曲、麦粉和水按比例拌和均匀。拌料时加水量为原料量的 37%～40%。

制曲坯、晾曲、入室安曲

【相关知识】

1. 谷壳及稻草的作用

由于谷壳中富含对制曲有益的微生物，将谷壳铺在地面上可起到保温和接种微生物的作用。将稻草放在曲坯之间是为了避免曲坯之间相互粘连，便于曲坯通气、散热和后期的干燥，这些用过的稻草由于含有很多功能微生物，也可以为曲坯生长提供良好的菌源。

2. 盖草与洒水

根据季节、气温的差异，可在曲坯上方盖上草帘以保温，并通过喷洒60～80℃热水在墙壁和草帘上，调节曲室的相对湿度和温度，促进微生物在曲坯上正常生长。空气干燥、气温较高时，可多洒一些水，反之少洒一些。

3. 晾曲与人工踩曲的要求

晾曲后的曲坯感官要求：用手指在曲坯的表面轻轻按压，不粘手即可。人工踩曲的曲坯要求四角整齐，不缺边掉角，松紧一致且提浆效果良好。

【实施步骤】

曲坯成形和入室安曲步骤如下所述。

1. 准备曲盒的规格

一般曲盒的尺寸为（25～38）cm×（22～25）cm×（6～8）cm，一块曲坯的质量为6.5～7.5kg。曲盒使用前应检查有无损坏、销子有无脱落等情况。

图8-21 人工踩曲

2. 曲坯成形

曲坯成形分为机械压曲和人工踩曲两种。人工踩曲（图8-21）是将曲料一次性装入曲盒，四角的粉料要装紧、填满，然后人站在曲盒上，先用脚掌从曲盒中心向四周踩一遍，再用脚跟沿曲盒边踩一遍，要求"紧、适、光"，一边踩一边用脚前掌剔除多余粉料，随后用脚蘸水从曲坯的中心向四周滑踩（略形成1～2cm高的"包包"）两遍，提浆成形。

3. 晾曲

曲坯制好后，将其在空地上侧立放置一段时间，保持1～3h（一般冬春季2～3h，夏秋季1～2h），待曲坯表面水分干燥即可。

4. 转运

曲坯转运过程中每次装数量应不超过20块，防止相互压迫。搬运曲坯时应轻拿轻放，避免曲坯的形状损坏。

5. 入室安曲

在曲室地面铺撒一层谷壳（5～10cm），将曲坯侧立，先靠墙横放两块，然后侧立直放，三横三竖，曲坯间距约2cm，每间曲室放三层，曲坯和曲坯之间要塞稻草（稻草最好新旧搭配），排满一层后，在曲坯上铺一层谷草，厚度为 3～5cm，但横竖要与下层错列，四周离墙间隙为 8～15cm，曲堆四周内层用细散谷草填塞，外层用厚草帘覆盖。堆满一间曲室后，在曲坯上方盖上草帘或麻袋，插上温度计测温，关闭门窗。

培 曲 管 理

【相关知识】

1. 第一次翻曲

第一次翻曲的时机非常重要，若翻曲过早，曲坯的最高品温会偏低，这样制成的大曲中白色曲过多；若翻曲过晚，黑色曲会增多。实际生产中需要黄色曲较多，所以翻曲时机要掌握好。目前主要依据曲坯温度及感官指标来确定翻曲时机，即当曲坯中层品温达 60℃左右（通过温度计观察），并口尝曲坯具有甜香味时，即可翻曲。

2. 翻曲的注意事项

（1）翻曲的目的是调温、调湿及促使每块曲坯均匀成熟与干燥。

（2）尽量将湿草帘取出，地面及曲坯间应垫以干草。为促使曲坯的成熟与干燥，便于空气流通，可将曲坯的行距加大，竖直堆曲。

（3）曲坯的干燥过程即为霉菌、酵母菌由曲坯表面向内部逐渐生长的过程，要注意曲坯含水量不要过高，如含水量过高，则会减缓霉菌的生长速度。

3. 第一次翻曲香味浓郁的原因

第一次翻曲的品温应控制在 60℃时，黄色曲多、香味浓郁，其原因有以下几个方面。

（1）很多高级醇、醛类是由氨基酸生成的，它们构成曲酱香的部分。还有一些特殊的物质，如酱香精、麦芽酚、甲二黄醛和酪醇，它们的生成都与氨基酸有密切关系。

（2）氨基酸能和某些糖、醛、酚生成酱油色素和黑色素。

当曲坯品温达到 60℃时，有利于蛋白质的分解。采用高温制曲，在制曲过程中氨基酸生成量会大增，这可能是黄色曲香味浓郁的原因所在。因此在制曲操作中应重视第一次翻曲。

【实施步骤】

高温大曲应着重于"堆"，用草帘严密覆盖，以保温保潮为主。堆积培养时主要的操作如下所述。

1. 第一次翻曲

曲堆在保温保湿过程中，微生物开始繁殖，品温逐渐上升，当曲堆内温度达 63℃左右（夏季需 5～6d，冬季需 7～9d），曲坯表面霉衣已长出，手摸下层曲坯已经发热，即可进行第一次翻曲，曲坯层数由 3 层变为 4～5 层。当曲室空气相对湿度大于

图 8-22 高温大曲堆烧

90%时，开启门窗进行排潮，一般冬春季为 20～40min，1～2 次/d；夏秋季为 30～60min，2～4 次/d。

2. 第二次翻曲

第一次翻曲后，由于上下位置调换，大量水分和热量散失，品温下降到 50℃左右，经过 7～8d，品温上升至 63℃左右时，可进行第二次翻曲（堆烧）（图 8-22）。第二次翻曲是将曲坯由 4～5 层加高至 6～8 层。进入大火阶段，曲坯温度应控制在 60～63℃，翻曲后曲坯品温要下降 8～12℃，6～7d 后逐渐回到最高点，而后品温又逐渐下降，曲坯逐渐干燥。翻曲后 14～18d 可略微打开门窗进行通风排潮。

3. 拆曲

当曲坯入室经过 40～55d 培养后，曲坯品温接近室温，大部分曲坯已经干燥，含水量低于 15%，即可揭去覆盖于曲堆顶部的草帘进行拆曲。

贮 存

【相关知识】

1. 使用陈曲的原因

在制曲过程中，产酸细菌也会大量繁殖生长，但在比较干燥的条件下，它们会大部分衰亡或失去繁殖能力，所以使用陈曲酿酒时酸度会比较低，有利于成品酒质。另外大曲经贮存后，其酶活力会降低，酵母菌数量也会减少，所以使用陈曲酿酒，发酵温度上升比较缓慢，酿制出的酒香味较好。

2. 成曲贮存期

成曲贮存时间越长，细菌总数、酵母菌总数越少；反之霉菌增加（表 8-5）。通过观察大曲贮存中微生物的变化情况，高温大曲一般贮存时间以 6 个月为好，此时微生物数量的变化趋于稳定。

表 8-5 成曲贮存期内微生物的变化 （单位：1g 干曲中个数）

贮存时间/月	总数	细菌	酵母菌	霉菌
0（新曲）	1.10×10^5	5.31×10^5	9.00×10^4	2.00×10^4
3	1.21×10^5	3.49×10^5	4.45×10^5	4.01×10^5
6	7.36×10^5	7.82×10^4	7.55×10^5	3.03×10^5

【实施步骤】

从曲室拆出的曲坯，要转入贮曲库房，库房内要求通风干燥，防止霉变、虫害。成曲经过3～6月的贮存，才成为陈曲（图8-23），方可投入生产使用。

图8-23　贮存6个月后的高温大曲

质量检验与病虫害的防治

【相关知识】

1. 酱香型大曲生产检验中的常用术语

酱香型大曲生产检验中的常用术语见项目八任务一中大曲生产中常用的术语。

2. 感官检验标准

高温大曲感官检验以某酒生产企业标准为例。

优级：黑色和深褐色、黄色曲较多，白色少，酱香味纯正突出，菌丝生长均匀，无缺边掉角，无焦煳味，皮张薄。

一级：黑色和深褐色、金黄色曲较多，灰白色或白色曲较少，酱香味纯正较突出，菌丝生长较均匀，允许少许断裂、变形、缺边掉角，略有焦煳味，皮张较薄。

二级：黑色、白色曲较多，少许灰白色，允许少量断裂、变形、缺边掉角，略有异香异味，皮张较厚。

3. 理化检验标准

高温大曲的理化检验以某酒生产企业标准为例，见表8-6。

表8-6　某酒生产企业高温大曲理化检验标准

水分/%	春夏秋季<14，冬季<15		
质量等级	优级	一级	二级
糖化力（葡萄糖）/[mg/（g·h）]	150～200	200～400	300～500
酸度/[mmol/10g]	≤1.9	≤1.8	≤1.6
发酵力（CO_2）/[g/（g·72h）]	≥0.4	0.2～0.4	≤0.2
液化力（淀粉）/[g/（g·h）]	≥1.0	0.5～0.8	≤0.5

4. 常见高温大曲的病害

高温大曲采用自然接种微生物进行扩大培养，微生物主要来自环境、空气、器具、原料、覆盖物和制曲用水等，微生物种类复杂，优劣共存。在操作中往往由于各种主、客观原因而导致高温大曲发生病害，常见的有以下几种。

（1）不生霉。见项目八任务一。

（2）受风。见项目八任务一。

（3）受火。见项目八任务一。

（4）生心。见项目八任务一。

（5）皮张厚与白砂眼。见项目八任务一。

（6）窝水曲。窝水曲（图8-24）是因为曲坯相互靠拢，后火太小，水分不易蒸发所造成。所以在安放曲坯和翻曲时，曲坯距离要适当，勿靠太近，更不能让曲坯倒伏，后火阶段温度不能过低。

5. 高温大曲贮存中的虫害

危害高温大曲的昆虫俗称曲虫（图8-25）。曲虫过多会影响高温大曲的质量，造成酒厂的经济损失，还会污染生产及生活环境，尤其在每年7～9月为曲虫种群发生的高峰期。从酿造车间的环境调查发现，主要有土耳其扁谷盗、咖啡豆象、药材甲三种曲虫，在曲库内繁殖、危害。曲香味对于曲虫有强烈的吸引力，大量曲虫会飞入曲库繁殖生长。

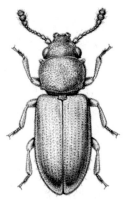

图 8-24　窝水曲　　　　　　　　图 8-25　曲虫

【实施步骤】

酱香型大曲质量检验与病害防治具体步骤如下所述。

1. 取样

采用"五点法"（即四角一中心）进行随机抽样，每间曲室取样数为20块，先选定好取曲样的层、排、点，在每一个点的周围40cm左右内取曲样4块（上、下、左、右各一块）。

2. 感官检验标准与理化检验标准

（1）将20块大曲，每块分别进行对半断开，按大曲感官检验标准进行评价分级。

（2）按大曲理化检验标准的分析方法，对三个等级大曲综合样品进行分析，得出理化检验的结果。

3. 质量等级的确定

以大曲的感官检验标准验收为基础，结合理化检验标准的分析结果，对照标准进行对比定级。

4. 大曲病害防治

相关内容见项目八任务一。

5. 大曲虫害治理

相关内容见项目八任务一。

❓ 思考题

（1）酱香型大曲生产对原料有哪些要求？
（2）如何根据制曲工艺要求进行物料计算？
（3）曲坯在培养过程中为什么要进行翻曲操作？
（4）怎样进行酱香型大曲的感官检验？

🔗 标准与链接

一、相关标准
1.《酿酒大曲通用分析方法》（QB/T 4257—2011）
2.《酿酒大曲术语》（QB/T 4258—2011）
3.《小麦》（GB 1351—2008）
二、相关链接
1. 中国酒业协会　https://www.cada.cc
2. 中华酿酒传承与创新教学资源库　http://jszyk.36ve.com

任务三　中温大曲的制作

🍷 任务分析

　　本任务以大麦和豌豆为原料生产中温大曲。中温大曲又称为清香型大曲，其典型代表是汾酒大曲，因培曲的最高品温在50℃以下，故称中温大曲。中温大曲分清茬曲、后火曲、红心曲三种类型。汾酒是我国名优白酒，其生产工艺精湛，采用大麦与豌豆制曲，在酿酒工艺中以排除影响酒体的一切邪杂味为重点。

任务实施

生 产 准 备

【相关知识】

1. 原料的质量要求

中温大曲主要原料是大麦和豌豆。大麦含皮壳多，踩制的曲坯疏松，透气性好，散热快，在培菌过程中水分易蒸发，有"上火快，退火也快"的特点。豌豆含蛋白质丰富，淀粉含量较低，黏性大，易结块，有"上火慢，退火也慢"的特点，控制不好容易烧曲。在中温大曲生产中，豌豆与大麦配合使用，能够取长补短，一般大麦与豌豆按6∶4混合，这样可使曲坯紧实，便于控制培养温度。

2. 大麦、豌豆的质量要求

按照《裸大麦》（GB/T 11760—2008）的要求，大麦的感官检验指标为：颗粒饱满、新鲜、无虫蛀、不霉变，干燥适宜，无异杂味，无泥沙及其他杂物。豌豆按照《豌豆》（GB/T 10460—2008）的标准，以绿色、白色为主，也要求颗粒饱满、含水量低、无虫蛀、不霉变。

3. 物料计算

根据制曲生产任务，计算各种原、辅料的用量。

（1）根据原料配比、每批次拌料总量，计算每批次润料用水量、拌料用水量和原料量。例如，每批次拌料 50kg，润料用水 3%，曲坯含水量 40%（小麦、豌豆混合料含水12.5%），大麦与豌豆按 6∶4 混合，则每批次原料用量如下所述。

大麦：50×60%＝30（kg）。

豌豆：50×40%＝20（kg）。

润料用水：50×3%＝1.5（kg）。

拌和用水：50×（40－12.5－3）%＝12.25（kg）。

（2）根据生产要求，即每班生产量，计算需拌料的批次数，然后算出所需原料的总数，计算方法同批次。

4. 曲室的消毒杀菌

相关内容见项目八任务一。

5. 设备和能源的检查

相关内容见项目八任务一。

【实施步骤】

相关内容见项目八任务一。

润料、粉碎、拌料

【相关知识】

1. 原料配比

中温大曲以大麦、豌豆为原料，可保持酒质清香纯正、口味纯净。在原料使用与配比方面，除了考虑原料的营养成分外，还应兼顾曲坯的通气性。在不同的季节可略做调整。若豌豆比例大，其黏着力强，提浆差，曲坯表面通气性好，水分散失快，不利于制曲品温的控制，同时后火易过小，形成生心；若大麦用量过大，曲坯难成形，保水能力差，用火猛，容易造成干皮、烧皮、上霉差等。

2. 粉碎度要求

原料粉碎度要求达到"烂心不烂皮"的标准。原料粉碎度直接影响中温大曲的质量，细粉少，曲坯疏松，黏性小，吃水少，容易造成曲坯微生物生长快，热量、水分散失快，同时曲坯表面粗糙不宜上霉；反之，细粉多，曲坯紧密，黏性大，吃水多，微生物生长缓慢，曲坯上火慢，发酵周期长，在后火较小时，曲坯中心水分会"走不尽"，严重时会产生"鼓肚"的现象。

【实施步骤】

中温大曲制作润料、粉碎、拌料步骤如下所述。

1. 润料

原料配好后，加入原料总量的3%～5%、水温为40～60℃的热水进行润料，一边洒水、一边翻拌均匀，保持3～4h（时间冬长夏短）。润料后要求麦粒表面收汗，内心带硬。

2. 粉碎

大麦和豌豆按6∶4进行配比（冬季豌豆少一些，夏季豌豆多一些），混匀并粉碎，通过20目筛孔振动筛的细粉：冬春季占总量的20%～22%，夏秋季占总量的30%～32%。

3. 拌料

拌料加水量为原料量的22%～25%，夏季用14～16℃的凉水，春秋季用25～30℃的温水，冬季使用30～35℃的温水。拌和好的曲料以手捏成团粘手、不流水滴为准，做到无生粉，松散，软硬均匀。

制曲坯、晾曲、入室安曲

【相关知识】

1. 曲室的要求

一般曲室长 10m、宽 7m、高 3m，面积约为 70m²。其要求具有保温、降温的功能，并且通风良好，常采用有水泥地面、人字架屋顶的平房。曲室四周应有易于开闭的门窗，屋顶设有通风气孔（洞）。

2. 曲坯的感官检验标准

脱模后的曲坯要求质量一致，表面光滑平整，中间略松，边角无损坏，无飞边，提浆均匀。

3. 曲坯的排列方法

曲坯间距为 5cm，行间距为 1～1.5cm，上层与下层曲坯相压，排列 3 层，每层曲坯间距以苇秆或竹竿相隔。每放一层曲坯在下层曲坯和竹竿上撒少许新稻壳。每间曲室安曲夏季不超过 3600 块，冬季不超过 4200 块。

4. 火圈

由于小麦本身含有的淀粉酶和蛋白酶，在糖类物质不断积累的同时，蛋白质分解的氨基酸与糖类物质发生美拉德反应，形成褐（黑）色素，沉积于曲心与曲皮中间部位形成火圈。曲坯原料粉碎越细，曲坯含水量越大，培养前期升温越猛，曲心温度越高，火圈颜色越深。这种黑色素物质部分溶于水，具有芳香味（食物烘烤香），呈酸性及具有还原性，但是不能被微生物利用。

5. 水圈

由于曲坯成形时表面用水过多或翻曲时温度陡升陡降等因素，易造成接近曲坯表层 1～2cm 处有一层颜色似酱色（深度为 0.1～0.2mm），所以在制曲管理中要严格控制曲坯的含水量和翻曲时机。

【实施步骤】

制曲坯、晾曲、入室安曲具体步骤如下所述。

1. 准备曲盒

一般曲盒尺寸为：27cm×17cm×（5.8±0.2）cm，每块曲坯的重量为 3.25～3.5kg，使用前应检查曲盒有无损坏、销子有无脱落等，并将曲盒清洗干净备用。

2. 曲坯成形

人工踩曲方法：一种是以个人单独完成一块曲坯的踩制，方法同项目八任务二；另一种由多人共同完成踩曲。多人踩曲时，曲料铲入曲模后，第一人将曲料在曲模内踩平，先用脚掌踩曲模中心的曲料，后踩曲模边缘，剔除多余粉料，成形后将曲模翻转，传给第二人。第二人用脚跟着力在曲模内踩两边、翻转，传给第三人，如此操作，直至传到最后一人，脱模。

3. 晾曲

成形的曲坯需在踩曲场晾置一段时间（冬春季 30min 以内，夏秋季 10min 以内），晾曲后的曲坯感官检验要求以手指轻压曲坯的表面，不粘手即可。

4. 转运

用小车将晾曲后的曲坯转运（图 8-26）至曲室。搬运曲坯时一定要轻拿轻放，避免损坏曲坯的形状。

5. 入室安曲

在气候条件适宜时，先将曲室门窗打开，调整曲室温度为 12～15℃，然后在地面铺撒一层新鲜稻壳（厚度 3～5cm）。按照曲坯排列方法进行安放（图 8-27），放满一间曲室后，随即在曲坯上方盖上草帘，适当洒水，插上温度计以便检查品温，关闭门窗，使曲室保持一定的温度和相对湿度。

图 8-26　曲坯转运

图 8-27　安放曲坯

培 曲 管 理

【相关知识】

1. 中温大曲的培养（以清茬曲培养为例）

1）上霉阶段
曲坯表面出现根霉菌丝、拟内孢霉的白色小点或菌落。在穿衣的过程中，控制曲坯温度缓缓上升，上霉才会良好，如果温度过高，应打开门窗或揭开曲坯上面的覆盖物，进行通风、散热，以及时解决温度快速上升的问题。曲室应两面通风，窗户易于开关，既能保温保湿，又能降温排潮。培养前期只是曲坯表面的微生物生长而曲表水分很容易散发，影响上霉，所以要及时在曲室内地面洒水，盖上湿草帘保持一定的相对湿度，以适合上霉。从晾霉开始则需利用微生物生长所释放的热量提高品温逐渐向外排出水分。

2）起潮火阶段

起潮火阶段，温度和相对湿度变化最大，其中细菌、酵母菌和霉菌生长繁殖开始活跃起来，增长幅度很大，其代谢机能非常活跃，各种酶的活性增强，糖化力和发酵力呈现增强的趋势，淀粉和一些微量物质逐渐消耗，释放大量的热量，使曲坯和曲室的温度和相对湿度迅速上升，为霉菌孢子萌芽提供条件。随着温度的升高，曲坯的里面的水分迅速蒸发，也使曲室相对湿度迅速增加。

3）大火阶段

大火阶段，高温环境使得部分微生物的生长受到抑制，部分好氧微生物的数量减少，而芽孢杆菌所具有的耐热性使其在高温环境下数量增加。酵母菌和霉菌的繁殖方式与细菌不同，繁殖速度没有细菌快，此过程微生物繁殖代谢仍十分旺盛，此时曲坯中的酸度达到最高，淀粉含量消耗最大，糖化力和液化力均达到整个发酵过程的最高值，而发酵力略有减少。因此，适当控制高温期的发酵时间，可以为大曲积累更多的代谢产物。

2. 后火曲的培养

后火曲感官检验标准不要求清茬香口，断面青亮如断玉，相反要求断面茬口火色较重，有一定的曲香味或酱香味。制作高温后火曲的曲料粉碎度相对比清茬曲要细，如过 20 目以上的皮壳保持不变，仍为 10%～18%，过 60 目以上的糁粒约占总量的 50%，过 60 目以下的细粉必须达到 35% 以上，或可达到 39%。踩曲时曲坯的含水量也相对较高，不低于 39%，可达到 42%。后火曲的制曲操作，从卧曲至晾霉，与清茬曲操作相同。从潮火期开始，四层最后一次热曲，热曲顶点温度为 37～38℃，翻曲时由四层翻五层撤去苇秆，翻曲后第一次热曲，热曲顶点温度为 37～38℃，以后隔天翻曲一次，每天热曲顶点温度比前一天高 1～2℃，晾曲降温为 26～28℃，仍控制曲坯盖席后第 11 天开始起大火，起大火第一天 46～47℃，第二天 47～48℃，第三天 47～46℃，晾曲降温为 26～28℃，留火道和曲间距均可比清茬曲略大。大火期的升温顶点可高达 52℃，一旦升温到该温度，立即揭去曲堆上面覆盖草帘，保持 50℃ 以上的顶点升温 2h，在 52℃ 的顶点热两次即可，3d 以后缓慢进入大火后期，撤去覆盖草帘，周围仍围以草帘，其余操作仍同清茬曲。高温后火曲进入潮火期，直至大火期前四天，基本热晾对半，大火后期、后火期调整为热曲 6.5h，晾曲 5.5h。因此高温后火曲的操作要点又称"大热中晾"，后火期以后晾曲降温比清茬曲高 1～2℃。

3. 红心曲的培养

红心曲的曲料粉碎相对要比清茬曲粗，曲坯内外呈浅青黄色，断面周边清白，中心为红色，具有一定程度的酱香或炒豌豆香。如果过 20 目以上的皮壳含量仍为 10%～

18%，可相应减少细粉，增加粗粉含量，即过 60 目以上的粗粉占总量的 53%～55%，60 目以下的细粉占总量的 30%～32%。从入室培养至上霉的基本操作与清茬曲相同，唯有晾霉开始操作有所差异。揭烧后第一次翻曲，仍为品字形三层翻四层，但昼夜温度控制没有明显的两起两落，窗户也不是两封两启，温度控制主要靠随时调整窗户大小而控制。隔天翻曲一次，至翻第五次曲时六层翻七层时，即可起大火，也就是揭烧晾霉后第九天，或曲坯入室后第 12～13 天开始起大火。顶点温度为 46～46℃，大火期 3d 后的顶点温度，又称座火，座火时曲间距可增加至 6cm，马蹄形曲堆留火道的距离缩小，比清茬曲、后火曲的火道要窄，晾曲方法同清茬曲。到大火后期，或后火期时，曲心水分已不多，热曲时间可延长至 6.5～7.0h，晾曲时间为 5～5.5h，所以红心曲的热、晾操作要点又称"多热少晾"。

【实施步骤】

中温大曲培曲管理步骤如下所述。

1. 上霉阶段

曲坯入室后，冬春季 2d、夏秋季 1d 就可上霉。曲坯中心温度达到 40℃，曲坯表面菌落面积达 90% 左右，白色斑点成片时，转入晾霉阶段。

2. 晾霉阶段

曲坯品温升高至 40℃时，应及时开启门窗揭烧，排潮降温，等水分缓慢蒸发后开始翻曲，并加大曲坯间距，使水分逐渐蒸发，不使曲坯发黏。一般隔日翻曲一次，保持温度一致。晾霉时间：夏季为 2d、冬季为 3d。

3. 起潮火阶段

晾霉后，即关闭门窗，经过 2～3d，品温可升至 45～48℃，相对湿度增大，此间要注意灵活开小窗放潮，隔日或每日翻曲。曲坯由三层翻四层，四层翻五层，可除掉苇秆、谷草，呈人字形排列，并加大曲坯间距。当品温降至 37～40℃时，可关门窗保温，起潮火期间品温保持 40～44℃，每日放潮 1～2 次。起潮火期一般为 4～5d，当曲心发透、曲坯酸味减少时，本阶段结束。

4. 大火阶段

曲坯入室 10～12d，这时的微生物生长逐渐延伸至曲块内部，曲表干硬部分加厚，此时要控制品温和曲心温度不高于 45℃左右，以防烧心。大火前期，品温为 43～44℃，以后逐渐降低，最低在 29℃以上。经 7～8d，曲心湿的部分逐渐缩小，曲香味明显，即进入后火期。

5. 后火阶段

此阶段应控制曲坯品温升温顶点逐步下降，每天约下降 1℃，晾曲时曲坯品温应保持在 31～32℃。开窗晾曲时要控制窗户开度或者边开窗边辅以暖气，以便保持曲心余热。后火期一般为 5～6d，其间应翻曲 2 次。

6. 养曲阶段

该阶段曲坯逐渐干燥，品温下降，应保持品温为 32～34℃，晾曲温度为 29～31℃。晾曲时不宜开窗过大，养曲期为 3～4d，曲坯间距可适当减小。

此外，后火曲与红心曲在培养温度上与清茬曲有一定差异，其他操作基本相同。

贮 存

【相关知识】

曲坯出室评定后应按品种的不同分类贮存在晾曲棚内，在通风条件下自然干燥。经贮存 3～6 个月后，曲坯含水量、酸度、酶活性等趋于稳定后方可投入酿酒生产使用。清茬曲、后火曲和红心曲三种大曲要分别存放，标明生产日期，用于酿酒时要按比例混合使用。

【实施步骤】

曲坯贮存步骤如下所述。

1. 环境要求

要求曲库内通风干燥、不能漏雨，曲坯应堆码整齐，工作人员应随时查看品温，掌握气温变化情况，并做好记录。

2. 堆码要求

曲坯堆码贮存（图 8-28）排成人字形，跺高以 13 层为标准，曲坯要间隔 1～3cm 以利于通风，防止在贮存中返潮、起火、长霉。

图 8-28　曲坯堆码贮存

质 量 检 验

【相关知识】

1. 中温大曲的感官检验标准

中温大曲的质量，目前主要靠感官检验来判断，感官检验标准主要分皮张和断面两方面。

1）清茬曲

优质的清茬曲上霉良好，为白色芝麻点，无过多的絮状菌丝；皮张薄，干皮厚度低于 2mm，无明显的烧斑，断面茬口微呈青色或浅青黄色者佳（图 8-29），光泽亮白，清亮如断玉，无明显的未排尽的水分和空心鼓肚等霉变现象。

2）后火曲

优质的后火曲上霉、皮张等情况与清茬曲相同，但断面茬口要求有明显的黄色、淡黄色或淡金黄色，曲香味浓，其余指标也同清茬曲。

图 8-29　中温大曲断面

3）红心曲

优质的红心曲上霉、皮张等要求同清茬曲，其断面茬口要求有"红心"（曲心部分为红色），优质曲的红心率应达到≥50%，合格曲红心率应达到≥30%，其余指标可同清茬曲。

2. 中温大曲的理化检验标准

不同企业、地区制曲的工艺及检验标准不尽相同，各有特点，某酒生产企业中温大曲理化标准标准如表 8-7 所示。

表 8-7　某酒生产企业中温大曲理化检验标准

等级	发酵力（CO_2）/ [g/（g·72h）]	糖化力（葡萄糖）/ [mg/（g·h）]	液化力（淀粉）/ [g/（g·h）]	水分/%	酸度/[（mmol/（10g）]	淀粉含量/%
一级	≥1.2	300≤糖化力≤700	≥1.0	≤13.0	0.9~1.3	≤58
二级	≥0.6	700≤糖化力≤900	≥0.8	≤13.0	0.6~0.9	≤60
三级	≥0.4	≤250；≥900	≥0.5	≤13.0	0.4~0.6	≤61

【实施步骤】

中温大曲质量检验步骤如下所述。

1. 取样

采用"五点法"（即四角一中心）进行随机抽样。每间曲室取样 20 块，先选定好取曲样的层、排、点，在每一个点的周围 40cm 左右内取曲坯 4 块（上、下、左、右各一块）。

2. 感官检验

取 20 块曲坯进行对半断开，按中温大曲感官检验标准进行评价和打分，确定优质曲、合格曲和等外曲。

3. 理化检验

按中温大曲理化检验标准，对三个感官检验等级中温大曲样品进行理化检验的综合分析，得出理化检验结果。

4. 质量等级的确定

以中温大曲的感官检验标准为基础，结合理化检验分析结果，参照标准对中温大曲进行定级。

思考题

（1）中温大曲对原料的有哪些要求？
（2）中温大曲生产对曲室有哪些要求？
（3）清茬曲、后火曲、红心曲三种大曲各有什么特点？

标准与链接

一、相关标准
1.《酿酒大曲通用分析方法》（QB/T 4257—2011）
2.《豌豆》（GB/T 10460—2008）
3.《裸大麦》（GB/T 11760—2008）
4.《酿酒大曲术语》（QB/T 4258—2011）
二、相关链接
1. 中国酒业协会　https://www.cada.cc
2. 中华酿酒传承与创新教学资源库　http://jszyk.36ve.com

大曲中微生物
种类及来源

项目九　　浓香型大曲白酒的生产

知识目标

（1）掌握人工窖泥培养和窖池建造的原理和工艺，了解窖泥退化的机理。

（2）掌握浓香型大曲白酒酿造原辅料的质量标准与评判方法。

（3）掌握浓香型大曲白酒的酿造工艺。

（4）理解入窖温度、淀粉含量、含水量、酸度对窖池发酵的影响。

（5）掌握母糟和黄水质量的判断方法。

（6）了解白酒生产中的常用术语及其含义。

（7）掌握甑桶装置的结构、工作原理及操作要点。

（8）了解分层蒸馏、分段摘酒和按质并坛的目的和方法。

技能目标

（1）能进行人工窖泥培养和窖池维护。

（2）能完成对粮食原料质量的检验。

（3）能通过母糟和黄水的感官特征初步判断大曲白酒发酵的情况。

（4）能熟练完成出窖、配料、拌料、上甑、蒸馏、撒曲、入窖等操作。

（5）能进行量质摘酒，并具备鉴定原酒感官品质的能力。

（6）能熟练根据季节及气温的变化调整酿酒的工艺流程。

（7）能对浓香型大曲白酒酿造过程中产生的副产物与废弃物进行处理与利用。

浓香型大曲
白酒的生产

任务一　窖池建造

🍷 任务分析

　　本任务是利用人工培养的窖泥建造浓香型大曲白酒生产的窖池（图9-1）。浓香型大曲白酒优良的酒质，与"老窖"直接相关，这些老窖池有的连续使用了百年以上，基本都是通过自然老熟而成，所以要提高浓香型大曲白酒的质量，除了采取相关酿酒技术手段外，采用科学的手段合理生产人工窖泥、加速窖泥老熟也是一项极其重要的技术措施。

图9-1　浓香型大曲白酒生产车间

任务实施

培 养 窖 泥

【相关知识】

1. 窖泥的质量要求

窖泥质量等级判定的标准由两部分组成：一是感官检验；二是理化检验和微生物检测，以理化检验和微生物检验数据（表9-1）为辅，感官检验（表9-2）为主。生产时应按照相关标准对所有的窖池的窖泥进行检验，并结合窖泥质量和产酒质量对窖池优劣进行评定，以便从生产工艺、窖池改造及维护等方面采取措施。

表 9-1 窖泥理化检验和微生物检验标准

项目	标准范围	项目	标准范围
水分/%	38～42	有效磷（干土）/(mg/100g)	150～300
氨态氮含量（干土）/(mg/100g)	110～250	细菌总数/（亿个/g）	≥2.0
腐殖质/%	11～18	芽孢杆菌数/（万个/g）	≥35

表 9-2 窖泥感官检验标准

项目	等级	标准要求
色泽	一	灰褐色或黑褐色，无投入原料的本色
	二	黄褐色，无投入原料的本色
	三	黄色或主体泥色，无投入原料的本色
气味	一	香气纯正，有浓郁的老窖泥气味，略有酯香、酒香，香味持久，无其他异杂物
	二	香气正，有老窖泥气味和酯香、酒香，香味持久，无其他异杂味
	三	香气较正，无其他异杂味如酸败味、霉味、生味、腐烂味、腥臭味等
手感	一	柔熟细腻，无刺手感，断面泡气，质地均匀无杂质，明显有黏稠感
	二	较柔熟细腻，刺手感较明显，断面泡气，质地均匀无杂质，有一定的黏稠感
	三	柔熟一般，刺手感明显，断面较死板，均匀，有少许杂质，微带黏稠感

2. 窖泥退化现象

（1）窖泥板结。如果没有采取必要的护窖措施，窖壁、窖底部的泥质会由软变硬，形成板结状的泥块，泥质的色泽也会由深变浅。退化的泥质改变了有益微生物的栖息环境，会导致窖泥功能微生物数量的减少、活力减弱。

（2）窖泥表面出现白霜和针状结晶物。窖泥表面的白霜和针状结晶物，在高倍显微镜下观察为长方形晶体，体积大小不一，有光泽。该物质长时间与空气接触，颜色会由白逐渐变为黄褐色，经化学检验，该物质为乳酸亚铁和乳酸钙的混合物。

【实施步骤】

培养窖泥具体步骤如下所述。

1. 选择窖泥培养原料配方

人工窖泥（图9-2）的配方主要有以下四种。

（1）黄泥4500kg，窖皮泥500kg，黄水71kg，粮糟62.5kg，丢糟62.5kg，曲粉50kg，酒尾50kg，老窖泥富集培养液125kg，适量有效磷、钾、有机氮源，将以上原料混匀后密封在31～35℃培养60d左右。

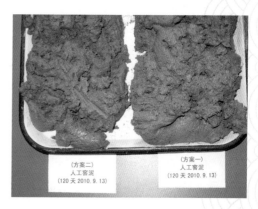

图9-2 窖泥培养

（2）黄泥、窖皮泥、老窖泥共4000kg，曲粉60kg，丢糟50kg，适量有效磷、钾、有机氮源、酒尾、黄水等，老窖泥培养液250kg。将以上原料混匀并踩揉，密封培养30d。

（3）黄泥3000kg，藕塘泥1500kg，优质酒糟400kg，曲药100kg，硫酸镁5kg，酒尾250kg，适量有效磷、钾、有机氮源。用黄水或清水将上述原料调成糊状，用打泥机打匀，自然发酵5d。

（4）优质黄泥100kg，曲粉15kg，豆饼粉5kg，窖皮泥300kg，温水混匀，在30～35℃保温培养30d左右。

2. 清洗、准备窖泥制作的设备和工具

窖泥制作的设备和工具包括陶坛、农用锄、撮箕、温度计、不锈钢桶、大口锅、打泥机、酒泵、铁铲等。制作设备和工具应清洁干净，并用乙醇进行消毒。

3. 培养老窖泥培养液

每个陶坛中装入老窖泥25kg、酒糟25kg、酵母膏0.5kg、磷酸二氢钾1.5kg、乙酸钠1kg、硫酸镁0.4kg、乙醇10kg、黄水25～35kg，搅拌均匀，pH值为5.5～6.5，密封，35℃左右保温培养15～30d，即成熟可用。

窖 池 建 造

【相关知识】

1. 窖池建造的原则

窖池建造不是随意挖一个泥坑，窖池的结构也非常重要。从生产实践中得知，在窖池中，底层酒醅的质量优于中层酒醅，中层酒醅的质量优于上层酒醅；接触窖泥部分的酒醅的质量又优于不接触窖泥部分酒醅。因此，在建造一个新窖池时，要让酒醅与窖泥的接触面积尽可能增大，就必须设计好窖池的结构，最大限度地增大窖池的表面积，尤其是底面积。

2. 窖池体积与窖池表面积的关系

$$A = \frac{M}{V}$$

式中，A——单位体积酒糟占有的表面积，m^2/m^3；

M——窖池总表面积，m^2；

V——窖池总体积，m^3。

窖池体积与窖池表面积的关系，见表9-3。

表 9-3 窖池体积与窖池表面积的关系

V/m^3	5	6	7	8	9	10	11	12	13
M/m^2	14.8	16.5	18.5	20.13	21.64	23.5	24.38	26	27.79
$A/(m^2/m^3)$	2.96	2.75	2.64	2.52	2.41	2.35	2.26	2.16	2.13

从表9-3看出，V 值越大，A 值越小；反之，V 值大，则 A 值小。这说明了窖池体积越小，酒醅与窖池表面的接触面越大，有利于提高酒质。但是实际生产中，窖池太小，无法实现大规模生产，所以一般窖池体积应控制在 15～20m³。

3. 窖池长宽比例与窖池总表面积的关系

如果窖池体积已经确定，窖池深度控制在 1.7～2.0m，当窖池的长宽比例改变时，窖池的表面积会随之变化。当长宽比例为 1:1（正方形），窖墙的表面积最小，长宽比例越大，窖墙的表面积也越大。实际上，窖池的长宽比例不可能无限制地增大，过于狭长不便于生产操作，一般窖池的长宽比例为（1.6～2.0）:1。

4. 窖池深度与窖池底面积的关系

生产浓香型曲酒要求窖池底面积相应大一点为好。如果一个窖池的体积不变，那么窖池深度越大，底面积越小；反之，深度越浅，则底面积就越大。实践证明，窖池深度在 1.8～2.5m 是较为合理的。

5. 窖池利用率与窖池体积的关系

由于目前各地酒厂的窖池体积差别较大，有的窖深达 3m，也有窖深 1.6m。甑桶体积也不一样，最大的有 2.5m³，最小的一般在 1.0m³ 左右，四川地区白酒企业的甑桶体积一般在 1.6m³ 左右。甑数差别也较大，有的多达 14～15 甑（面糟 2 甑），有的采用传统老五甑法。窖形小的窖池利用率低，老五甑一般投粮 900～1100kg，传统川派浓香型白酒工艺投粮一般在 1500～3000kg，沱牌舍得酒厂每窖投粮一般为 2000～2500kg。

6. 涂抹窖泥

（1）先将筑好的窖壁按倾角 15° 打整干净，每隔 5～10cm 用榔头打一个凹孔。

（2）将楠竹削成长 20～25cm、宽 3～5cm，一头尖、一头平的片状；准备直径 1cm 左右的草绳或麻绳（草绳适当粗一点，麻丝可用多股）。

（3）用竹片在距窖底 15cm 处，每隔 15～20cm 打一颗竹钉，竹头留在墙外 7～8cm，这样一排一排往上打，两排之间的三颗钉成正、反三角形状。在两壁交接处应多打上一排竹钉。

（4）将准备好的麻绳从下往上缠绕，在缠绕的同时将绳拉紧，以增加对窖泥的抗压能力，四壁全部用一根绳缠绕为最佳（图9-3）。有厂家为了防止窖池倒塌，采用在防水层上用砖砌 1m 左右的墙体，也可采用砌花墙的方法，每隔一定距离在墙体留一定空隙，以便竹片能插进，或在砌墙的同时，将竹片预先埋留在其间。

（5）绳绕上以后，将培养好的窖泥倒入窖池中，用手使劲把泥往窖池壁上搭，一块紧挨一块，直至将窖池壁全部搭满，然后用手心（手边缘）将泥抹平（图9-4），不能有凹凸不平的地方，最后用抹子将池壁抹光滑。窖底倒入窖泥后，按要求厚度同样抹平收光。

图 9-3　窖池内壁缠绕麻绳　　　　　　图 9-4　涂抹窖泥

（6）窖池收光后，在投粮前要撒部分曲粉在窖泥表面，形成一个曲药层，有利于微生物接种繁殖，形成浓香型白酒工艺的窖泥微生物群落。

（7）完成上述工序后，用薄膜将窖池盖住，以防止水分挥发、窖泥损伤和感染杂菌。

【实施步骤】

窖池建造的具体步骤如下所述。

1. 窖池规格的选择

如果采用人工起窖，按照 3m×2m×（1.8～2.5）m（长、宽、高）的尺寸砌筑窖池；如果使用行车起窖，长宽之比根据地形可按（1.6～2.0）：1，深度可按 1.8～2.5m 进行砌筑。

2. 防渗漏处理

窖池要求建在地势较高、无渗透水和保水性能较强的地方。对于外部条件较差的地方要对其做防水处理，可以用水泥、碎石、石灰、沙等材料建 20～30cm 厚的地坪，同时在四周砌上与窖等高的隔水层。

3. 筑窖墙

根据窖池的规格要求用黄泥筑窖墙，窖墙下部宽 90~120cm、上部宽 60cm，用夹板固定。要求一板一筑上来，并要筑紧，每块板的高度为 30~40cm，筑到要求高度后，在上面盖上青石板，石板宽 80cm。

4. 搭窖、涂窖泥

将楠竹钉按 15cm×15cm 呈丁字形打入窖壁，深度为 15~20cm，再用麻丝（或粗草绳）缠绕。将培养好的窖泥用力搭在窖壁上，最后抹平，窖壁窖泥厚度为 10~15cm，窖底窖泥厚度为 20~30cm。

❓ 思考题

（1）窖池建造的方法有哪几种？常用的建窖材料有哪些？
（2）培养窖泥需要哪些营养物质？
（3）窖池的形状、大小设计的原则是什么？

⌖ 标准与链接

一、相关标准

1.《浓香型白酒窖泥质量技术规范》（T/AHFIA 007—2018）
2.《窖泥中腐殖质的测定 重铬酸钾氧化法》（DB34/T 2265—2014）
3.《窖泥中有效磷的测定 氟化铵 - 盐酸比色法》（DB34/T 2266—2014）
4.《窖泥微生物群落结构快速定量测定 PSP-qPCR 绝对定量法》（DB34/T 2560—2015）
5.《窖泥中铁含量的测定 分光光度法》（T/AHFIA 011—2018）

二、相关链接

1. 中国酒业协会　https://www.cada.cc
2. 中华酿酒传承与创新教学资源库　http://jszyk.36ve.com

任务二　生产准备

🍷 任务分析

> 本任务是进行浓香型大曲白酒生产的前期准备工作。浓香型大曲白酒生产的原料有粮谷、薯类等，辅料通常采用稻壳、谷糠、高粱壳等，酿酒原料的种类及质量优劣与酒的质量和风格有密切的联系，因此原料的选用很重要。白酒酿造生产用水（制曲、酿造、勾兑、降度等）有严格的要求，自古有"水甜而酒洌""名酒必有佳泉"等说法。生产用水质量的优劣，直接关系到生产的正常进行和白酒品质。本任务要求按照原料验收标准进行验收和贮存，按照工艺要求完成原辅料的处理及相关准备工作。

任务实施

生产用水的选择和处理

【相关知识】

1. 白酒酿造用水

白酒酿造用水是指与原料、半成品、成品直接接触的水，如制曲、酿造、勾兑、降度用水等。古代对白酒酿酒用水有严格的要求，有"水甜而酒洌"、水是"酿酒的血液"等说法。生产用水质量的优劣直接关系糖化发酵能否正常进行和酒的质量优劣。

2. 白酒酿造用水的要求

1）一般要求

（1）外观：无色、透明，无悬浮物，无沉淀，凡是呈现微黄、浑浊、悬浮的小颗粒的水，必须经过处理才能使用。

（2）口味：将水加热至 $20\sim30℃$，口尝时应具有清爽气味、味净微甘，为良好水质。凡是有异杂味的水必须经过处理才能使用。

（3）硬度：相关内容见项目一任务一。

（4）碱度：相关内容见项目一任务一。

水中适当的碱度可降低酒醅的酸度。白酒生产用水以 pH 值 6～8（中性）为好。

2）酿造用水标准

相关内容见项目一任务一。

3. 降度用水

降度用水主要指白酒生产后期勾兑时为降低乙醇度而添加的水。降度用水除符合生活饮用水标准外，还应达到以下要求。

（1）总硬度应小于 1.783mmol/L（即 89.23mg/L）。低矿化度，总盐小于 100mg/L，因微量无机离子也是白酒组分，故不宜用蒸馏水作为降度用水。

（2）氨气含量小于 0.1mg/L。

（3）铁含量小于 0.1mg/L。

（4）铝含量小于 0.1mg/L。

（5）不应有腐殖质的分解产物。将 10mg 高锰酸钾溶解在 1L 水中，若在 20min 内完全褪色，则这种水不能作为降度用水。

（6）自来水应用活性炭将氯吸附掉，并经硅藻土过滤机过滤后才能使用。

4. 锅炉用水

相关内容见项目一任务一。

5. 冷却、洗涤用水

相关内容见项目一任务一。

6. 水处理方法

相关内容见项目一任务一。

【实施步骤】

（1）对生产用水进行取样检测、分析，判定是否符合相关工艺环节的生产要求。

（2）根据各工艺环节的水质要求，结合取样检查结果，选择适合的方法（相关内容见项目一任务一）对生产用水进行处理，使其满足生产要求。

原辅料的选择及处理

【相关知识】

1. 原料的感官检验和理化检验标准

不同地区、不同品种的原料，因其地区、土壤等因素的差异，其成分含量和特性存在一定的差异。各种酿酒原料的成分及含量见表9-4，主要酿酒原料如图9-5所示。

表 9-4　酿酒原料的成分及含量　　　　　　　　　　　　　　　　（单位：%）

名称	水分	淀粉	粗蛋白	粗脂肪	粗纤维	灰分	单宁
高粱	12～14	61～63	8.2～10.5	2～4.3	1.6～2	1.7～2.7	0.17～0.29
大米	12～13.5	72～74	7～9	0.1～0.3	1.5～1.8	0.4～1.2	
糯米	13.1～15.3	68～73	5～8	1.4～2.5	0.4～0.6	0.8～0.9	
小麦	12.8～13	61～65	7.2～9.8	2.5～2.9	1.2～1.6	1.66～2.9	
玉米	11～11.9	62～70	8～16	2.7～5.3	1.5～3.5	1.5～2.6	

图 9-5　主要酿酒原料

2. 原料种类与白酒产量、质量的关系

1) 高粱

高粱又名红粮，依穗的颜色可分为黄、红、白、褐四种；依籽粒含的淀粉性质来分有粳高粱和糯高粱。粳高粱含直链淀粉较多，结构紧密，较难溶于水，蛋白质含量高于糯高粱。糯高粱几乎完全是直链淀粉，具有吸水性强、容易糊化的特点，是历史悠久的酿酒原料，其淀粉含量虽低于粳高粱但出酒率却比粳高粱高。高粱是酿酒的主要原料，经蒸煮后，其疏松适度，熟而不黏，有利于发酵产酒。

高粱的内容物多为淀粉颗粒，半纤维含量约为 2.8%；高粱壳中的单宁含量在 2%以上。微量的单宁及花青素等色素成分，经蒸煮和发酵，可产生香兰酸等酚类化合物，能赋予白酒特殊的芳香，但单宁含量过多会抑制酵母发酵，并使酒带苦涩味。另外，每 100g 高粱约含硫胺素 0.14mg，核黄素 0.07mg，烟酸 0.6mg，钙 17mg，磷 230mg，铁 5mg，淀粉完全水解的发热量为 1525.7J。

2) 玉米

玉米品种很多，淀粉主要集中在胚乳内，颗粒结构紧密，质地坚硬，蒸煮时间宜长才能使淀粉充分糊化，玉米胚芽中含有 5% 左右的脂肪，容易在发酵过程中氧化而将所产异味带入酒中，所以以玉米为原料酿出的酒不如以高粱为原料酿出的酒纯净。生产中选用玉米作酿酒原料，最好将玉米胚芽除去。不同产地玉米成分含量比见表 9-5。

表 9-5　不同产地玉米成分含量比　　　　　　　　　　（单位：%）

产地	成分					
	水分	碳水化合物	粗蛋白	粗脂肪	粗纤维	灰分
新疆	15.7	71.8	5.9	4.0	1.1	1.5
甘肃	16.9	68.4	9.4	1.5	1.8	2.0
内蒙古	9.9	75.4	8.0	3.9	1.2	1.6
安徽	12.6	70.9	9.2	3.8	2.0	1.5
东北	11.3	73.0	7.2	4.5	1.3	1.4

3) 大米

大米淀粉含量 70% 以上，质地纯正，结构疏松，利于糊化，蛋白质、脂肪及粗纤维等含量较少。在混蒸式蒸馏中，可将饭香带入酒中，酿出的酒具有爽净的特点，故有"大米酿酒净"之说。

4) 糯米

糯米是酿酒的优质原料，糯米酿出的酒甜，淀粉含量比大米高，几乎 100% 为支链淀粉。糯米经蒸煮后，质软性黏可糊烂，单独使用容易导致发酵不正常，必须与其他原料配合使用。粳米与糯米的成分比较见表 9-6。

表 9-6　粳米与糯米的成分比较　　　　　　　　　　　　（单位：%）

米种	水分	淀粉	蛋白质	脂肪	粗纤维	灰分
粳米	15.8	68.12	9.15	1.61	0.53	0.92
糯米	15.8	70.91	6.93	2.20	0.34	0.63

5）小麦

小麦不但是制曲的主要原料，而且还是酿酒的原料之一。小麦中含有丰富的碳水化合物，主要是淀粉及其他成分，钾、铁、磷、硫、镁等含量也适当。小麦的黏着力强，营养丰富，但在制曲培养时产热量较大，所以单独使用时应慎重。

3. 酿酒辅料

白酒中使用的辅料，主要用于调整酒醅的淀粉含量、酸度、含水量、发酵温度，使用的酒醅应疏松不腻，有一定的含氧量，保证正常的发酵和提供蒸馏效率。

1）辅料要求

感官检验标准：酿酒的辅料，应具有良好的吸水性和骨力，适当的自然颗粒度；不含异杂物，新鲜、干燥、不霉变，不含或少含果胶质、多缩戊糖等成分。各种辅料的理化检验标准见表 9-7。

表 9-7　各种辅料的理化检验标准　　　　　　　　　　　（单位：%）

名称	水分	淀粉		果胶	多缩戊糖	松紧度	吸水量
		粗淀粉	纯淀粉				
高粱壳	12.7	29.8	1.3	—	15.8	13.8	135
玉米心	12.4	31.4	2.3	1.68	23.5	16.7	360
谷糠	10.3	38.5	3.8	1.07	12.3	14.8	230
稻壳	12.7	—	—	0.46	16.9	12.9	120
花生皮	11.9	—	—	2.10	17.0	14.5	250
鲜酒糟	63	8-10	0.2～1.5	1.83	6.0		

2）辅料对白酒生产的影响

（1）稻壳。稻壳质地坚硬、吸水性差，使用时常进行适度粉碎，能使其吸水力增强，并具有用量少而使发酵界面大的特点，又因其廉价易得，故被广泛用作酒醅发酵和蒸馏的填充料。稻壳中含有多缩戊糖和果胶质，在酿酒过程中会生成糠醛、甲醇等物质，所以使用前必须清蒸 30min 以上，以除去异杂味和减少糠醛和甲醇等有害物质。稻壳是酿制大曲酒的主要辅料，是一种优良的填充剂，其用量和质量对酒的产量、质量影响很大。一般稻壳要求用粉碎成 2～4 瓣的粗壳，不用细壳。

（2）谷糠。谷糠是指小米或黍米的外壳，酿酒中用的是粗谷糠。粗谷糠的疏松度和吸水性均较好，作酿酒生产的辅料比其他辅料用量少，疏松酒醅的性能好，发酵界面大。在小米产区酿制优质白酒时多选用谷糠为辅料。用清蒸的谷糠酿酒，能赋予白酒特有的醇香和糟香。细谷糠中含有小米的皮较多，脂肪成分高，不适于酿制优质白酒。

（3）高粱壳。高粱壳质地疏松，仅次于稻壳，其吸水性差，使用时入窖水分不宜过大。由于高粱壳中的单宁含量较高，会给酒带来涩味，现在少有使用。

（4）玉米芯。玉米芯是指玉米穗轴的粉碎物，粉碎度越大，吸水量越大。但由于其多缩戊糖含量较多，故对酒质不利，一般不宜采用。

（5）其他辅料。高粱糠及玉米皮既可制曲，又可作为制酒的辅料。花生壳、禾谷类秸秆的粉碎物、干酒糟等，在用作制酒辅料时，须进行清蒸排杂。以花生皮作辅料，成品酒中甲醇含量较高，故不宜采用。

3）辅料的使用原则

在非水稻产区生产白酒，稻壳的使用有困难，且成本较高，一些厂家使用少量玉米芯、麦秸、豆秸等代用品，但使用这些辅料因本身含有较多的戊糖（五碳糖），可能会在发酵等过程中形成较多的甲醇，应引起足够重视。

（1）辅料的用量。辅料的用量与出酒率及成品酒的质量密切相关，因季节、原辅料的粉碎度和淀粉含量、酒醅酸度和黏度等不同，其用量也有差异。优质浓香型大曲白酒辅料使用一般为原料量的20%～25%。

（2）辅料应用相应的工艺。为了防止辅料的邪杂味带入酒内，在使用之前必须清蒸30min以上，以减少辅料中的多缩戊糖并排除异杂味。辅料应随蒸随用，对混蒸混烧的出池酒醅，应先拌入粮粉，再拌入辅料，不能将粮粉和辅料同时拌入。为使辅料纯净、无杂物，常用竹筛、竹耙等除去辅料中的泥土、石块、长草残秆、铁钉、虫类、鼠粪等。辅料应干燥、新鲜、无霉、无虫蛀、无异味。

4. 原辅料选用的标准

（1）白酒生产主要以粮谷类为原料，其中高粱最为常见，一般采用糯高粱，其要求籽粒饱满、成熟、干净、淀粉含量高、无霉质粒，有较高的千粒重，原粮含水量在14%以下。

（2）辅料则要求杂质较少，新鲜干燥、呈金黄色，不具霉烂味，具有一定的疏松度与吸水能力，少含果胶质，多含缩戊糖等成分。

5. 原料的粉碎

制酒原料必须粉碎，其目的是增加原料的受热面积，有利于淀粉颗粒的吸水膨胀、糊化，并增加淀粉与酶的接触面积，为糖化发酵创造良好的条件。原料颗粒太粗，蒸煮糊化不透，大曲作用不彻底，会将许多可利用的淀粉残留在酒糟里，造成出酒率低；原料粉碎得过细，虽易蒸透，但蒸馏时易压气，酒醅发腻，易起疙瘩，这样就要加大辅料用量，容易给酒的质量带来不良影响。

6. 大曲使用的要求

采用偏高温大曲作为糖化发酵剂，大曲的感官检验要求曲块质硬、内部干燥，富有浓郁的曲香味、不具任何霉臭味和酸臭味，曲断面整齐、边皮很薄、内呈灰白浅褐色、不带其他颜色。大曲在使用前要经过粉碎，大曲的粉碎以未通过20目筛的占70%

为宜。如果粉碎过细，曲中各种微生物和酶与糊化后的淀粉接触面大，糖化发酵速度加快，但持续能力减弱，没有后劲；如若过粗，接触面减小，微生物和酶没有充分利用，糖化发酵缓慢，影响出酒率。粉碎后用于生产的曲粉要妥善保管，防止日晒雨淋，并要防潮，否则会霉烂变质导致酶的活力减弱甚至消失，进而严重影响酿酒生产。

【实施步骤】

原辅料的选择及处理具体步骤如下所述。

1. 原料的选择和处理

对原料进行抽样检查，确保原料质量符合生产要求。原料通过气流输送机或机械输送机进行输送，采用振动筛去除原料中的杂物，用吸石机除石，用永磁滚筒机除铁。将原料粉碎成通过 20 目筛的量占 70% 为宜，大曲粉碎成未通过 20 目筛的量占 70% 为宜。

2. 糠壳清蒸

单独将糠壳大火敞口清蒸不少于 30min，待凉冷后，按照车间各班组辅料用量要求，运至生产车间堆好，以备使用。

场地清扫及器具准备

【相关知识】

（1）浓香型大曲白酒采用固态法生产，整个生产过程中都是开放式操作，除原料蒸煮过程起到灭菌作用外，空气、水、窖池和场地等各种渠道都能把大量种类繁多的有益微生物带进酒醅，与大曲中的微生物协同作用，产生出丰富的香味物质。但是如果不注意场地卫生，许多有害微生物也会随之进入酒醅，参与混合发酵，产生一些影响白酒风味与品质的代谢物质。

（2）浓香型大曲白酒生产中，在酿造环节需要使用行车、甑桶蒸馏器、凉糟机等主要设备外，还需要用到酒厄子、接酒瓢、酒杯、接酒桶、温度计、酒精计、移动泵（用于抽取黄水）等器具，在使用前应将上述设备和器具清洁干净，做好生产准备。

【实施步骤】

（1）把粉碎场地、设备、车间四周等打扫干净，为原料粉碎做好准备。

（2）打扫干净糠壳清蒸池子或甑子，并打扫干净清蒸后出糠摊晾和收堆的场地。

（3）打扫好酿造生产场地的卫生；清洁干净酒甑，冷凝器中接入自来水；掺好底锅水，并向底锅倒入黄水、酒尾等；清洁干净酒厄子（接酒容器）、接酒瓢和酒杯，做好蒸馏摘酒的准备。

思考题

（1）白酒酿造的主要原料有哪些?

（2）简述原料中主要成分与酒质的关系。

（3）浓香型大曲白酒生产中辅料的使用原则有哪些？

☍ 标准与链接

一、相关标准

1.《高粱》（GB/T 8231—2007）

2.《大米》（GB/T 1354—2018）

3.《玉米》（GB 1353—2018）

4.《浓香型白酒》（GB/T 10781.1—2006）

5.《食品安全国家标准 食品中水分的测定》（GB 5009.3—2016）

6.《生活饮用水卫生标准》（GB 5749—2006）

二、相关链接

1. 中国酒业协会　https://www.cada.cc

2. 中华酿酒传承与创新教学资源库　http://jszyk.36ve.com

任务三　开窖起糟和黄水的综合利用

🍷 任务分析

　　本任务是将窖池中发酵好的糟醅取出。开窖起糟是浓香型大曲白酒生产的重要生产环节。开窖是将封窖泥按照工艺要求进行拨开，并打扫干净附着在封窖泥上残糟的过程；起糟是将糟醅按照浓香型白酒工艺要求进行分糟醅的层次进行起糟和分层堆糟的过程。通过对母糟发酵情况和黄水感官质量的判定，按照工艺要求对母糟进行准确配料，稳定产品质量。黄水是窖内酒醅向下层渗漏的黄色淋浆水，一般乙醇含量 4.5% 左右，并含有少量醋酸、腐殖质和酵母菌体自溶物等。黄水是白酒生产的主要副产物，能够用于养窖护窖、制作酯化液和人工窖泥等，具有广泛用途。

🍺 任务实施

开 窖 起 糟

【相关知识】

1. 剥窖

　　剥窖前应将窖池四周打扫干净，揭开窖池表面塑料薄膜，然后用铁叉或铁铲挑起窖皮泥，但窖皮泥上不能带有过多糟醅。如果有霉烂的糟醅，一定要清除干净，特别是窖内四壁一定要彻底清理干净。

2. 出糟

出糟不能过早或过迟，过早易造成乙醇和香气物质的挥发，过迟则会影响滴窖效果。出糟到底窖时，必须将所挖出的糟醅收堆、拍紧，用塑料薄膜盖严，以防乙醇挥发和杂菌感染，待整窖内糟醅出完时，必须将窖壁四周残存糟醅扫净。

3. 出窖母糟感官检验

出窖母糟主要采用感官检验的方法进行质量鉴定。

（1）发酵正常的母糟应是疏松泡气，不显软，骨力较好，颜色呈深猪肝色；闻香时有酒香和酯香；黄水无浑浊，呈亮色，悬丝长，口尝涩味大于酸味。这种母糟有利于下排稳定配料，操作细致，有益于产品质量的稳定和提高。

（2）发酵基本正常的母糟，疏松泡气，有一定的骨力，呈猪肝色，闻香时有酒香。黄水透明清亮，悬丝长，呈金黄色，口感上有涩味和酸味。用这种母糟发酵的酒，一般香气较弱，有回味，酒质比第一种情况略差，但出酒率比较高。这种母糟可能是因为上排将入窖用水量控制得偏高，使得发酵后黄水较多，如果其他入窖条件稳定，在下排配料时适当减少用水量，控制较为合理的入窖用水量，以保证酒质。

（3）发酵不正常的母糟。①母糟显腻，骨力较差。黄水浑浊不清，黏性较大。这种母糟应加糠，减少量水用量，将入窖用水量控制在合理范围内。②母糟显软，骨力差，酒香差。黄水悬丝不好，呈黄中带白的颜色，口感有点甜味，酸、涩味少。这种母糟黄水不易滴出。使用这种母糟，出酒产量和质量都较差。这种母糟在下排配料时应加糠减水，把入窖母糟做疏松，同时注意入窖的温度应适当低一些。一般情况，这种母糟要通过几排工艺调整才会发酵正常，不可操之过急。

4. 出窖母糟理化检验

出窖母糟理化检验标准见表9-8。其中酸度为与1g酒醅含有的酸相当的0.1mol/L氢氧化钠溶液毫升数表示，即每1g酒醅消耗1mL的0.1mol/L的氢氧化钠溶液为1度酸度。

表 9-8 出窖母糟理化检验标准

检验项目	季节				检验项目	季节			
	冷		热			冷		热	
含水量	上层	57%～58%	上层	57%～58%	淀粉含量	上层	11%～11.5%	上层	10%～10.5%
	中层	59%～60%	中层	59%～60%		中层	10%～11%	中层	9%～-10%
	下层	60%～61%	下层	60%～61%		下层	9%～10%	下层	9% 左右
酸度	上层	2.5～3.0	上层	3.0～3.5	糖残留量	上层	≤0.5%	上层	≤0.5%
	中层	3.0～3.5	中层	3.5～4.0		中层	≤0.7%	中层	≤0.5%
	下层	3.5～4.0	下层	<4.5		下层	≤1.0%	下层	≤0.5%

5. 黄水鉴定

黄水中含有一些驯化过的己酸菌和多种白酒香味物质，因此常将黄水视为人工培窖的好材料，也有将黄水集中蒸馏取得黄水酒的。黄水鉴定主要有以下几个方面。

（1）如果滴出的黄水发黑，说明生产工艺出现了问题，主要是由于窖温过高所引起的。

（2）黄水酸味大，涩味少。一般情况是上排母糟入窖温度较高，同时母糟受醋酸菌、乳酸菌等产酸菌的感染，造成酵母繁殖活动受到抑制，因而发酵母糟淀粉残留量较高，部分还原糖还未被利用。这种母糟一般出酒率较低，质量较差。

（3）黄水呈苦味。第一种情况是母糟的用曲量过大，而且量水用量不足，造成入窖糟醅因含水量小和发酵升温太快而出现母糟"干烧"的现象，就会出现黄水带苦味。第二种情况是窖池管理不善，窖皮裂口，母糟霉烂，杂菌滋生并大量繁殖，给黄水带来苦味，同时在一定程度上出现霉味。这种母糟酒质差，产量低。

（4）黄水呈甜味。一般情况这种黄水较酽，黏性大，以甜味为主，酸涩味少。这种情况是由于入窖母糟淀粉糖化后发酵不彻底，使一部分可发酵性糖残留在母糟和黄水中所致。另外，若粮食未蒸好，造成糖化发酵不良，也会使黄水带甜味。这种情况一般出酒率都较低。

（5）黄水呈馊味。一般情况是由于车间清洁卫生没做好，把晾堂上残余的母糟扫入窖内或有的车间用冷水冲洗晾堂后，把残留的糟醅也扫入窖内，造成杂菌大量感染，即会引起馊味。另外，量水温度过低特别是使用冷水，会造成出酒率和酒质都很差，水分不能充分被粮食所吸收，即出现发酵不好的情况。

（6）黄水呈涩味。发酵正常母糟的黄水，应是有明显的涩味，酸味适中，不带甜味，如果黄水呈涩味，这种情况出酒率和酒质都较好。

【实施步骤】

开窖起糟具体步骤如下所述。

1. 剥窖

用刀具将封窖泥划成约 $20cm^2$ 的小方块，用手一块一块揭起，擦掉泥上粘住的糟子，然后将泥迅速倒入泥窖，待下次封窖时再用。

2. 起丢糟

将丢糟起运到靠近甑桶附近的堆糟坝堆放，尽量堆高一点，要拍紧、拍光，用熟糠撒在糟醅表面，以免乙醇挥发。在起丢糟时要注意将丢糟与发酵母糟严格分开，丢糟与母糟之间用竹篾隔开，操作时不要伤及母糟。丢糟起完后，应迅速清扫丢糟残渣，使窖四周及路面洁净。最后用熟糠或者凉席将全窖覆盖严密。

3. 起上层母糟

在起上层母糟之前，堆糟坝要彻底清扫干净，以免母糟受到污染。揭去塑料薄膜

（不含塑化剂），依据该窖红糟甑口量，将窖帽部分的母糟起至堆糟坝一角，尽量堆积高一点（不低于1.5m），踩紧、拍光，撒上糠壳，并做记号以便于分辨。紧接着起窖内母糟（图9-6），进行分层堆放，待起至见黄水时，即停止起窖。做好窖池周围掉有糟醅的地面及堆糟的清洁工作。上半层的糟醅分层堆放，要求踩紧、拍光，撒上糠壳覆盖。

图9-6　起糟

图9-7　挖黄水坑

4. 挖黄水坑、滴窖

在窖内母糟的一端或一角挖一个黄水坑（图9-7），用于滴窖。挖在一角的坑长宽不少于1m，打挖在一端的宽度不少于0.5m，深度直至窖底。至于每个窖池内的黄水坑的大小要视窖池的体积大小而定。挖黄水坑时，坑内的糟醅要先远后近堆放，含水量较大的湿糟醅尽量就近堆放，不要把窖内的糟醅过多踩压和翻动。整个黄水坑挖完后，下层糟醅也要用塑料薄膜（不含塑化剂）覆盖。黄水滴出来后，要做到勤舀，节假日也要派人勤舀黄水。滴窖时间不得少于10h，使母糟含水量保持在60%左右。滴窖时间过长或过短，均会影响母糟的含水量。

5. 起下层母糟

滴窖10h左右后，即可起下层母糟。起糟时要注意不触伤窖泥，不使窖壁、窖底的老窖泥脱落。下层母糟起到堆糟坝后，要注意分层堆放，这样全窖的含水量、酸度、淀粉的含量较为均衡。母糟起完后，窖内窖外操作场地要清扫干净，堆糟坝的糟子要踩紧、拍光，清洁干净，覆盖严密。

6. 开窖鉴定

在滴窖期间，要对窖内的母糟、黄水进行技术鉴定，分析其发酵情况、配料情况及应采取的措施等，待统一意见后，才确定本排配料比例及调节措施。

配料、拌料、润料

【相关知识】

1. 配料

为了在生产中做到"稳、准、细、净"，宜采用以甑为单位计算粮、曲、水及稻壳的数量，并规定每日蒸煮的甑数。有的酒厂采用"原出原入"的操作，即将某一个窖的酒醅（母糟）全部挖出配料进行蒸粮、蒸酒后，仍返回这个窖池发酵，这样便于以窖养醅、以醅养窖，使浓香型白酒的风格更为突出。通常"配料蒸粮"的配料比规定为：每甑母糟用量 500kg；加入高粱粉 120～130kg；稻壳用量夏季为粮食用量的 20%～22%，冬季为 22%～25%。上述配料比中配醅量较大，即大回醅，高粱：母糟＝1：（4～5）。采用大回醅配料，除了对酒醅中残余淀粉可充分再利用外，还可调节入窖淀粉含量和入窖酸度，但其主要作用在于增加酒醅发酵轮次，使其有更多机会与窖泥接触，产生更多的香味物质，提高成品酒的酯、酸含量，使酒体香味浓郁。

2. 辅料

加入辅料（图 9-8）稻壳可使酒醅疏松，保持一定的空隙，为发酵和蒸馏创造良好的条件。另外亦能起到稀释淀粉浓度，冲淡酸度，吸收水分，保持浆水的作用。一般稻壳用量为粮食用量的 20%～22%，尽管稻壳经过 0.5h 以上的清蒸处理（熟糠），但邪杂味若除不尽，还是会带入酒中，故应加强"滴窖降水"和进行"增醅减糠（稻壳）"操作。

图 9-8　辅料

3. 润料

出窖配料后，要进行润料。将所投的原料和酒醅拌匀并堆积 1h 左右，表面撒上一层稻壳，以防止乙醇的挥发损失。润料目的是使粮粉预先吸收水分和酸度，促使淀粉吸水膨胀，有利于蒸煮糊化。

4. 续糟配料

（1）续糟配料可以调节糟醅酸度，使入窖粮糟的酸度降到适宜范围，入窖酸度一般控制为1.5～2.0。这样的酸度既适合有益微生物糖化发酵，又可抑制杂菌的繁殖，促进"酸"的正常循环。

（2）续糟配料可以调节入窖粮糟的淀粉含量，从而调节窖内温度，使酵母菌在一定的乙醇浓度和适宜的温度条件下生长繁殖。为了更好地达到上述目的，可以根据不同季节，在规定范围内调节配料比例。

（3）续糟配料可以降低粮糟含水量，再添入新水，以增强糟醅的活力。

（4）续糟中所含的酸有利于淀粉的糊化和糖化。

【实施步骤】

配料、拌料、润料具体步骤如下所述。

1. 配料、拌料

以某酒厂每甑体积1.25m³为例，每甑用高粱粉130～140kg，按高粱粉的4.5～5倍准备母糟，按高粱粉的25%～30%准备稻壳。

在蒸酒前40～45min，在堆糟坝挖出约够一甑的母糟，并刮平，倒入一定比例的高粱粉，连续翻拌两次，要求拌散、和匀、无疙瘩，这个过程称为拌料（图9-9），此糟蒸酒后即为粮糟。

图9-9　拌料

2. 润料

在上甑前50～60min，将所投高粱粉和母糟拌和均匀，并收拢成堆，撒上熟糠防止乙醇挥发，堆置30～35min，这一过程称为润料。润料完毕，应将场地清扫干净，按要求加入熟糠拌匀，做好上甑准备（图9-10）。

图 9-10　润料

黄水的综合利用

【相关知识】

黄水是固态法白酒生产中渗漏、沉积于发酵容器底部的黄色液体。发酵正常的黄水为黄棕色的胶状浑浊液体，外观黏稠，并有特殊的气味。品评其味，酸中带涩。黄水不仅含有丰富的醇、醛、酸和酯类物质，还含有丰富的有机酸、淀粉、还原糖、酵母自溶物等营养物质，并含有大量经长期驯化的酿造微生物及生香的前体物质。黄水是一种可利用的资源，若黄水未经处理就直接排放掉，会对环境造成较大的污染。

【实施步骤】

黄水的综合利用具体步骤如下所述。

1. 勾调低端白酒

因为黄水中含有大量的醇、醛、酸、酯等呈香呈味物质，可以在白酒勾调中进行充分利用。可将收集到的黄水（发酵正常）立即进行处理，第一，将红粮壳、稻壳及碎粒粮食等固形物滤去；第二，利用活性炭进行吸附脱色；第三，将脱色后的黄水按一定的比例用于白酒勾调，可以增加口感丰满度。

2. 培窖与养窖

（1）浓香型白酒的主体香味成分己酸乙酯是通过窖泥中栖息的厌氧梭状芽孢己酸杆菌吸收利用糟醅中的营养成分生长繁殖，并代谢生成己酸，再通过微生物酶的催化作用与体系中的酵母生成的乙醇缩合而成。由此可见，窖泥是影响浓香型白酒质量的关键因素。黄水中不仅含有大量在窖内特定环境下长期驯化的有益微生物，而且赋予这些有益微生物生长繁殖的良好营养环境，如糖类、含氮化合物、微量生长因子及适宜的酸度。因此，用它培养窖泥相当于接种，可以强化窖中的功能菌。

（2）在黄水中加入一部分酒尾，再加入少量优质大曲、老窖泥，作为培养微生物生长繁殖的优质母液。因此，用黄水培养人工窖泥能极快促进新窖老熟，迅速提高新窖酒的质量。

3. 制备酿造食醋

黄水中含有大量的乳酸及醋酸，而且其他的香气成分含量也与醋十分相近，因此可将黄水进行适当处理后直接调配或再发酵，加工成具有良好风味的食醋。将黄水粗滤后，添加中高温大曲，进行再次发酵可制取香醋，所得产品不仅符合国家食醋标准，酸度适口、香味醇厚，还具有独特的风味。

4. 用作食品防腐剂

黄水中含有丰富的有机酸，较高的酸度可使其具有良好的防腐效果。同时，黄水作为粮食发酵产物具有较高的安全性，因而经简单处理后可用作食品防腐剂。将黄水进行除杂、脱臭、脱色及浓缩等处理后，将其加工成酸度为8%的黄水处理液添加到酱油中，可达防腐的目的。

5. 沼气发酵

利用黄水中大量的有机物及厌氧性微生物可进行厌氧发酵。将黄水与酒糟在密闭状态下进行厌氧发酵，产生的沼气作为再生能源可重新利用。

6. 制作人工香醅

为了进一步提高发酵粮醅的最终产品质量，提高大曲酒的优质品率，可制作人工香醅再次发酵，以增加呈香呈味物质含量，进而达到提高出酒质量的目的。用中层发酵优质的酒醅作为载体，通过添加黄水、己酸菌液、酯化酶、大曲等物质制成香醅（如酒醅300kg、黄水20kg、己酸菌液15kg、质量较差的大曲酒8kg、窖底泥5kg），进行双轮底发酵或夹层发酵，可以大幅度提高曲酒的优质品率。

7. 用于制作大曲

黄水富含经长期驯化的有益微生物、含氮化合物、糖类物质和少量的单宁及色素等。其中有益微生物主要是梭状芽孢杆菌，它是产生己酸乙酯和己酸过程中不可缺少的菌种，在大曲生产中加入20%的黄水作为菌源制作强化大曲，可显著提高糖化力和发酵力。

8. 培养人工窖泥

黄水是制作人工窖泥的优质原料，可按下列配比制作人工窖泥：黄黏土60%，大曲粉2%，豆饼1.5%，香醅5%，沼气污泥1.5%，老窖泥1%，己酸菌液10%，乙酸钠0.3%，磷酸氢二钾0.15%，尿素0.1%，黄水10%。培养条件：一般6～9月培养，室温下密封培养35～40d。

❓ 思考题

（1）为什么要分层起糟？

（2）什么叫黄水？黄水的作用是什么？有哪些用途？

（3）怎样判定母糟与黄水的质量？

（4）续糟配料的作用是什么？

⌒⌒ 标准与链接

一、相关标准

1.《五粮浓香型白酒传统固态法酿造工艺规范》（T/5115YBAPS 001—2019）

2.《宜宾酒（浓香型白酒）》（DB511500/T 10—2010）

3.《四川浓香型纯粮固态法原酒》（T/BJJSJ 0001—2019）

二、相关链接

1. 中国酒业协会　https://www.cada.cc

2. 中华酿酒传承与创新教学资源库　http://jszyk.36ve.com

任务四　馏酒、蒸粮及酒糟的综合利用

🍷 任务分析

本任务是将拌和好的粮糟，按照上甑要求装入甑桶，完成蒸馏接酒（图 9-11）和蒸粮操作。红糟与面糟由于没有加入新粮，上甑之后只进行馏酒操作，不必蒸粮。任务实施的关键在于熟记上甑要领、分段摘酒、控制蒸粮的质量。在出甑的操作中，面糟中淀粉含量低，不适合继续发酵，这部分糟醅可直接丢掉，故又被称为丢糟，可作为动物饲料、人工窖泥原料和生产丢糟酒等用途。

图 9-11　蒸馏接酒

📖 任务实施

上　甑

【相关知识】

1. 上甑及上甑要求

馏酒、蒸粮前，需先进行上甑操作。上甑也称装甑，是将润料完成的物料（糟醅）从堆糟坝上转移到甑桶里的过程。上甑时，不仅要做到轻、松、薄、匀、平，探汽上甑，轻倒匀散，边高中低，还应合理掌握蒸汽量，基本上做到不压汽、不跑汽、穿汽均匀。在上甑操作上要求物料边高中低，不可图省时而不停地快速添加物料。

2. 上甑操作过程中"两干一湿"的要领

在上甑时，发酵酒醅要干湿配合，开始装的甑底材料宜干，多用辅料拌和酒醅，要求材料疏松，这样可以减少酒损。当酒醅上汽均匀后，甑中间的材料宜稍湿，要求少用辅料；接近甑面时的收口材料宜干，应多用些辅料，减少跑酒。这样发酵酒醅两头稍干、中间稍湿的干湿配合，称之"两干一湿"。在上甑操作中如遇到甑内材料不平，上汽不均，可在没有上汽的部分扒开一个坑，等到上汽后再用酒醅填平继续上甑。

3. 上甑操作过程中"两小一大"的要领

上甑用汽量要缓慢调节，做到"两小一大"。因为开始上甑时甑底酒醅料层薄，容易跑酒，用汽量要小。随着料层加厚，上汽阻力增大，要防止压汽，用汽量宜大。上甑完毕和收口时，因上下汽路已通。此时汽量宜小些，以减小酒损。

【实施步骤】

上甑具体步骤如下所述。

1. 上甑准备

上甑前，先检查底锅水是否加够，水是否清洁卫生；然后用清水对蒸馏器具（甑桶、甑箅等）彻底清洗干净。在甑箅上撒上一些经清蒸后的糠壳。最后调节好火力，待水沸腾后开始上甑。

2. 上甑

通过铁铲或端撮将堆糟坝上的物料逐渐加入甑桶中，注意探汽上甑，见汽撒料。整个上甑时间控制为：粮糟 40～45min，红糟（下一轮丢糟）、丢糟 35～45min。

物料装满甑桶后，轻轻刮平，平甑围边，立即接上过汽弯管，盖上云盘（甑盖）；掺满甑沿、弯管两接头处管口的密封水。盖盘后 5min 内必须馏酒。相关上甑操作见图 9-12～图 9-16。

图 9-12 拌糠

图 9-13 轻撒匀铺上甑

图 9-14　探汽上甑

图 9-15　平甑围边

图 9-16　盖上云盘加水密封

馏酒、蒸粮

【相关知识】

盖上云盘之后即进入馏酒环节，馏出的酒根据时间先后分为酒头、酒身、酒尾。馏酒时要量质摘酒。为防止过多的酒损，馏酒温度不可过高，进汽量要控制小一些，称为缓火馏酒。结束馏酒后，是蒸粮环节，此时需要加大进汽量，促使淀粉充分糊化，称为大火蒸粮。

馏酒时控制冷却水的温度，应做到酒头略高，酒身较低，酒尾较高，即"两高一低"。这是因为开始馏酒时酒头中的低沸点醛类物质既是香味物质又是刺激性物质，为了排杂流酒，馏酒温度不可太低，可控制在 30℃ 左右；而酒身酒度较高，为减少挥发损失，以不超过 30℃ 为宜，即采取中温馏酒的原则；酒尾中的乙醇含量很低，高级醇、高级脂肪酸等含量较多，馏酒温度可高一些，以加快进度。

1. 量质摘酒

糟醅在蒸馏过程中，按照酒度和质量的不同，分为四个不同的馏分阶段，称之为量质摘酒，见图 9-17。

第一馏分段：馏酒后约 5min，该段酒的乙醇浓度在 70% 以上。最初馏出的 0.5kg 作为酒头另装，其余部分的酒的特点是乙醇浓度高、总酯含量高；口感尝评，香气浓郁，酒质好。

第二馏分段：在馏酒以后 15～20min 馏出的酒为第二馏分段的酒，其乙醇浓度为 60%～70%，约占总量的 2/3。其特点是乙醇浓度高，总酯含量较高；口感尝评，香气浓而纯正，诸味协调。

图 9-17　量质摘酒

第三馏分段：是第二段馏酒后的 3～5min 内馏出的部分，其乙醇浓度在 50%～

图 9-18　酒花的形态

60%。其特点是乙醇浓度明显下降；口感有香气，但不浓、不香，味寡淡，酸含量上升。

第四馏分段：该段酒的乙醇浓度在 50% 以下，可作为"二道"尾子处理。最后乙醇浓度更低的部分则纯粹是尾水了。

2. 断花摘酒

"花"这里是指水、乙醇由于表面张力的作用而溅起的泡沫，通常称为水花、酒花（图 9-18）等。乙醇产生的泡沫，由于表面张力小而容易消散，随着蒸馏温度的升高，乙醇浓度逐渐降低，乙醇产生的泡沫（酒花）的消散速度不断减慢。这时，混溶于乙醇中的含水量逐渐增多，因为水的相对密度大于乙醇，表面张力大，水泡沫（水花）的消散速度慢。因此在操作上，工人把酒花与水花消散速度的变化作为鉴别乙醇浓度的依据来进行摘酒。

上述摘酒方法，工艺上称为"断花摘酒"。在实际操作过程中，经测定，其相应的乙醇浓度及酒气冷却前的温度如下所述。

（1）大清花：酒花大如黄豆，整齐一致，清亮透明，消失极快。乙醇浓度在 65%～82%，以 76.5%～82% 时最为明显。酒气相温度为 80～83℃。

（2）小清花：酒花大如绿豆，清亮透明，消失速度慢于大清花。乙醇浓度在 58%～63%，以 58%～59% 最为明显。酒气相温度为 90℃。小清花之后馏分是酒尾部分。至小清花为止的摘酒方法称为"过花摘酒"。

（3）云花：酒花大如米粒，互相重叠（可重叠二、三层，厚近 1cm），布满液面，存留时间较久，约 2s。乙醇浓度在 46% 时最明显。

（4）二花：又称小花，形似云花，大小不一，大者如大米，小者如小米，存留液面时间与云花相似，乙醇浓度为 10%～20%。

（5）油花：酒花大如 1/4 小米粒，布满液面，纯系油珠，乙醇浓度为 4%～5% 时最为明显。酒花的变化也可反映装甑技术的优劣。

3. 蒸粮

蒸粮，即原料的蒸煮，其目的是将淀粉彻底糊化，有利于微生物和酶的利用，同时还有利于酿酒生产的操作。但原料的蒸煮并不是越熟越好，蒸煮过于熟烂，淀粉颗粒易溶于水，淀粉颗粒蒸得过于黏稠，淀粉转化为糖分、糊精过多，使醅子发黏，疏松透气性差，不利于固态发酵生产操作，同时糖分转化过多过快，会引起酵母菌的早衰，造成发酵前期升温过猛，发酵过快，影响酵母菌的生长、繁殖和发酵，导致"中挺"时间短，破坏了"前缓、中挺、后缓落"的白酒发酵规律，给曲酒的产量和质量带来不利的影响。相反，如果蒸煮不熟不透，窖内的微生物不能利用，又易生酸，"熟而不黏，内无生心"是对蒸煮后原料质量的高度概括。

【实施步骤】

馏酒、蒸粮具体步骤如下所述。

1. 馏酒

在盖云盘数分钟后，乙醇蒸气经冷凝而流出，故馏酒有时也称为流酒。流酒时，要调整好火力，做到"缓火流酒"，流酒速度以3～4kg/min为宜。刚流出来的酒，称酒头。因酒头含有较多低沸点的物质，如硫化氢、醛类等，故一般应除去酒头0.25～0.5kg，单独贮存另作他用。流酒温度要控制好，一般要求流酒温度在30℃左右，称之为"中温流酒"。

2. 摘酒

在流酒时，随着蒸馏时间延长和温度的不断升高，乙醇浓度逐渐降低。按照要求把中、高酒精度（一般65%以上）的酒进行入库，酒精度较低的酒作酒尾处理。

3. 蒸粮

蒸完酒后，再续蒸40～60min，进行蒸粮操作。糊化好的熟粮，要求内无生心，外不粘连，既要熟透又不起疙瘩。每蒸完一甑，清洗一次底锅，防止污染。

酒糟的综合利用

【相关知识】

酒糟，有的也称丢糟，是指酒醅进行蒸馏后不再作为配糟的那一部分酒糟。酒糟带有发酵后的酒香味，酒糟含有粗蛋白、粗纤维、粗淀粉等营养成分，具有很好的利用价值。

通常每生产1t白酒可产生3t酒糟，据分析一个年产万吨的白酒厂，若酒糟全部可以利用，一年可生产饲料7700t（仅采用干燥技术）。将白酒酒糟的营养成分与玉米的营养成分比较，其数据见表9-9。

表 9-9　白酒酒糟与玉米常规营养成分的比较

项目	白酒酒糟	玉米	项目	白酒酒糟	玉米
水分/%	7～10	7～23	粗纤维/%	16.8～21.2	1.8～3.5
粗淀粉/%	10～13	64～78	灰分/%	3.9～15.1	1.1～3.9
粗蛋白/%	14.3～21.8	8～14	无氮浸出物/%	41.7～45.8	
粗脂肪/%	4.2～6.9	3.1～5.7			

利用酒糟作原料，1kg酒糟加上0.33kg其他配料，可生产出符合国家标准的二级食醋0.8～1.0kg，而醋的色泽、口味、卫生指标、理化指标都符合国家标准，而且可以减

少环境污染。

【实施步骤】

酒糟的综合利用具体步骤如下所述。

1. 生产饲料

1）直接烘干酒糟生产饲料

鲜酒糟进行烘干处理，再将筛分出稻壳后的干酒糟进行粉碎、调配成饲料。这种方法处理酒糟，可彻底解决环境污染的问题，产品得率高，饲料营养价值好。

2）经微生物发酵后生产饲料

酒糟利用微生物（酵母菌、放线菌、霉菌等）发酵处理，通过菌株代谢酶破坏了纤维素和木质素之间的紧密结构，更易于动物消化吸收，从而大大提高了酒糟蛋白饲料的生物效价。与直接烘干饲料相比，其中的蛋白质含量由 8.8% 可提高到 19.5%～25.8%，能量值从原来的 1.05×10^4 kJ/kg 提高到 1.78×10^4 kJ/kg，动物消化率为 55%～66%。

2. 生产化学、生物产品

1）提取复合氨基酸及微量元素

利用酒糟提取复合氨基酸及微量元素的具体方法是，用工业硫酸水解酒糟蛋白质，再用石灰乳中和除酸，提取复合氨基酸及微量元素。氨基酸的生成率为 18%～23%，精品氨基酸种类 17 种，其中包括 8 种人体必需氨基酸及多种微量元素。

2）制取甘油

制取甘油的主要技术要点：用 10% 麦芽浆作糖化剂，60℃保温搅拌糖化 3h，再用清水配成 2% 糖液，加入 0.4%～0.5% 的酒曲作发酵剂，同时加入总液量 0.8% 亚硫酸钠作固定剂，于 30～32℃保温发酵 72h，用氢氧化钙中和，然后过滤和浓缩，得粗品；再经精制脱色即得精制甘油。

3）利用酒糟培养食用菌

把鲜酒糟放在经消毒的场地上曝晒 2d，除去酒糟中残余乙醇，再用 2%～3% 的生石灰水中和其中的酸，并用 0.5% 的多菌灵搅拌，杀死其中的酵母菌和其他杂菌，最后加入麦麸 10%、过磷酸钙 1%，用清水拌至含水量约 60% 时就可用来栽培平菇，并且可以达到每 500g 酒糟出平菇 0.75～1kg 的好产量。

4）利用酒糟酿醋

一般情况下，可用 70% 酒糟和 30% 辅料（麸皮、大米、米粉或面粉等）进行食醋的酿造。具体操作方法为：大米浸泡后蒸熟，入池加水调温，加入菌种，经 24h 后加入酒母，经 48h 酒化，为成熟醪。成熟醪与混合粮、鲜酒糟拌料进行醋酸发酵，品温控制在 27～38℃。根据品温每隔 2～3d 翻醅一次，至酸度不再升高，结束醋酸发酵。然后将醋酸转入发酵池，压紧，加盖塑料布，加盐封池，后熟约 30d。再对醋醅浸淋、灭菌，经检验即得成品。

? 思考题

（1）蒸粮的要求是哪些？

（2）甑桶蒸馏的原理和作用是什么？

（3）何谓"断花摘酒"？有哪些要点？

（4）酒糟的主要成分是什么？有哪些用途？

∞ 标准与链接

一、相关标准

1.《五粮浓香型白酒传统固态法酿造工艺规范》（T/5115YBAPS 001—2019）

2.《五粮浓香型丢糟酒酿造工艺规范》（T/5115YBAPS 002—2019）

二、相关链接

1. 中国酒业协会　https://www.cada.cc

2. 中华酿酒传承与创新教学资源库　http://jszyk.36ve.com

任务五　摊晾、入窖

🍷 任务分析

本任务包括出甑、打量水、摊晾、下曲及入窖等操作，其对于窖池内双边发酵过程有着重要的影响，尤其要控制打量水的数量、摊晾降温的情况、曲药的加量、踩窖的松紧等关键点。

🍺 任务实施

出甑、打量水

【相关知识】

1. 出甑

蒸粮结束后，将粮糟从甑桶中转移至堆糟坝上，此操作称为出甑。

2. 打量水

粮糟出甑后，立即拉平，加入80℃以上的热水，这一操作称作"打量水"。量水添加的数量是原料（新粮）的90%～110%（冬季为90%～95%）（全窖平均数）。

3. 量水的作用

（1）稀释酸度，促使糟醅酸度降低。

（2）为糟醅发酵提供所需的水分，供微生物生长繁殖和新陈代谢，使发酵得以正常进行。

（3）调节窖内温度，水分的吸热比大，能够保持发酵糟醅的温度稳定，在蒸发时带走热量降低窖内温度，有利于发酵微生物的生长繁殖和代谢。

（4）稀释淀粉浓度，利于酵母菌的发酵。

（5）促进糟醅的新陈代谢。

4. 影响量水添加数量的因素

（1）季节和气温：因冬季入窖温度低，糟醅发酵升温缓慢，顶温一般不高，水分损失小，故冬季应适当减少一些。反之，在夏季应适当多加量水。冬季量水用量一般为60%～80%（新窖除外），夏季为80%～100%。

（2）出窖糟醅含水量：糟醅含水量小，量水应多用。

（3）原料的差异性：一般情况，粳高粱应稍多一点，糯高粱稍少一点。贮藏时间长的原料，多用量水；贮藏时间短的新鲜原料，则可少用一点水。

（4）糠壳用量：在适当范围内糠大水大、糠小水小。

（5）出窖母糟淀粉残留量：淀粉残留量高，多用水；反之，则少用水。

（6）窖龄：一般新窖（建窖时间不长的窖池）量水用量宜多一些；老窖（几十年以上的窖池）量水用量宜少一些。

（7）入窖糟层位置：由于不同糟层糟醅的含水量不同，一般中下层高于上层，所以下层糟醅适当量水用量少点，上层量水用量适当多点，即打"梯梯水"。

【实施步骤】

出甑、打量水具体步骤如下所述。

（1）蒸粮结束，先关蒸汽阀，取下过汽筒，揭开甑盖，吊运甑桶，以及时将蒸煮后的糟醅转移出甑桶，如图9-19～图9-21所示。

图9-19　揭开甑盖

图9-20　吊运甑桶

图9-21　出甑

（2）出甑以后，应一次性加够底锅水，将甑桶内及上甑场地清扫干净，做好上甑准备。从甑桶取出来的糟醅要及时收堆，上部要挖平整，四周也要清扫干净，做好打量水准备。

（3）在粮糟出甑前5min左右，从冷凝器内抽出所需的清洁量水（要求水温80℃以上，现一般用沸水）备用。粮糟出甑以后，立即摊平整，并将四周拢齐，然后开始向粮糟均匀泼洒量水。

摊晾、下曲

【相关知识】

1. 大曲的作用

1）提供有益的微生物及酶

大曲是酿造浓香型大曲白酒有益微生物的主要来源。从生产实践分析结果看，在入窖粮糟中，1g 糟醅的活酵母菌数可达几千万个，其中有 60% 以上是由大曲提供的，其余是工用器具和空气带入的。此外，大曲中还含有淀粉酶、糖化酶、蛋白酶、酯化酶等多种酶，能够利用原辅料中的营养成分代谢产生多种物质。

2）提供淀粉，起到投粮作用

大曲除含有大量的有益微生物外，还含有大量的淀粉，其含量一般在 57% 左右。所以经糖化发酵也能产生部分乙醇与微量香味成分，起到投粮的作用。

3）浓香型白酒微量香味成分的主要来源之一

大曲中含有丰富的蛋白质、氨基酸和芳香化合物等，它们在发酵过程中通过微生物代谢的作用而生成少量的芳香呈味物质，从而使浓香型白酒酒体更加丰满。

2. 大曲的使用原则

（1）根据入窖温度的高低（或不同季节），确定大曲用量。入窖温度高（夏季），用曲量小些；入窖温度低（冬季），可多用些曲。冬季糟醅品温为 17～18℃时，加入原料量为 20% 的曲粉；夏季糟醅品温低于室温 2～3℃时，加入原料量为 19%～20% 的曲粉。

（2）按投粮量及淀粉残留量确定用曲量。投粮多，多用曲；投粮少，少用曲。母糟淀粉残留量高，多用曲；母糟淀粉残留量低，少用曲。

（3）以曲质的好坏确定用曲量。大曲质量好，可少用曲；大曲质量差，可适当多用曲。

【实施步骤】

摊晾、下曲的具体步骤如下所述。

1. 机械摊晾

（1）打开电风扇，查看晾糟机的运转是否正常，若运转正常，可打开晾糟机的传动开关，然后一锨一锨地上糟。

（2）摊晾的方法：一人负责翻拌、摊薄、摊均匀；另一人则负责上糟摊晾（图 9-22）。要求糟醅甩散后，不起堆、不起疙瘩。撒在晾糟机上的糟醅厚薄应均匀一致，温度保持一致，厚薄程度应根据

图 9-22　上糟摊晾

不同的季节和糟醅类型来定，一般控制在3～5cm。

（3）待糟醅降到下曲温度（地温在20℃以下时，下曲温度为16～20℃；地温在20℃以上时，下曲温度平地温）时，开启料斗进行下曲、拌和，并用斗接住拌和好曲药的糟醅，准备入窖。

2. 人工摊晾

（1）在摊床的两侧，两人分别将堆闷好的糟醅快速平摊在摊床上，如图9-23所示。图9-24为鸭棚晾糟机。

图9-23 人工摊晾

图9-24 鸭棚晾糟机

（2）糟醅摊好后，先进行一次冷翻（开风机前），并打散糟醅中的团块、疙瘩。

（3）打开摊床下部的鼓风机，用扬铲翻划两次，进行糟醅的降温并打散团块、疙瘩。

（4）待摊床糟醅吹晾到一定温度时，取3～5个点插入温度计进行测温，要求各点

温差小于 ±1℃。下曲温度：地温在 20℃以下时，下曲温度为 16～20℃；地温在 20℃以上时，下曲温度和地温一致。

（5）开反向风机，将曲药均匀撒在摊床糟醅上，进行一次翻划，再团堆并翻拌均匀，然后铲入料斗中。拌和曲药要求无灰包、拌和均匀。

（6）下曲结束后，应及时打扫干净摊床上的残糟，并回蒸灭菌。

入窖、封窖

【相关知识】

1. 入窖淀粉含量

淀粉是白酒生产不可缺少的原料，另外淀粉在配料操作中还可起到下列作用。

（1）降低糟醅酸度和含水量。发酵糟醅中加入原料淀粉后，可降低含水量10% 左右，降低酸度 1/6 左右。如果糟醅含水量为 60%，加入淀粉与糟醅拌和后，其含水量会降至 50% 左右；如果糟醅酸度为 3.3，加入淀粉拌和后，其酸度会降至 2.75。

（2）提供发酵转化时所需的温度（这是促使糟醅在窖内升温的主要原因）和微生物所需的营养成分。在正常的嫌气性发酵条件下，每消耗 1% 的淀粉，可使糟醅升温 1.2～1.6℃。

（3）促进糟醅内正常的新陈代谢。根据长期的生产实践及各种生产数据统计，以及现在生产使用的糖化发酵剂（大曲）的发酵能力，正常的浓香型白酒入窖淀粉含量及粮醅比参数应为：

① 入窖淀粉含量夏季为 16%～17%，冬季为 17%～19%。

② 正常出窖糟的残余淀粉含量为 8%～10%。

③ 正常粮醅比为 1：4.5 或 1：（5～6）。

2. 入窖温度的控制

温度是发酵正常与否的首要条件，如果入窖温度过高，会使发酵升温过猛，为杂菌的繁殖提供了有利条件，同时也打乱了糖化与发酵的平衡，会使酒醅酸度过高，降低出酒率，故应贯彻"低温入窖"的原则。实际生产中一般地温在 20℃以下时，入窖温度可控制在 16～20℃；地温在 20℃以上时，平地温或比地温低 1～2℃入窖。8月份是酷暑盛夏，入窖温度极高难以控制，因而多数厂家都停产放"高温假"。

3. 入窖含水量的控制

适当的含水量是糟醅发酵良好的重要因素。如果入窖糟醅含水量过高，会引起糖化和发酵作用过快，糟醅升温过猛，发酵不彻底，出窖糟醅会发黏不疏松。糟醅含水量过低，会引起酒醅发干，淀粉残留高，酸度低，酒醅不柔软，影响发酵的正常进行，造成减产。糟醅中含水量正常变化的规律是：开窖时，糟醅含水量为 64%～65%，通过滴窖再取出糟醅，此时含水量为 60% 左右，经拌料、上甑、蒸煮、出甑，含水量降为 50% 左右。

打入量水后，含水量为 54% 左右。从密封发酵到开窖，出窖含水量将升至 64% 左右。

4. 入窖酸度的控制

酸是形成浓香型白酒香味成分的前躯物质，是形成各种酯类物质的前体物质，酸本身也是酒中呈味的主要物质。所以糟醅中的酸度不够时，产酒不浓香、味单调；但酸度过高又会抑制有益微生物（主要为酵母菌）的生长繁殖，导致不产酒或少产酒。因此，我们必须正确认识酸在酿造浓香型白酒中正反两个方面的作用，从而进行有效的控制，以便更好地为生产服务。

1）酸的作用

（1）酸有利于糊化和糖化作用，可以促进微生物将淀粉、纤维素等物质水解成糖（葡萄糖）。

（2）糟醅中适当的酸，可以抑制部分有害杂菌的生长繁殖，而不影响酵母菌的发酵能力，称为"以酸防酸"。

（3）为微生物提供有益的营养成分，并形成酒中的香味物质。

（4）酯化作用。酸是酯的前躯物质，酒中的酯主要是由酸和醇的酯化作用产生，所以酒中酯的形成离不开酸。酸和酯构成了浓香型白酒主要的香和味。

2）正常入窖糟醅的适宜酸度范围

（1）入窖糟醅的适宜酸度范围为 1.4～2.0。

（2）出窖糟醅的适宜酸度范围为 2.8～3.8。

（3）根据多年来生产实践的经验而确定入窖糟醅的酸度。

因为酵母菌具有一定的产酸能力，而且在发酵过程很多生酸菌中还要产酸，所以入窖酸度不宜过大。

3）入窖酸度控制的原则

（1）根据入窖糟醅温度的高低确定入窖糟醅酸度的原则。入窖糟醅温度高，酸度可适当高一点，以达到以酸控酸、防止杂菌繁殖的目的；相反，入窖糟醅温度低时，酸度宜稍低些。

（2）根据对产品产量和质量的不同要求确定入窖糟醅酸度的原则。酒的产量要求高（出酒率高），入窖糟醅酸度应稍低些；酒的质量要求好，入窖糟醅酸度应稍高些。

（3）根据入窖糟醅淀粉含量的高低确定入窖糟醅酸度的原则。入窖糟醅淀粉含量高，酸度宜稍低些；入窖糟醅淀粉含量低时，酸度可稍高些。

（4）根据发酵周期长短确定入窖糟醅酸度的原则。发酵周期长的，入窖糟醅酸度可高些；发酵周期短的，入窖糟醅酸度宜低些。

4）生产过程中糟醅酸度的变化

（1）发酵周期为 45～60d，发酵升酸的幅度一般应在 1.5 左右为好。

（2）从出窖到入窖，糟醅降酸幅度在 1.5 左右为好。

5）生产中酸度过高过低的现象

（1）入窖糟醅酸度过高，在窖内不升温，不"来吹"。15d 左右取样（窖内糟醅）化验分析，含糖量很高，含淀粉量很低，这种窖应提前开窖，根据糟醅淀粉残留量，采取减少投粮量的办法，以挽回损失，使糟醅酸度转入正常范围。

（2）糟醅硬，黄水甜，产品质量差，产量也不高，糟醅含糖量高，这是入窖酸度偏大的现象。

（3）因发酵时间太长等原因引起的糟醅酸度大。这时从出窖糟醅和黄水等化验分析结果，看不出什么问题，酒的产量和质量都不错。但若不注意解决糟醅的酸度已经升高的问题，则下排入窖就会出现入窖酸度高所产生的弊病和危害。

（4）入窖酸度（或糟醅酸度）低，产量虽高，但质量差。

【实施步骤】

糟醅入窖和封窖的具体步骤如下所述。

1. 入窖

糟醅入窖前，先在窖底撒大曲粉1～1.5kg，促进生香。然后将糟醅依次入窖，每放入窖中一料斗糟醅，踩窖一次，并进行测温（一般测5点温度），各点温差在±1℃以内。

2. 踩窖

每个窖的最后1～2甑糟醅入窖后，要随即刮平、踩紧、拍光，放好竹篾，放上红糟。入窖的红糟也要刮平、踩紧、拍光，不能马虎。糟醅高出地面部分，称为窖帽。窖帽不宜太高，一般要超过地面60cm。拍紧料斗顶部、吊运糟醅、拉平入窖糟、踩窖、拍糟墙、拍弧形顶等操作如图9-25～图9-30所示。

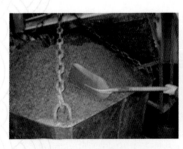
图9-25　拍紧料斗顶部

图9-26　吊运糟醅

图9-27　拉平入窖糟

图9-28　踩窖

图9-29　拍糟墙

图9-30　拍弧形顶

图 9-31　抹光封窖泥

3. 封窖

入窖结束后，将窖池周围清扫干净，在离窖端部分插入一根直径为 3～4cm 的竹竿，插入窖内深度为 70cm。封窖时抽掉竹竿，在此放入一支计量为 50℃的温度计，用细绳系好，绳的另一端置于窖外，盖上簸席或撒稻壳，敷抹厚为 6～10cm 的窖泥，上部再盖上塑料布，四周敷上窖泥，保持窖泥湿润、不开裂（图 9-31）。

思考题

（1）为什么要坚持糟醅低温入窖？

（2）如何有效控制糟醅入窖酸度？

标准与链接

一、相关标准

1.《五粮浓香型白酒传统固态法酿造工艺规范》（T/5115YBAPS 001—2019）

2.《浓香型白酒》（GB/T 10781.1—2006）

二、相关链接

1. 中国酒业协会　https://www.cada.cc

2. 中华酿酒传承与创新教学资源库　http://jszyk.36ve.com

任务六　发 酵 管 理

任务分析

本任务包括封窖后的窖池管理工作及起窖后窖池养护工作。发酵管理不仅决定本排糟醅发酵质量的高低，而且还对下排糟醅各项工艺参数造成影响，从而影响白酒的成品质量，所以需要精心组织窖池管理与开展窖池养护。

任务实施

窖 池 管 理

【相关知识】

糟醅在窖池中的发酵过程

浓香型大曲白酒生产是在多种微生物的共同参与作用下将酿酒原料淀粉等物质转化

为乙醇物质。根据固态法酿造特点可把整个糖化发酵过程划分为三个阶段。

1）第一阶段：主发酵期

摊晾下曲的糟醅进入窖池密封到乙醇生成的过程，为主发酵期，其包括糖化与酒精发酵两个过程。密封后的窖池，尽管隔绝了空气，但霉菌可利用糟醅颗粒间形成的缝隙所蕴藏的稀薄空气进行有氧呼吸，而淀粉酶将可溶性淀粉转化生成葡萄糖。这一阶段是糖化阶段。在有氧的条件下，大量的酵母菌进行菌体繁殖，当霉菌等把窖内氧气消耗完了以后，整个窖池呈无氧状态，此时酵母菌进行酒精发酵。

固态法白酒生产，糖化、发酵过程不是截然分开的，而是边糖化边发酵。因此，边糖化边发酵是主发酵期的基本特征。在封窖后的几天内，由于好气性微生物的有氧呼吸，产生大量的 CO_2，同时糟醅逐渐升温，窖内温度缓慢上升。当窖内氧气完全耗尽时，窖内糟醅在无氧条件下进行酒精发酵，窖内温度逐渐升至最高，而且能稳定一段时间后开始缓慢下降。

2）第二阶段：生酸期

在这个阶段内，窖内糟醅经过复杂的生物化学等变化，除产生大量的乙醇、糖等物质外，还会产生大量的有机酸，产酸的种类与产酸的生成途径较多，如乙酸和乳酸，也有己酸、丁酸等其他有机酸。

细菌的代谢活动是窖内酸类物质产生的主要途径。葡萄糖由醋酸菌作用可生成醋酸，也可以由酵母菌作用生成醋酸。葡萄糖还可在乳酸菌的作用下生成乳酸。糖源是窖内产酸的主要基质。乙醇经醋酸菌氧化也能生成醋酸。

3）第三阶段：产香期

经过 20 多天，酒精发酵基本完成，同时产生有机酸，酸含量随着发酵时间的延长而增加。从这一时期到开窖为止，是发酵过程中的产酯期，也是香味物质逐渐生成的时期。糟醅中所含的香味成分众多，作为浓香型大曲酒的呈香呈味物是酯类物质，酯类物质生成的多少，对产品质量有极大的影响。在酯化期，酯类物质的生成主要是生化反应。

在这个阶段，酯类物质形成途径有两种，一种是经来自微生物细胞中的酯酶催化作用而形成的酯类物质；另一类是酸和醇作用生成的酯类物质。在酯化期大量生成己酸乙酯、乙酸乙酯、乳酸乙酯、丁酸乙酯等酯类物质。

图 9-32 为浓香型大曲白酒的三个不同发酵阶段。

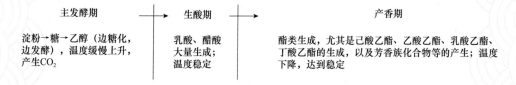

图 9-32　浓香型大曲白酒的三个不同发酵阶段变化情况

【实施步骤】

窖池管理具体步骤如下所述。

图 9-33 检查并维护窖帽

1. 清窖

封窖后 15d 内，每天应坚持清查窖池，保持清洁、无异杂物。窖皮不得出现裂口，若出现裂口，则用温度较高的热水调新鲜黄泥洒窖帽表面，以保持窖帽滋润不干裂、不生霉。

2. 做好检查

窖帽必须经常检查，若有裂缝、鼠洞、人为损伤、机械损伤等则应及时修补，并查找原因设法杜绝此类现象的发生（图 9-33）。

3. 观察温度

窖内温度变化是否符合"前缓、中挺、后缓落"的升温规律，是封窖以后应十分关注的问题。尤其是在封窖后的十几天内，温度是否上升或是不升温，升温是急、是缓？只有对窖内温度进行详细观察，方可得出结论。

4. 查看"跌头"

"跌头"也称"走窖"，是指糟醅在入窖发酵过程中，由于微生物对淀粉的消耗，糟醅的体积在不断缩小，慢慢地向下跌落，窖帽也向下沉。通过查看"跌头"（图 9-34），可判定窖内发酵是否正常。

5. 看"吹口"

看"吹口"是将在封窖时插入的不锈钢管（直径 10mm，插入窖内深度 1～2m）出口称为的"吹口"打开，用蜡烛点燃靠近，然后检查

图 9-34 检查"跌头"

蜡烛燃烧的情况，用耳贴近听出口的声音，如果蜡烛熄灭及听见"呼呼"声，则判定糖化发酵处于正常状态。

6. 控制发酵时间

可以将糟醅发酵时间设置为 40d、50d、60d、90d 不等，但最好适当延长发酵周期，以此提高浓香大曲白酒的成品质量。

窖 池 养 护

【相关知识】

1. 窖泥是浓香型大曲酒发酵不可缺少的先决条件

传统认为，50年以上的老窖才能产出特曲酒、头曲酒，20年左右的窖一般只产二曲酒、三曲酒。新搭建的窖泥多用纯黄泥搭成，要经过相当长时间，泥色才会由黄转乌，逐渐变为乌白色，并由黏性绵软再变为硬脆。这个自然老熟过程一般需要20年以上。老窖泥质软无黏性，泥色乌黑带灰，并出现红绿色彩，带有浓郁的窖香。窖龄越长，所产出的酒质越好。

2. 各层发酵糟酒质的差异

大量生产实践证明，越是接近窖底或窖墙的发酵糟，其酯含量越高（表9-10），由此可见浓香型白酒的特殊芳香与窖泥有密切的关系。

表 9-10　各层发酵糟酒质的比较

样品	项目		
	总酸量/（g/100mL）	总酯量/（g/100mL）	杂醇油量/（g/100mL）
上层糟酒	0.049 1	0.111 5	0.101 9
中层糟酒	0.091 3	0.293 4	0.079 5
下层糟酒	0.104 1	0.356 2	0.098 9

3. 窖泥中微量成分与酒质的关系

（1）窖泥中氨基酸的含量对酒质的影响。窖泥中的氨基酸含量一般在2%～10%，比土壤中的氨基酸含量高数倍至数十倍，窖中氨基酸含量随窖层上、中、下的顺序而增加，酒中总酯和己酸乙酯含量会随窖层上、中、下顺序而增加，两者之间呈正比关系。

（2）窖泥中无机物及微量元素对酒质的影响。新、老窖的窖泥中铁、铝、钙、镁、锰、钼、锌、钛、硼、速效磷等元素差异较大，对原酒质量有一定的影响。有效磷含量新窖为老窖的2～9倍，过低或过高均不适宜，并影响酒质，在人工窖泥培养时要注意对有效磷（含磷添加物）的控制。硼和氨态氮在不同类型的窖泥中变化也较大。

（3）窖泥中的白色晶体和白色团块。窖泥中的白色晶体和白色团块是窖泥成熟和老化、板结的主要特征和必然反应。经过分析确认，白色晶体为乳酸铁，白色团块为乳酸钙，这两种物质会使己酸菌和窖泥功能菌所产生的总有机酸、乙酸、丙酸、丁酸、己酸下降，并会使己酸和丁酸的比例失调。因此，在培养窖泥时不宜添加含Ca^{2+}的化学物质，如石灰水、钙盐等，同时要加强窖泥的后期养护及管理。

4. 不同窖龄窖泥中的有机酸的含量

窖泥中的挥发性有机酸含量为0.97%～2.30%，老窖泥、一般窖泥、人工窖泥的差异见表 9-11。

表 9-11　不同窖泥中有机酸的含量

项目	样品		
	老窖泥	一般窖泥	人工窖泥
有机酸总量	100%	137.38%	128.71%
窖中几种酸比较	己酸>乙酸>丁酸	丁酸>己酸>乙酸	己酸>乙酸>丁酸
己酸含量	55.52%	24.55%	38.24%
丁酸含量	12.99%	39.1%	19.36%
乙酸含量	22.45%	19.03%	37.18%

注：表中数据以老窖泥有机酸总量 100% 计。

5. 几种常见的窖池养护方法

（1）制备老窖泥培养液养护窖池。在制备人工窖泥时，要加入老窖泥培养液作为种子培养窖泥，以使窖泥加速老熟。所谓老窖泥培养液，即采用一定量的老窖泥，加入一定量的大曲，适量优质黄水、酒尾、丢糟酒等培养而成。

（2）用优质黄水（稀释），加入适量的酒尾和丢糟酒进行养窖。该法要注意使用季节，对于温度较高的夏季或酸度较高的窖池不适用。

（3）用酒尾养窖。该法要注意酒尾中乳酸乙酯的含量，否则会使酒中的乳酸乙酯含量偏高。

（4）针对窖池结板的窖泥或已丢失大量营养成分的窖池，要先将窖泥刮下来，重新添加营养液踩揉熟后再搭上或重新培养窖泥搭窖。

（5）对于窖池窖泥缺水比较严重，在窖池养护时，要先将窖壁打小孔，间隙为 5cm 左右，再淋窖。

【实施步骤】

窖池养护的具体步骤如下所述。

1. 窖池清理

酒醅出池完毕后，要及时将窖底、窖壁的残余糟醅清扫干净，不能损伤窖壁的窖泥。

2. 拍打泥包

对于窖池中的泥包，要拍打平整，不可直接将泥包去除掉，以免损坏窖泥。

3. 窖泥养护

可取少量酒头，用酒尾稀释后，加适量黄水并拌入少量大曲，均匀泼洒到窖池底及四壁，以保持窖壁和窖底的营养和水分。

❓ 思考题

（1）简述糟醅在窖池中发酵的三个阶段。

（2）常见窖池养护的方法有哪些?

🔗 标准与链接

一、相关标准

1.《五粮浓香型白酒传统固态法酿造工艺规范》（T/5115YBAPS 001—2019）

2.《浓香型白酒》（GB/T 10781.1—2006）

二、相关链接

1. 中国酒业协会　https://www.cada.cc

2. 中华酿酒传承与创新教学资源库　http://jszyk.36ve.com

酒糟在白酒生产上的回收再利用

项目十

小曲白酒的生产

知识目标

（1）了解固态法与半固态法小曲白酒的特点。

（2）掌握小曲白酒原辅料的质量标准与判断方法。

（3）理解入窖温度、淀粉含量、含水量、酸度等因素对于小曲白酒发酵的影响。

（4）掌握培曲糖化的原理和操作要点。

（5）掌握母糟的识别方法，通过对母糟的感官鉴定、理化分析等合理配料。

技能目标

（1）能熟练掌握固态法与半固态法小曲白酒的生产操作。

（2）能熟练通过母糟的感官鉴定、理化分析，掌握小曲白酒发酵情况并对生产工艺进行适当调整。

小曲白酒的生产

任务一　固态法小曲白酒的生产

🍷 任务分析

　　本任务为固态法小曲白酒的生产。固态法小曲白酒生产是指以高粱或多种谷物为制酒原料，用优质纯种小曲为产酒生香剂，在水泥池（图 10-1）或不锈钢罐里进行固态发酵，采用续糟配料、清蒸混烧、固态甑桶蒸馏、除头去尾、量质摘酒而生产出小曲白酒的过程。

图 10-1　固态法小曲白酒发酵窖池

任务实施

泡　粮

【相关知识】

1. 泡粮

泡粮是使粮粒吸水，增加粮粒含水量，使粮粒中的淀粉逐渐膨胀，为蒸粮做好准备，如图 10-2 所示。

图 10-2　泡粮

2. 泡粮水温要适当

泡粮水温过高，部分淀粉粒开始受热糊化；水温过低，不能阻止粮粒中固有淀粉酶的活力，减少淀粉粒的机械强度，削弱粮粒遇冷收缩时淀粉颗粒之间相互挤压的力量。特别是水温低时，淀粉酶的活力会加强，粮粒中分解出的糖类物质含量会相对增多，因而增加蒸粮时可发酵物质的损失，以及在培菌糖化中控制杂菌的难度。泡粮适宜的水温为 70～85℃，每天应使用温度计测量水温，并采取一定的保温措施。

3. 泡粮程度至透心均匀、吸水适量

粮粒吸水过量，受热容易破皮，会扩大甑底、甑面粮粒因受热时间不同产生的差距。泡粮透心均匀可以使淀粉受热时膨胀一致，受压时碎裂一致。为此，应该加强泡粮时的保温工作，使泡粮池（桶）周围和中心的粮粒吸水均匀一致。

4. 泡粮后干发一段时间，使粮粒中水分分布均匀

粮粒组织致密导致受热后膨胀较大，泡粮阶段吸水可能偏少，因此要经过适当干发来缓解这种情况。例如，糯高粱泡粮 6～10h，泡后含水量为 49%～50%，干发的作用不明显。但玉米泡粮 2～5h，泡后含水量为 39%～40%，干发的作用就较大。但干发的时间不宜过长，力求在 10h 以内结束，否则会增加淀粉的部分损失。根据实践经验，几种主要原料的浸泡时间为：玉米夏季 2.5～3h，冬季 3～3.5h；红高粱夏季 4～7h，冬季 7～10h；小麦夏季 4～5h，冬季 5～6h。

【实施步骤】

预先洗净浸泡池（桶），堵塞池底放水管，将粮食称量倒入，放入 90℃以上热水泡粮（可用焖粮的热水）。泡粮时，热水一定要淹过粮面 30～50cm，泡粮过程中要进行适当搅拌，使泡粮的水温上部和下部一致。

蒸　粮

【相关知识】

1. 蒸粮的目的

蒸粮过程是首先掺好底锅水，铺好甑箅，以少许糠壳堵住空隙，再将泡好的粮粒撮入甑内，装完扒平。安好围边、上盖，将底锅水烧开（沸腾），使水蒸气穿透粮层至粮面（圆汽）。

（1）初蒸可使泡粮之后的粮粒进一步受热膨胀，淀粉开始糊化。

（2）焖水形成的温差可使粮粒外皮收缩，皮内淀粉粒受到挤压，以利淀粉粒的细胞膜破裂。

（3）复蒸可使淀粉进一步糊化，同时粮粒表面水分蒸发，以达到熟粮淀粉破裂率高的目的。

2. 蒸粮的质量要求

蒸粮要求蒸好的粮食柔熟不扎手，质地均匀，空心无硬瓣，收汗有回力，吸收水分充分，淀粉碎裂率在95%以上。

3. 蒸粮的时间

（1）初蒸时间因品种而定，糯高粱15～20min，粳高粱25～30min，玉米20～25min，稻谷20～30min，荞麦20～25min，应视具体情况而定。

（2）焖水时间因粮食种类而有差异，糯高粱5～10min，粳高粱10～15min，玉米3～4min，小麦15～20min，稻谷10min，荞麦20～30min。

【实施步骤】

蒸粮具体步骤如下所述。

1. 初蒸

初蒸又称干蒸。以高粱为例，浸泡后的高粱装入甑内铺好扒平，采用大汽进行蒸粮，使高粱柔熟、不粘手，外皮有0.5mm左右的裂口。

2. 焖粮

初蒸后加入40～60℃的蒸馏冷却水，水面淹过粮面10～25cm，先用小汽将水煮至微沸（图10-3），待95%以上高粱出现裂口，手捏内层已全部透心为止，即可放出热水，作为下次泡粮用。待其滴干后，将甑内高粱扒平，装入2～3cm谷壳。焖粮时，要适当进行搅拌，严禁大火，防止淀粉流失。要求高粱透心不粘手，冷天稍软，热天稍硬。

3. 复蒸

煮焖好的高粱，应迅速放去焖水，再围边上盖，开小汽小火达到圆汽，再大火大汽蒸煮，快出甑时，用大火大汽蒸排水。蒸好的高粱，手捏柔熟、成沙、不粘手、水汽干为好，糯高粱的复蒸时间一般为 1h。

图 10-3　焖粮

培 菌 糖 化

【相关知识】

1. 培菌糖化的要求

根霉、酵母菌生长正常，杂菌少。无馊、无焖等异杂味。

颜色：呈各原料正常色，如高粱呈微黄色。

闻香：甜香略带酒香味，无异杂味。

尝味：粮食本味和少许甜味。

2. 培菌糖化的要求

一是益菌生长好，二是控制杂菌不生长。要益菌生长好，首先要选用糖化力、发酵力强的纯种根霉和酵母菌，并且数量要适当。其次要使下曲温度和培菌温度适宜，并使扩大培养的根霉和酵母菌适合糖化发酵的需要。含水量、温度是决定培菌好坏的重要条件。含水量少，菌丝生长不良；含水量多，生长快，但容易繁殖杂菌，生酸量大。温度低，生长慢；温度高，生长快，但穿透力弱。因此，培菌过程，要根据熟粮含水量大小，控制好培菌温度和时间，即做到定时定温。表 10-1 为固态法小曲白酒培菌工艺指标。

表 10-1　固态法小曲白酒培菌工艺指标

项目		糯高粱	
		冬季	夏季
用曲量/%		0.6～0.65	0.5～0.6
下曲温度/℃	1	55	50
	2	50	40
	3	40	35
箱厚/cm		12～15	8～10
培菌时间/h		25～56	22～24
入箱温度/℃		24～26	24～25
出箱温度/℃		33～35	32～37

【实施步骤】

培菌糖化的具体步骤如下所述。

1. 准备工作

熟粮出甑之前,要先扫净晾堂摊场,铺好摊席或者摆好端撮(每100g粮食使用12~14个,冬季9~10个),并撒上一薄层谷壳。出甑完毕后,清理好甑内及过道上的熟粮,按先倒后翻的次序翻粮或开窝,并将粮面划平。待品温降至50℃以下,按先后顺序撒曲,随即翻粮或转撮;当品温降至40℃时,进行第二次撒曲,同时翻粮或转撮,待品温降至35℃时,将熟粮集拢成堆。当然在摊晾时也可以选用自动晾糟机(图10-4)。

2. 入箱培菌

在扫净的箱席上,撒上少许谷壳或曲药,将拌曲后的熟粮铲入或倒入箱内(图10-5)。品温高的应先收到箱边或箱角,品温低的放到箱的中部。入箱后即整理箱边,轻轻刮平箱面后,撒上少许谷壳和曲药。箱的厚度适中,并根据季节变化予以调整。

图 10-4　自动晾糟机　　　　　　　　图 10-5　糖化培菌箱

3. 收箱、检查

收箱完毕后立即检查品温,采取相应的保温措施,使品温在5~7h内无明显变化。

4. 培菌管理

利用上次发酵蒸馏后的鲜糟醅作配糟围边和盖住箱面,以保足箱内含水量,起到保温保湿的作用。同时加强对糖化培菌箱的管理,每2h检测1次箱温情况,并做好记录。

配 糟 发 酵

【相关知识】

1. 发酵品温的变化

入池24h,品温升1~3℃;入池48h,品温升5~8℃;入池72h,品温升1~3℃;

发酵 4～5d，品温稳定或略下降 0.5～1℃。发酵品温比进桶时变化 10～13℃。

2. 通过黄水的感官指标判断发酵情况

（1）若黄水呈茶黄色或樱桃色，手感良好，则表明发酵正常。
（2）若黄水带黑色，稀而不黏，表明入桶品温太低。
（3）黄水呈白色，似米汤，表明入桶品温太高。
（4）黄水带灰白色，且很黏，则表明发酵过程中含水量不足。
（5）若黄水呈红褐色或红黑色，则表明发酵过程中含水量过剩。
发酵正常的糟醅色泽微红、疏松，能挤出的水分多且清，并带有轻微的酸涩味。

【实施步骤】

配槽发酵的具体步骤如下所述。

1. 准备工作

将晾堂清扫干净，并撒上少量稻壳。将配槽摊平，采用木锨高扬法或机械鼓风法，使品温尽快降至要求的温度。将培菌糖化醅与配槽拌匀，混合装桶（池）。装桶前，清洗发酵桶（池）及黄水坑，堵好黄水排出口。根据上批发酵的排气及品温，并在桶（池）底铺一层厚度 10cm 左右、温度略低于 30℃的底面糟。

2. 配槽

根据季节准确使用配槽数量，使发酵时温度合适，避免滋生杂菌。按室温、配槽温度估计可能达到的团烧温度（入池发酵 2h 后糟醅的温度）；根据团烧温度、配槽酸度和熟粮含水量确定培菌糖化醅与醅糟的温度。加大摊晾面积，缩短摊晾时间。再根据前几排的"吹口"情况，调整装池条件。配槽量及配槽温度见表 10-2。

表 10-2 配糟量及配糟温度

季节	100kg 原料配糟量		出箱前配糟温度
	体积/m³	质量/kg	
冬季	0.6～0.7	350～400	室温 10℃以下，保持 24～25℃
春秋季	0.6～0.7	350～400	室温 23℃以下，保持 23℃
夏季	0.66～0.73	380～420	室温 23℃以上，近室温

3. 入池发酵

（1）熟粮经培菌糖化后，可吹冷进行配槽。可预先在窖池底铺一层底糟，再将糟醅倒入、拍紧、盖糟，然后进行封窖。

（2）发酵糟醅入池 2h 后，检查温度，适宜温度为 24～25℃，称为团烧温度。第一次发酵 24h（称为初期发酵），升温 2～4℃；第二次发酵 48h 后（称为主发酵期），升温 6～7℃；第三次发酵 72h 后（称为后期发酵，升温低），升温 2～3℃，整个发酵期升温

10～14℃，于室温下发酵 7d 左右，即可蒸酒。

上甑蒸馏

【相关知识】

相关内容见项目九任务四。

【实施步骤】

上甑蒸馏具体步骤如下所述。

1. 上甑（装甑）

在上甑前，先洗净底锅，安好甑桥、甑箅，在甑箅上撒一层熟糠。上甑时先将池面糟撮出放甑边，再撮池内发酵糟，盖糟放甑面。发酵糟醅在装甑时，做到轻倒匀撒，逐层探汽装甑，不踏汽、不跑汽，发酵糟装完，蒸汽离糟面 6cm，将昨日接好的头子酒洒在糟面上，扣尖盖，并塞好盖与甑边的封口，进行缓火蒸酒。

图 10-6 蒸馏接酒

2. 蒸馏接酒

盖好云盘后，检查云盘、围边、过汽筒等接口处，不能漏汽（蒸汽泄漏）跑酒；掌握好冷凝水温度和火力；截头去尾，控制好酒度，吊净酒尾。由于酒头、酒尾含有的甲醇、杂醇油多，要求以 300kg 粮食一甑，接头子酒 0.5～1 kg，全甑酒蒸馏完，量酒度在 58%～62%（体积比）为宜，如图 10-6 所示。

3. 配糟管理

蒸馏完毕，糟醅出甑，摆放在端撮上作下次配糟用。端撮个数和摆放形式，视室温变化而定。敞开甑盖蒸 10～15min，以保证配糟含水量、酸度适宜。

？ 思考题

（1）泡粮和蒸粮有哪些要求？
（2）培菌糖化的目的是什么？
（3）如何通过黄水的颜色判断糟醅发酵的好坏？

∞ 标准与链接

一、相关标准

1.《小曲固态法白酒》（GB/T 26761—2011）

2.《"中国白酒金三角"（川酒）生产技术规程 固态法小曲白酒》（DB51/T 1403—2011）

二、相关链接

1. 中国酒业协会 https://www.cada.cc

2. 中华酿酒传承与创新教学资源库 http://jszyk.36ve.com

任务二 半固态法小曲白酒的生产

🍷 任务分析

> 半固态法生产小曲白酒在我国已有悠久的历史，特别是在南方，产量相当大。半固态法可分为先培菌糖化后发酵和边糖化边发酵两种传统工艺。先培菌糖化后发酵法是半固态法小曲白酒生产的典型工艺。本任务以广西桂林三花酒（米香型白酒）的生产为例，讲解半固态法小曲白酒的生产。它的特点是前期固态培菌糖化，后期为半固态发酵，再经蒸馏而得到产品。

📖 任务实施

原料的选择与处理

【相关知识】

1. 原料的质量要求

米香型白酒生产的主要原料是大米，要求无霉变、无虫蛀、色泽光洁，淀粉含量为71%～73%；碎米淀粉含量为71%～72%，含水量应小于14%。生产用水 pH 值为7.4，总硬度小于7°dH。

2. 蒸饭的质量要求

蒸煮后的米饭要求熟而不黏，内无生心，有自然的米香味，蓬松自如，米饭的含水量为63 %～65 %，外观要求无破粒、无虫蛀、颗粒饱满。

【实施步骤】

原料的选择与处理具体步骤如下所述。

1. 原料选择

选择淀粉含量与含水量达到生产要求的大米作为原料，准备好符合生产要求的酿造用水。

2. 浸泡

将选好的大米用纯净水洗去表面杂质后，放入浸泡池（体积1.5～2m³）用热水浇淋或用 50～60℃温水浸泡约 1h，使大米吸水。

3. 蒸饭

将浸泡过的大米倒入甑内，加盖蒸煮，圆汽后蒸 20min，将饭粒搅松扒平，加盖圆汽蒸 20min，再搅拌并泼入大米量 60% 的热水，加盖蒸 15～20min。饭熟后，再泼入大米量 40% 的热水并搅松饭粒蒸至熟透。

拌料加曲、下缸糖化

【相关知识】

桂林三花酒（米香型白酒）生产时使用小曲作为糖化发酵剂，由于小曲中的微生物以根霉、酵母菌为主，具有糖化力强、繁殖快等优点，故酿酒时有用曲量少等优点。小曲用大米粉制成，可根据生产工艺需要添加米糠或中草药。

图 10-7 加曲

【实施步骤】

拌料加曲、下缸糖化具体步骤如下所述。

1. 扬冷加曲

将蒸好的米饭倒入拌料机中，将饭团搅散扬冷至品温 32～37℃，加入原料量 0.8%～1.0% 的小曲粉拌匀，如图 10-7 所示。

2. 入缸糖化

每缸装入 15～20kg 大米煮熟的饭，饭层厚度为 3～10cm，中央挖一空洞，以便培菌糖化时有足够的氧气参与。待品温降至 30～34℃时，将缸口盖严，当培养 20～22h 时品温升至 37～39℃为宜，如果升温过高，可采取倒缸或其他降温措施加以调节。培菌糖化期间，应根据环境温度，做好保温和降温工作，使最高品温不超过 42℃。糖化总时间为 20～24h，糖化率达到 80%～90% 即可出缸。

入 缸 发 酵

【相关知识】

入缸发酵加水水温可根据品温和室温情况决定，糖化后加入原料量 120%～125% 的水拌匀，使拌水后品温控制在 34～37℃，夏季低，冬季高。加水后，糟醅含糖量应在 9%～10%，酸度应小于0.7，乙醇含量为 2%～3%。

【实施步骤】

将加水拌匀的槽醅转入发酵缸发酵 6～7d，发酵期间要注意控制发酵温度。发酵成熟后糟醅乙醇含量为 11%～12%，总酸度为 0.8～1.2，可发酵性糖残留量在 0.5% 以下。

蒸馏、陈酿

【相关知识】

（1）传统蒸馏方法用土灶蒸馏锅直火蒸馏，不易控制蒸馏温度，目前一般采用卧式与立式蒸馏釜间接蒸汽蒸馏。土灶蒸馏在初期流出的酒中含杂质较多，一般应除去 2～2.5kg 酒头，如果火力不均匀，则会发生焦锅或跑糟现象。立式蒸馏釜（体积 6m^3）在流酒初期，含低沸点杂质较多，一般应去除 5～10kg 酒头。

（2）陈酿容器采用 500kg 优质陶缸较好。贮存时间按需陈酿 3～36 个月不等，这样做，既可使酒在自然条件下在缸中发生氧化还原反应，又使某些微量元素逐步在酒中自然结合，使酒中酸、酯、醇溶解混合和老熟。

【实施步骤】

蒸馏、陈酿具体步骤如下所述。

（1）使用不锈钢蒸馏釜间接蒸汽加热，控制蒸馏初期压力为 0.4MPa，流酒时压力为 0.05～0.15MPa，流酒温度 30℃ 以下，截取 5～10kg 酒头后，接取酒身作为半成品，将酒尾接取后转入下一釜蒸馏。

（2）蒸馏出来的酒感官和理化指标合格后方可入库，在库房里陈酿半年至一年半以上，以促进酒的老熟。

❓ 思考题

（1）半固态法小曲白酒和固态法小曲白酒的生产工艺有哪些相同点和不同点？

（2）如何控制半固态法小曲白酒的发酵过程？

🔗 标准与链接

一、相关标准

《小曲固态法白酒》（GB/T 26761—2011）

二、相关链接

1. 中国酒业协会　https://www.cada.cc

2. 中华酿酒传承与创新教学资源库　http://jszyk.36ve.com

酿酒废水处理及利用

模块
三

葡萄酒生产

项目十一

酿酒葡萄的选用

知识目标

（1）理解葡萄酒的定义。

（2）掌握葡萄酒的分类方法。

（3）掌握酿酒葡萄与食用葡萄的差异。

（4）了解酿酒葡萄的主要品种。

（5）掌握酿酒葡萄成熟度的判定方法。

酿酒葡萄的选用

技能目标

（1）能够根据成品酒的标签，准确判断该酒是否属于葡萄酒。

（2）能够根据葡萄酒的感官检验、理化检验标准进行葡萄酒的分类。

（3）能够根据葡萄特征判断是否属于酿酒葡萄。

（4）能够熟练进行酿酒葡萄成熟度的判断。

任务一　葡萄酒与酿酒葡萄

🍷 任务分析

> 葡萄酒具有区别于其他酒种的重要特征，且种类丰富，本任务将重点学习葡萄酒的特征和分类，以及用于酿造葡萄酒的酿酒葡萄区别于食用葡萄的特征。

🍺 任务实施

认识葡萄酒

【相关知识】

果酒是水果本身的糖类物质被酵母菌发酵成为乙醇所形成的含独特水果风味的酒类。葡萄的品种是所有水果中最多的，有近 8000 种。葡萄的栽培面积广，产量大，全世界有 80% 的葡萄被用来酿酒。葡萄酒在果酒中所占比例最大，属于国际性饮料酒。

根据国际葡萄与葡萄酒组织（International Vine and Wine Organization，OIV，2006）的规定，葡萄酒只能是破碎或未破碎的新鲜葡萄果实或葡萄汁经完全或部分酒精发酵后所获得的饮料，其酒度不能低于 8.5%（体积分数）。但是，根据气候、土壤条件、葡萄品种和一些葡萄产区特殊的质量因素或传统标准，在一些特定的地区，葡萄酒的最低酒度可降低至 7.0%（体积分数）。

葡萄酒的种类繁多，分类方法也有很多。一般按照酒的色泽、含糖量、CO_2含量等进行分类。国外也有以产地、原料名称进行分类的。

　1. 按酒的色泽分类

　（1）白葡萄酒：用白葡萄或皮红肉白的葡萄分离果皮后，用果肉榨汁发酵制成。酒的颜色近似无色、微黄带绿、浅黄、禾秆黄、金黄色。

　（2）红葡萄酒：采用皮红肉白或皮肉皆红的葡萄经过葡萄皮和汁混合发酵而成。酒色呈紫红、深红、宝石红、红微带棕色、棕红色。

　（3）桃红葡萄酒：用带色的红葡萄带皮发酵或分离发酵制成。酒色呈桃红、淡玫瑰花或浅红色。

　2. 按含糖量分类

　（1）干葡萄酒：是指总糖量（以葡萄糖计）小于或等于4.0g/L，或者当总糖量与总酸量（以酒石酸计）的差值小于或等于2.0g/L时，总糖量最高为9.0g/L的葡萄酒。

　（2）半干葡萄酒：是指总糖量大于干葡萄酒，最高为12.0g/L，或者当总糖量与总酸量（以酒石酸计）的差值小于或等于2.0g/L时，总糖量最高为18.0g/L的葡萄酒。

　（3）半甜葡萄酒：是指总糖量大于半干葡萄酒，最高为45.0g/L的葡萄酒。

　（4）甜葡萄酒：是指总糖量大于45.0g/L的葡萄酒。

　3. 按CO_2含量分类

　（1）平静葡萄酒：是指在20℃时，CO_2压力小于0.05MPa的葡萄酒。

　（2）起泡葡萄酒：是指在20℃时，CO_2压力等于或大于0.05MPa的葡萄酒。

　（3）高泡葡萄酒：是指在20℃时，CO_2（全部自然发酵产生）压力大于或等于0.35MPa（对于容量小于250mL的瓶子CO_2压力大于或等于0.3MPa）的起泡葡萄酒。

　（4）低泡葡萄酒：是指在20℃时，CO_2（全部自然发酵产生）压力为0.05～0.34MPa的起泡葡萄酒。

　4. 特种葡萄酒

　特种葡萄酒是用新鲜葡萄或葡萄汁在采摘或酿造工艺中使用特定方法酿制而成的葡萄酒。其中包括：利口葡萄酒、葡萄汽酒、冰葡萄酒、贵腐葡萄酒、产膜葡萄酒、加香葡萄酒、低醇葡萄酒、无醇葡萄酒和山葡萄酒。

【实施步骤】

　（1）阅读酒类标签。阅读酒瓶上的标签，收集酒精度、产地、生产厂家、配料表、生产日期等相关信息。

　（2）酒类感官鉴定。通过观色、摇杯、闻香、品尝四个步骤对葡萄酒进行颜色、香味、甜度、起泡性等方面的感官评价。品评方法如图11-1所示。

　① 观色：拿住杯柄部分，以白布或白纸为背景倾斜30°～45°俯视，观察酒的颜

色、澄清度和挂杯情况等，并记录鉴定结果［图 11-1（a）］。

② 摇杯：轻轻拿起酒杯或将酒杯放于桌面上 360° 旋转（切忌用力过猛，防止酒液洒出）［图 11-1（b）］。

③ 闻香：将鼻子探入酒杯中，轻轻地吸入酒香，判断酒中的香味、异杂味等［图 11-1（c）］，并记录鉴定结果。

④ 品尝：将少量酒液送入口中，嘴唇微张，让空气慢慢进入口腔与酒融合，让酒流过舌头的每个部位并充满口腔，感受酸、甜、苦、咸等味及乙醇感和异杂味等［图 11-1（d）］，并记录鉴定结果。

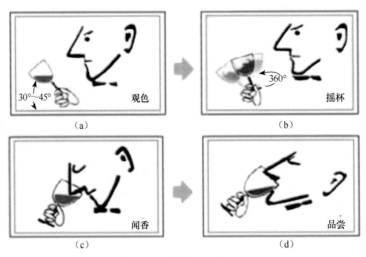

图 11-1 葡萄酒品评方法

（3）酒的分类。根据酒类标签上的信息及酒的感官评价结果综合判定，是否属于葡萄酒，及属于哪种类型的葡萄酒。

认识酿酒葡萄

【相关知识】

酿酒葡萄是以酿造葡萄酒为主要生产目的的葡萄品种。酿酒葡萄要有较高的出汁率，一般在 70% 以上，葡萄果穗较小，果实颗粒也小，果皮很厚；酿酒葡萄的含糖量和含酸量都很高，含糖量可达 200g/L，含酸量为 6～9g/L。酿酒葡萄还含有较多的芳香物质、单宁、色素等酚类物质。这种葡萄带有酸涩的口感，基本不适合食用。食用葡萄含酸量很低，虽然含糖量也不一定高，但糖酸比高，吃起来感觉很甜。酿酒葡萄与食用葡萄的区别如表 11-1 所示。

表 11-1 酿酒葡萄与食用葡萄的区别

项目	酿酒葡萄	食用葡萄	项目	酿酒葡萄	食用葡萄
颗粒大小	小	大	含糖量	高	低
果皮厚度	厚	薄	糖酸比	低	高

酿酒葡萄需要有一定的糖酸比，最低要求含糖量为 120g/L 以上，一般应达到 220g/L，含酸量为 4.0g/L 以上。一般佐餐酒，白葡萄酒、香槟等要求葡萄含糖量为 150～220g/L，含酸量为 6.0～12g/L。甜型葡萄酒要求含糖量为 220～360g/L，含酸量为 4.0～7.0g/L。

葡萄品种是葡萄酒的灵魂，葡萄酒的香气及特性有 90% 是由其品种决定的。目前全世界大约有 6000 种可以用于酿造葡萄酒的葡萄品种，但能够酿造出品质优良的葡萄酒的葡萄品种只有 50 种左右，而我国的酿酒葡萄品种大多从国外引进。根据品种的不同，酿酒葡萄可分为：①酿酒红葡萄；②酿酒白葡萄；③山葡萄；④调色葡萄。

【实施步骤】

（1）准备酿酒葡萄和食用葡萄各两种，每种葡萄取 10 颗用尺子测量并记录其直径，计算出每种葡萄直径的平均值，对比不同种类葡萄的直径。

（2）撕掉葡萄的表皮，观察并对比不同种类葡萄的果皮厚度。

（3）轻轻挤压葡萄，使葡萄浆果破裂，让葡萄汁从浆果中自然流出，观察并比较不同葡萄出汁的难易程度。

思考题

（1）是否所有含有一定乙醇并具有葡萄风味的酒都是葡萄酒？为什么？请举例说明。

（2）葡萄酒的分类方法有哪些？按这些分类方法分别分为哪些类型？

（3）区分酿酒葡萄和食用葡萄的方法有哪些？

（4）从酿造原料上分析家庭自酿葡萄酒的方法是否可取？

标准与链接

酿酒葡萄

一、相关标准

《葡萄酒》（GB/T 15037—2006）

二、相关链接

1. 中国酒业协会　https://www.cada.cc

2. 国际葡萄与葡萄酒组织网站　http://www.oiv.int

任务二　葡萄成熟度的判断

任务分析

酿酒葡萄每年都有一个成熟的过程，如何快速准确地判断酿酒葡萄的成熟度对酿造优质葡萄酒至关重要。酿酒葡萄的成熟度主要从糖度、糖酸比、感官评价等方面进行判定，本任务主要学习酿酒葡萄的糖度、糖酸比的测定方法和感官评价方法。

任务实施

葡萄糖度和糖酸比的测定

【相关知识】

酿酒葡萄自种植以后一般 2～3 年开始结果，之后每年结果 1 次，以酿酒红葡萄为例，在其成熟过程中葡萄颗粒将经历由小到大，颜色由青转紫，糖度逐渐增加、酸度逐渐减小的过程。正确判断葡萄的成熟度是决定葡萄采摘时间和葡萄酒质量的关键环节。其判断指标主要有糖度、糖酸比和感官质量等。

1. 手持式折光仪的使用

糖度测定的方法有很多，为快速检测酿酒葡萄的成熟度，一般采用手持式折光仪（也称糖镜、手持式糖度计）进行检测。

当光线从一种介质进入另一种介质时会产生折射现象，且入射角正弦之比恒为定值，此比值称为折光率。果蔬汁液中可溶性固形物含量与折光率在一定条件下（同一温度、压力）成正比例，故测定果蔬汁液的折光率，可求出果蔬汁液的浓度（含糖量的多少）。通过测定果蔬可溶性固形物含量（含糖量），可了解果蔬的品质，估计果实的成熟度。手持式折光仪的结构如图 11-2 所示，其具体使用方法如下所述。

（1）打开盖板，用软布仔细擦净检测棱镜。取待测溶液 1～2 滴，置于检测棱镜上，轻轻合上盖板，避免气泡产生，使溶液遍布棱镜表面。将仪器进光板对准光源或明亮处，眼睛通过目镜观察视场，转动视度调节手轮，使视场的蓝白分界线清晰。分界线的刻度值即为溶液的浓度。

（2）校正和温度修正。仪器在测量前需要校正零点。一种方法是，取蒸馏水 1～2 滴，放在检测棱镜上，拧动零位调节螺丝 4，使分界线调至刻度 0 位置。然后擦净检测棱镜，进行检测。有些型号的仪器校正时需要配置标准液代替蒸馏水。另一种方法是（只适合含糖量之测定），利用温度修正表，在环境温度下读取的数值加（或减）温度修正值，以获得准确数值。

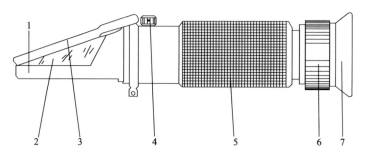

1. 棱镜座；2. 检测棱镜；3. 盖板；4. 零位调节螺丝；5. 镜筒和手柄；6. 视度调节手轮；7. 目镜

图 11-2　手持式折光仪结构

图 11-3 为手持式折光仪使用方法。

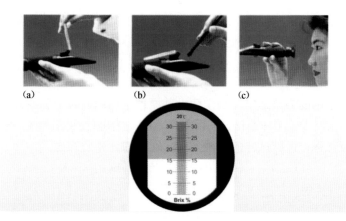

（a）打开盖板；（b）在棱镜上滴1～2滴样品液；（c）盖上盖板，水平对着光源，透过目镜度数

图11-3　手持式折光仪的使用方法

（3）注意事项。手持式折光仪系精密光学仪器，在使用和保养中应注意以下事项。

① 在使用中必须细心谨慎，严格按说明书使用，不得任意松动仪器各连接部分，不得跌落、碰撞，严禁发生剧烈震动。

② 仪器使用完毕后，严禁直接放入水中清洗，应用干净软布擦拭，对于光学表面，不应碰伤、划伤。

③ 仪器应放于干燥、无腐蚀气体的地方保管。

④ 避免零部件丢失。

2. 酸度计的使用

酿造葡萄酒所需的酿酒葡萄的糖酸比要大于20。糖度可用手持式折光仪测定，酸度测定时会使用到酸度计（图11-4）。酸度计所测量的pH值是用来表示溶液酸碱度的一种方法。

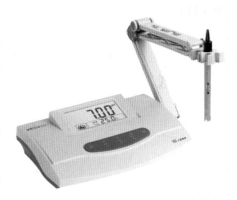

图11-4　酸度计

我们所使用的酸度计，都是由电计和电极两个部分组成。在实际测量中，电极浸入待测溶液中，将溶液中的H^+浓度转换成电压信号送入电计。电计将该信号放大，并经过对数转换为pH值，然后由毫伏级显示仪表显示出pH值。

酸度计使用方法：①开机前准备：a. 取下复合电极套；b. 用蒸馏水清洗电极，用滤纸吸干。②开机：按下电源开关，预热30min（短时间测量时，一般预热不短于5min；长时间测量时，最好预热在20min以上，以便使其有较好的稳定性）。③标定：a. 拔下电路插头，接上复合电极；b. 把选择开关旋钮调到pH值挡；c. 调节温度补偿旋钮白线对准溶液温度值；d. 斜率调节旋钮顺时针旋到底；e. 把清洗过的电极插入pH值缓冲液中；f. 调节定位调节旋钮，使仪器读数与该缓冲溶液当时温度下的pH值相一致。④测定溶液pH值：先用蒸馏水清洗电极，用滤纸吸干后，插入待测液进行检测。⑤关机：

a. 用蒸馏水清洗电极，用滤纸吸干；b. 套上复合电极套，套内应放少量补充液；c. 拔下复合电极，接上短接线，以防止灰尘进入，影响测量准确性。

3. 电位滴定法测酸度

酸度测定最常用的方法是电位滴定法。其原理是利用酸碱中和原理，用氢氧化钠标准滴定溶液直接滴定样品中的有机酸，以 pH 值 8.2 为电位滴定终点，根据消耗氢氧化钠标准滴定溶液体积，计算试样的总酸含量。酸度的计算公式为

$$X = \frac{c \times (V_1 - V_0) \times 75}{V_2}$$

式中，X——样品中总酸的含量（以酒石酸计），g/L；

　　c——氢氧化钠标准滴定溶液的浓度，mol/L；

　　V_0——空白试验消耗氢氧化钠标准滴定溶液的体积，mL；

　　V_1——样品滴定时消耗氢氧化钠标准滴定溶液的体积，mL；

　　V_2——吸取样品的体积，mL；

　　75——酒石酸的摩尔质量数值，g/mol。

【实施步骤】

1. 酿酒葡萄的糖度测定

（1）手持折光仪的校正。取 1 滴蒸馏水，放在检测棱镜上，拧动视度调节手轮，使分界线调至刻度 0 位置。

（2）测定。挤破酿酒葡萄，滴 1～2 滴葡萄汁到手持折光仪棱镜上，将进光板对准光源，眼睛通过目镜读取溶液浓度值。

2. 酿酒葡萄糖酸比的测定

（1）酿酒葡萄洗净，榨汁。

（2）吸取 10.00mL 葡萄汁清液（液温 20℃）于 100mL 烧杯中，加 50mL 水，插入酸度计电极，在烧杯中放入一枚转子，置于电磁搅拌器上，开始搅拌。

（3）用氢氧化钠标准溶液滴定至 pH 值为 8.2，记录所消耗的氢氧化钠体积。

（4）计算葡萄汁的酸度。

3. 计算酿酒葡萄糖酸比

糖酸比也称作为成熟系数，其计算公式为

$$M = S/A$$

式中，M——糖酸比（成熟系数）；

　　S——糖度，以葡萄糖计，g/L；

　　A——酸度，以酒石酸计，g/L。

思考题

（1）手持折光仪测定糖度的优点是什么？

（2）试述手持折光仪的使用方法。

（3）能否将酸度计检测到的葡萄汁的 pH 值用于糖酸比的计算？为什么？

标准与链接

一、相关标准

《酿酒葡萄》（T/CBJ 4101—2019）

二、相关链接

1．中国酒业协会　https://www.cada.cc

2．中华酿酒传承与创新教学资源库　http://jszyk.36ve.com

优良的酿酒葡
萄品种

项目十二

葡萄汁的制备

知识目标

（1）理解葡萄破碎除梗的目的。

（2）掌握除梗破碎机的使用方法及原理。

（3）掌握榨汁机的使用方法及原理。

（4）掌握果胶酶的使用条件及方法。

（5）理解 SO_2 的作用。

（6）掌握葡萄汁的糖度、酸度的调整方法。

葡萄汁的制备

技能目标

（1）能熟练完成酿酒葡萄的破碎操作。

（2）能够熟练完成葡萄榨汁操作。

（3）能熟练使用果胶酶，灵活掌握果胶酶的用量。

（4）能够熟练进行 SO_2 的添加。

（5）能够根据葡萄汁的糖度、酸度按照酿造葡萄酒所需的条件，自行设计葡萄汁的改良方案。

任务一 葡萄榨汁

🍷 任务分析

> 由于葡萄皮的保护，酿酒酵母不能接触到葡萄汁，导致无法利用葡萄汁中的糖类物质进行发酵产生乙醇。葡萄榨汁操作是将葡萄浆果破碎，使葡萄汁流出，以便进行发酵并与葡萄皮、葡萄籽、果梗等分离。本任务主要针对不同种类葡萄酒的酿造要求，学习各种葡萄的榨汁操作方法。

🧊 任务实施

破碎、除梗

【相关知识】

葡萄浆果由一层密封的角质层所包裹，使果实保持完整，免受环境影响，果皮上有一层蜡质层使果实防水。果皮下的内皮层由 7～8 层厚壁细胞构成，它们在酿酒中非常重要，其液泡中含有使红葡萄酒具有颜色的各种色素，以及其他重要成分。由于酿造葡萄酒时使用的是葡萄中内含的果汁，这就需要对葡萄浆果进行破碎、压榨等处理，使其释放出内含的果汁。

从葡萄果树上采下的葡萄浆果都带有一部分果梗，而果梗对葡萄酒酿造是无用的，所以在酿酒之前需要将葡萄浆果与果梗分开并将后者除去，这一工序叫作除梗。新式葡萄破碎机都有除梗装置，有先破碎后除梗或先除梗后破碎两种方式。破碎是将葡萄浆果压破，破坏葡萄皮、肉和籽与果汁的结合。在破碎过程中应尽量避免撕碎果皮、压破种子和碾碎果梗，以降低汁液中杂质（葡萄汁中的悬浮物）的含量。在酿造白葡萄酒时，还应该避免果汁与皮渣接触时间过长。

1. 葡萄破碎的目的

（1）有利于果汁的流出。

（2）有利于发酵过程中"皮渣帽"的形成。由于葡萄皮相对密度比葡萄汁小，再加上发酵时产生的 CO_2，葡萄皮渣往往浮在葡萄汁表面，形成很厚的盖子称为"皮渣帽"，亦称"酒盖"或"皮盖"。

（3）使葡萄皮和设备上的酵母菌进入发酵基质。

（4）使果汁与浆果固体部分充分接触，便于色素、单宁和芳香物质的溶解。

2. 除梗的目的

（1）减小发酵体积（果梗占投入葡萄总重量的3%～6%，但占投入葡萄总体积的30%）、发酵容器和皮渣量。

（2）改良葡萄酒的味感（果梗的溶解物具草味、苦涩味），使葡萄酒更为柔和。

3. 葡萄破碎的要求

（1）每粒葡萄都要破碎。

（2）籽不能压破，梗不能压碎，皮不能压扁。

（3）破碎过程中，葡萄及汁不能与铁、铜等金属材料接触。因此，破碎设备最好采用柞木、硅铝合金或不锈钢等材料制作。

（4）葡萄破碎后应迅速除掉果梗，果梗在破碎的葡萄中停留时间过长，果梗中部分有害物质会溶入果汁，影响酒质。

4. 除梗破碎设备

1）卧式除梗破碎机（图12-1）

卧式除梗破碎机是先除梗后破碎，葡萄穗从受料斗落入，整穗葡萄由螺旋运输器输入除梗装置内，由除梗器打落或打碎葡萄粒，从筛筒孔眼落入破碎辊中，葡萄梗从尾部排出，排出的葡萄梗被鼓风机吹至堆场，葡萄破碎后，葡萄汁通过泵从出汁口输出。

2）立式除梗破碎机（图12-2）

立式除梗破碎机机身为立式圆筒形，装有固定圆筛板和除梗推进器。葡萄汁则由筛孔流出，未击碎的葡萄粒则落入下部的破碎辊中进行破碎。

3）破碎 - 除梗 - 送浆联合机（图 12-3）

用破碎 - 除梗 - 送浆联合机进行操作时，将成穗的葡萄装入进料斗，经成对的破碎辊进行破碎后，即进入除梗过程，除梗后，果汁从果汁出口排出，破碎、除梗后的果汁流入活塞式或刮板式的送浆泵，由泵的推动经输送管分别送到发酵罐或压榨机。

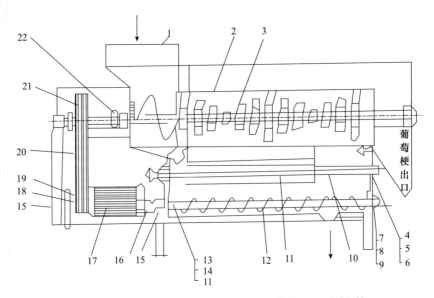

1. 受料斗；2. 筛筒；3. 处梗机；4～9、11～14. 轴承；10. 破碎辊轴；
12. 旋片；15. 减速器；16. 联轴器；17. 电动机；18～21. 皮带传动；22. 输送轴

图 12-1　卧式除梗破碎机

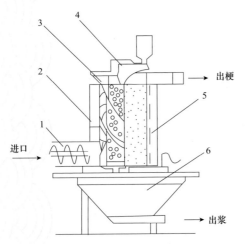

1. 螺旋输送机；2. 机体；3. 除梗器；4. 传动装置；5. 筛筒；6. 破碎装置

图 12-2　立式除梗破碎机

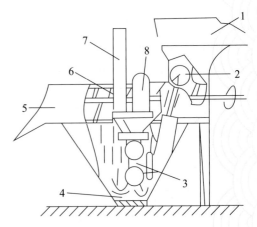

1. 进料斗；2. 破碎辊；3. 送浆泵；4. 果浆汇总漏斗；5. 果梗出口；6. 除梗器；7. 输送管；8. 气室

图 12-3　破碎 - 除梗 - 送浆联合机

【实施步骤】

葡萄破碎、除梗具体步骤如下所述。

（1）打开电子秤（量程 0.5～100kg），将称量容器放在电子秤上，调零。

（2）挑除葡萄藤、葡萄叶等杂质，并挑除霉烂的葡萄，用清水将新鲜葡萄的表面洗净，用电子秤称取 50kg。

（3）用清水将破碎机及所需的器具等清洗干净。

（4）检查破碎机等设备是否能够正常工作。

（5）根据设备的生产能力，将洗干净的酿酒葡萄投入破碎机进料口。

（6）检查破碎、除梗的效果是否符合要求并收集醪液。

出汁、压榨

【相关知识】

当葡萄破碎后，果肉和已经裂开的果皮细胞中的汁液就会从葡萄果实中慢慢流出来。为了进行果渣分离和提高出汁率需要进行果汁分离和果肉压榨操作。

1. 果汁分离

白葡萄酒生产过程中，葡萄破碎后应立即将葡萄汁与皮渣分离，葡萄汁与皮渣接触的时间越短，氧化的程度就越轻，葡萄皮中的色素、单宁等物质的溶出量就越少。果汁分离的方法主要有以下几种。

（1）自然沉降分离。其是一种普遍采用的方法，是指用自然沉降的方法从果汁中分离果皮。分离需要的时间取决于果皮形成的皮盖的上升速度和分离罐的高度。皮盖上升的速度受其所包含气体量的影响。

（2）静压筛滤机。葡萄酒厂一般采用立式锥底发酵罐作为筛滤机。这步操作称为"换罐"，即将葡萄破碎后送入罐中，让皮盖上升，然后从接近罐底部的孔排出果汁至另一罐中。换罐后的果汁中含有的固体进一步利用重力沉降，在发酵前再进行一次换罐操作而去除。这种方法沉降的果汁固体含量仍然偏高，发酵前常常需要进一步澄清。

（3）现代筛滤机。现今最广泛用于生产的筛滤机是具有偏心锥底的圆筒形设备。这种类型的筛滤机，其重要的改进在于引入了条形筛网，这种筛网与孔板型筛网相比，可以在筛滤操作中截留较多的葡萄果肉，操作完成后也容易清洗。筛滤后排出的皮渣可以直接导入一个贮斗中或直接引入间歇式榨汁机中。这是一种设计得较为先进的筛滤机，滤出果汁中的固体含量一般为1%（体积分数），可以不经过进一步澄清处理而直接进行发酵。早期设计的筛滤机几乎都需要附加澄清操作或更长的沉降时间，在接种发酵前需要再次进行换罐操作。

2. 果肉压榨

果肉压榨就是将存在于皮渣中的果汁通过机械压力压榨出来，使皮渣部分变干。在生产红葡萄酒时，果肉压榨是对发酵后的皮渣而言。在生产白葡萄酒时，果肉压榨是对新鲜葡萄或轻微沥干的新鲜葡萄而言。

对原料进行预处理后，应尽快将果肉压榨。在压榨果肉过程中，应尽量避免产生过多的悬浮物、压出果梗和种子的构成物质。为了增加出汁率，在压榨果肉时一般采用多次压榨，即当第一次压榨后，将残渣疏松，再做第二次压榨。

目前，在葡萄酒酿造业中应用的压榨机形式多样，按工作状态可分为间歇式和连续式两种。榨汁工艺可分为间歇榨汁和连续榨汁两类，而间歇榨汁工艺也有多种。

葡萄汁的压榨汁与自流汁成分明显不同。其中，压榨汁含有较高水平的固体、较多的酚类和单宁、较低的酸度和较高的 pH 值，以及含有较高浓度的多糖和胶体成分。酿造红葡萄酒，由于压榨酒质量很差，不应与其他葡萄酒混合，压榨酒应控制在 2% 左右。酿造白葡萄酒，压榨汁应占 30% 左右。

【实施步骤】

葡萄出汁、压榨具体步骤如下所述。
（1）将出汁和压榨所需的设备和器具清洗干净。
（2）检查榨汁机是否能够正常工作。
（3）将皮渣投入进料口进行果汁分离操作。
（4）检查果汁分离的效果，并收集果汁。

思考题

（1）为什么要进行酿酒葡萄的除梗、破碎？
（2）简述卧式除梗破碎机的工作原理。
（3）压榨时为什么要进行多次压榨？

标准与链接

一、相关标准
《葡萄酒企业良好生产规范》（GB/T 23543—2009）
二、相关链接
1. 中国酒业协会　https://www.cada.cc
2. 中华酿酒传承与创新教学资源库　http://jszyk.36ve.com

任务二　葡萄汁的改良

任务分析

酿酒葡萄破碎、除梗或压榨后，产生的葡萄果浆（汁）并未达到最优的发酵条件。例如，葡萄汁中存在果胶，葡萄汁的染菌、氧化等问题，以及不同时期、不同年份、不同产区葡萄中糖度、酸度不一等都会影响葡萄汁的发酵过程。本任务主要学习葡萄汁的果胶酶处理、SO_2 处理及成分调整等改良葡萄汁的方法。

任务实施

葡萄汁的果胶酶处理

【相关知识】

由于受葡萄汁 pH 值或酶活性等因素的影响，加上发酵前处理时间很短，葡萄浆果中各种水解酶引起的有效反应是有限的。若加入一些商品果胶酶对葡萄汁或葡萄酒进行处理，可以达到提高出汁率、澄清葡萄汁、提高香气的目的，并起到稳定红葡萄酒成品颜色的作用。

1. 提高出汁率

在破碎后的葡萄果汁中加入果胶酶，可提高葡萄的出汁率。在果汁中加入 20～40mg/L 的果胶酶，处理 4～5h，可提高出汁率 15%，即使处理 1～2h，也能显著提高自流汁的出汁率。

2. 澄清葡萄汁

用果胶酶处理可加速葡萄汁中悬浮物的沉淀。在加入果胶酶 1h 后，葡萄汁中的胶体平衡被破坏，从而使悬浮物迅速沉淀，葡萄汁获得较好的澄清度。此外，果胶酶还可使葡萄汁和所酿造的葡萄酒在之后的工艺过程中更容易过滤。

3. 芳香物质的提取

在商业化的果胶酶中，通常含有糖苷酶。糖苷酶可以水解以糖苷形式存在的结合态芳香物质，释放游离态的芳香物质，从而提高葡萄酒的香气。

4. 提取和稳定颜色

红葡萄酒的颜色取决于在酒精发酵过程中液体对固体（果皮、种子、有时还包括果梗）的浸渍作用。在浸渍开始时加入果胶酶，有利于对多酚物质的提取，这样获得的葡萄酒，其单宁、色素含量和色度更高，颜色更红。

【实施步骤】

葡萄汁的果胶酶处理具体步骤如下所述。
（1）按 20mg/L 的添加量，根据葡萄汁的数量准确称取足量的果胶酶。
（2）将称量好的果胶酶加入葡萄汁中并搅拌均匀。
（3）恒温 32℃，保持 12h。

葡萄汁的 SO_2 处理

【相关知识】

在葡萄酒的酿造过程中，SO_2 几乎是不可缺少的一种辅料，起着极其重要的作用。SO_2 的作用是多方面的，既有杀菌防腐的作用，又有抗氧化的作用；既有澄清作用，又有溶解作用，还具有增酸的作用。

1. SO_2 的作用

1）杀菌防腐作用

SO_2 在葡萄汁中不影响酿酒酵母的繁殖，但能抑制其他微生物的生长。被抑制生长的微生物多数是对葡萄酒酿造起不良影响的微生物，如果皮上的一些野生酵母、霉菌及其他一些杂菌。能够保持繁殖的微生物大多数属于酵母类，特别是用于葡萄酒酿制的纯培养酵母，它们对 SO_2 的抵抗能力要比其他微生物强。因此，根据葡萄酒的质量、外界的温度，使用适量的 SO_2 可净化葡萄汁，使酿酒酵母获得良好的生长条件，保证正常发酵反应的进行。

2）抗氧化作用

SO_2 与葡萄汁或葡萄酒中的水混合后会发生水合反应生成亚硫酸。由于亚硫酸自身容易被葡萄汁或葡萄酒中的溶氧氧化，可保护其他物质（芳香物质、色素、单宁等）不易被氧化，阻碍了氧化酶的活力，具有停滞或延缓葡萄酒氧化的作用，对于防止葡萄酒的氧化浑浊，保持葡萄酒的香气也都有益处。

3）澄清作用

在葡萄汁中添加适量 SO_2，可延缓葡萄汁的发酵，使葡萄汁获得充分的澄清。这种澄清作用对酿造白葡萄酒、淡红葡萄酒及葡萄汁的除菌都有很大益处。若葡萄汁在较长时间内不发酵，添加大量的 SO_2 就可以推迟发酵。

4）溶解作用

将 SO_2 添加到葡萄汁中，与水化合会立刻生成亚硫酸，能够促进果皮中色素成分的溶解。这种溶解作用对葡萄汁和葡萄酒色泽有很好的保护作用。

5）增酸作用

在葡萄汁中添加 SO_2，可在一定程度上抑制分解酒石酸、苹果酸的细菌。SO_2 还可与苹果酸及酒石酸的钾、钙等盐作用，使它们的酸游离，增加了不挥发酸的含量。

2. SO_2 的添加方式

SO_2 作为一种气体，不能直接添加到葡萄汁或葡萄酒中，同时 SO_2 作为一种有毒气体，它的运输与贮存也不易。所以在葡萄酒的酿造过程中，SO_2 一般采用以下方式添加。

1）燃烧硫磺生成 SO_2

在燃烧硫磺时，会生成无色、令人窒息的 SO_2，它易溶于水，是一种有毒的气体。生产中多使用硫磺绳、硫磺纸或硫磺块，对设备、生产场地和辅助工具进行杀菌。在熏烧时切忌将硫磺滴入容器中，如滴入容器中，葡萄酒即会产生一种臭鸡蛋味。

2）添加亚硫酸

将 SO_2 通入水中，与水混合即成亚硫酸。制造亚硫酸时，水温最好在5℃以下，这样可制得浓度在6%以上的亚硫酸。亚硫酸多用于冲刷酒瓶。添加亚硫酸会稀释葡萄汁或葡萄酒，因此，不主张在葡萄汁或葡萄酒中直接加入亚硫酸。

3）添加偏重亚硫酸钾

偏重亚硫酸钾是一种白色、具有亚硫酸味的结晶，理论上其 SO_2 当量为57%（实际使用中按50%计），必须在干燥、密闭的条件下保存。使用前先研成粉末状，分数次加入软水中，一般1L水中可溶解偏重亚硫酸钾50g，待完全溶解后方可使用。

4）添加 SO_2 液体

气体 SO_2 在一定的压力或冷冻条件下可转化为液体。液体 SO_2 的相对密度为1.433 68，贮藏在高压钢瓶内。使用时，通过调节阀释放出液体或气体的 SO_2。液体 SO_2 可用于各种需要 SO_2 的环节。大型发酵容器中，加入 SO_2 液体最简单、最方便。在良好的控制下，通过测量仪器，可将 SO_2 液体定量、准确地注入葡萄汁或葡萄酒中。

3. SO_2 的添加量

SO_2 对人体的健康有一定的危害。SO_2 被人体吸入呼吸道后，因其易溶于水，故大部分被阻滞在上呼吸道，在湿润的黏膜上生成具有腐蚀性的亚硫酸，一部分进而氧化为硫酸，使刺激作用增强。如果人体吸入浓度为100mg/kg的 SO_2，8h后支气管和肺部将出现明显的刺激症状，肺组织受到伤害。因此，在 SO_2 的运输、贮存和使用过程中要严防的 SO_2 泄漏。

SO_2 还可被人体吸收进入血液，对全身产生毒性作用，它能破坏酶的活力，影响人体新陈代谢，对肝脏造成一定的损害。所以在葡萄酒的生产过程中，在保证安全、顺利生产的情况下，SO_2 能少用则少用，能不用则更好。根据《葡萄酒》（GB 15037—2005）规定，干葡萄酒的总 SO_2 含量不得高于200mg/L，其他类型葡萄酒的总 SO_2 含量不得高于250mg/L。

当葡萄汁或葡萄酒中的 SO_2 量过多时，可将葡萄汁或葡萄酒在通风的情况下过滤，亦可适量通入氧气或双氧水，以上方法均可降低 SO_2 的含量。

【实施步骤】

葡萄汁的 SO_2 处理具体步骤如下所述。

（1）按80mg/L的添加量，根据葡萄汁的数量准确称取偏重亚硫酸钾。

（2）将称量好的偏重亚硫酸钾加入葡萄汁中并搅拌均匀。

（3）添加24h后才能接种酵母。

葡萄汁改良的方法

【相关知识】

每年的降雨量等气候条件的不同，使得每年采摘的葡萄也会有所区别。有时葡萄浆果会没有完全成熟；有时浆果遭遇病虫害等，这些因素会使酿酒原料的各种成分不符合酿酒要求。在这些情况下，可以通过提高原料的含糖量（潜在酒度）、降低或提高含酸量、加乙醇等方法对葡萄汁进行品质改良。葡萄汁的改良的主要目的是使葡萄汁中的成分达到生产工艺要求，保证发酵过程的正常进行，使酿造成的葡萄酒品质一致，保证葡萄酒风格和质量的稳定。

1. 提高葡萄汁含糖量

不良气候的影响（低温、高湿）或采摘过早等原因，会造成葡萄浆果成熟度不高，这时的浆果含糖量偏低，需要人为地提高葡萄汁的含糖量，以提高葡萄酒的酒度。最常用的方式有添加蔗糖和浓缩葡萄汁两种方式，此外，还可通过反渗透和选择性冷冻提取的方式，提高原料的含糖量。

1）添加蔗糖

改良葡萄汁所用的糖必须是蔗糖，一般用大于 99% 的结晶白砂糖（甘蔗糖或甜菜糖）。从理论上讲，加入 17g/L 蔗糖可使酒度提高 1%（体积分数）。但在实践中由于发酵过程中的损耗（如挥发、蒸发等），蔗糖加入量应大于 17g/L，可参考表 12-1。

表 12-1   增加 1%（体积分数）乙醇需加入的蔗糖量

葡萄酒类型		蔗糖加入量/（g/L）
白葡萄酒、桃红葡萄酒		17.0
红葡萄酒	带皮发酵	18.0
	葡萄汁发酵	17.5

例如，利用潜在酒度为 9.5%（体积分数）的 5000L 葡萄汁生产酒度为 12%（体积分数）的葡萄酒，其蔗糖加入量为

$$12\%-9.5\%=2.5\%$$ 需要增加的酒度

$$2.5\%\times17.0\text{g/L}\times5000\text{L}=212.5\text{kg}$$ 需要加入的蔗糖量

先将需加入的蔗糖在部分葡萄汁中溶解，然后加入发酵罐中。加入蔗糖以后，必须倒一次罐，以使所加入的蔗糖均匀地分布在发酵汁中。加入蔗糖的时机最好在发酵刚刚开始的时候，并且一次加完。因为这时酵母菌正处于繁殖阶段，能很快将蔗糖转化为乙醇。如果加入蔗糖时间太晚，酵母菌所需其他营养物质已部分消耗，其发酵能力降低，常常发酵不彻底，造成葡萄汁酒精发酵终止。此外，发酵时应考虑加入的蔗糖在发酵过程中释放的热量。

2）添加浓缩葡萄汁

浓缩葡萄汁的制备：将葡萄汁进行 SO_2 处理，以防止其发酵，再将处理后的葡萄

汁在部分真空条件下加热浓缩，使其体积降至原体积的 1/5～1/4，这样获得的浓缩葡萄汁中各种物质的含量都比原来增加 4～5 倍，钾、钙、铁、铜等含量也较高。虽然在制备过程中，部分酒石酸转化为酒石酸氢钾沉淀，但浓缩葡萄汁中的含酸量仍然升高。因此，为了防止葡萄酒中的含酸量过高，可在葡萄汁浓缩以前，对其进行降酸处理。

添加量：在确定添加量时，必须先对浓缩葡萄汁的含糖量（潜在酒度）进行分析。

例如，已知浓缩葡萄汁的潜在酒度为 50%（体积分数），5000L 发酵用葡萄汁的潜在酒度为 10%（体积分数），葡萄酒要求酒度为 11.5%（体积分数），则可参考图 12-4 的方法算出浓缩葡萄汁的添加量。

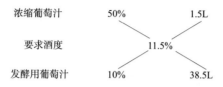

图 12-4　用浓缩葡萄汁和发酵用葡萄汁调酒度

即要在 38.5L 的发酵用葡萄汁中加入 1.5L 浓缩葡萄汁，才能使葡萄酒达到 11.5%（体积分数）的酒度。因此，在 5000L 发酵葡萄汁中应加入浓缩葡萄汁的量为

$$（1.5×5000）÷38.5＝193.8（L）$$

添加的时间和方法与添加蔗糖相同。

3）反渗透法

反渗透法是在压力的作用下通过半透膜将离子或分子从混合液中分离出来的物理方法，其所施加的压力必须大于渗透压。将含糖量过低的葡萄汁通过半渗透膜除去过多的水分就可以提高葡萄汁的含糖量，达到改良的目的。

Berger 深入研究了该法在葡萄原料改良中的作用。在该研究中，他所用的半透膜为内径 42μm、外径 80μm 的芳香型聚酰胺中空纤维。这种膜的抗压能力为 15MPa，pH 值为 1～11，温度为 0～35℃，完全可以在室温条件下将水从葡萄汁中除去，并且不影响葡萄汁的发酵特性。

4）选择性冷冻提取法

选择性冷冻提取法的原理是，在冷冻和解冻过程中，成熟度不同的葡萄浆果的比热、导热性、凝固热和溶解热等物理特性各不相同。因此，该方法就是将葡萄原料置于某一温度下，使那些未成熟的浆果冻结，而那些成熟的浆果不冻结；然后立即压榨，从而获取成熟葡萄浆果的果汁，以提高原料的质量。

2. 降低含酸量

降低葡萄汁和葡萄酒含酸量的方法主要有：化学降酸、生物降酸和物理降酸。

1）化学降酸

化学降酸，就是用盐中和葡萄汁中过多的有机酸，从而降低葡萄汁和葡萄酒的含酸量，提高 pH 值。OIV（2006）允许使用的化学降酸剂有：酒石酸钾、碳酸钙和碳酸氢钾，其中碳酸钙最有效，而且最便宜。其降酸原理主要是与酒石酸形成不溶性的酒石酸氢盐，或与酒石酸氢盐形成中性钙盐，从而降低酸度，提高 pH 值。

上述降酸剂的用量一般以它们与硫酸的反应进行计算。例如，1g 碳酸钙可中和约 1g 98% 的硫酸。所以，要降低 1g 总酸度（以硫酸计），需要添加 1g 碳酸钙，需添加 2g 碳酸氢钾或 2.4～3.0g 酒石酸钾。

如果葡萄汁的含酸量很高，并且不希望进行苹果酸 - 乳酸发酵，可用碳酸氢钾进行降酸，其用量最好不超过 2g/L。与碳酸钙比较，碳酸氢钾不增加 Ca^{2+} 的含量，后者是葡萄酒不稳定的因素之一。如果要使用碳酸钙，其用量不要超过 1.5g/L。

对于红葡萄酒，化学降酸剂最好在酒精发酵结束时加入，也可在分离转罐时添加。酿造白葡萄酒时，应在葡萄汁澄清后加入降酸剂，可先在部分葡萄汁中溶解降酸剂，待起泡结束后，送入发酵罐，并进行一次封闭式倒罐，以使降酸盐分布均匀。

如果酸度需大幅度降低，可采用复盐降酸法。其原理是，当用含有少量酒石酸 - 苹果酸 - 钙的复盐碳酸钙，将部分葡萄汁的 pH 值提高到 4.5 时，就会形成钙的 L（＋）酒石酸 -L（-）苹果酸复盐沉淀，以达到降酸的目的。

2）生物降酸

生物降酸，是利用微生物分解苹果酸，从而达到降酸的目的。可用于生物降酸的微生物有进行苹果酸 - 乳酸发酵的乳酸菌、能分解苹果酸的酵母菌和能将苹果酸分解为乙醇和 CO_2 的裂殖酵母。

（1）苹果酸 - 乳酸发酵。在适宜条件下，乳酸菌可通过苹果酸 - 乳酸发酵将苹果酸分解为乳酸和 CO_2。这一发酵过程通常在酒精发酵结束后进行，可导致酸度降低，pH 值增高，并使葡萄酒口味柔和。

（2）降酸酵母菌。一些酿酒酵母菌株系，能在酒精发酵的同时，分解约 30% 的苹果酸，这类酵母菌对于含酸量高的葡萄原料是非常有益的。

（3）裂殖酵母菌。一些裂殖酵母菌可将苹果酸分解为乙醇和 CO_2，它们在葡萄汁中的数量非常小，而且受到其他酵母菌的强烈抑制。因此，要利用这类酵母菌就必须添加活性强的裂殖酵母菌，还要在添加裂殖酵母菌之前进行澄清处理，以最大限度地降低葡萄汁中的内源酵母菌群体。这种方法特别适合于苹果酸含量高的葡萄汁的降酸处理。

3）物理降酸

物理降酸包括冷处理降酸和离子交换降酸。

（1）冷处理降酸。乙醇含量高、温度低时，酒石的溶解度降低，当葡萄酒的温度降到 0℃ 以下时，酒石析出加快，因此，冷处理可使酒石充分析出，从而达到降酸的目的。

（2）离子交换降酸。通常的化学降酸会让葡萄汁中产生过量的 Ca^{2+}。葡萄酒工业常采用苯乙烯碳酸型强酸性阳离子交换树脂除去 Ca^{2+}，该方法对酒的 pH 值影响甚微，用阴离子交换树脂（强碱性）也可以直接除去酒中过高的酸。

3. 提高含酸量

有些葡萄浆果在一定条件下，含糖量达到了最大值，但是有机酸含量则很低，有时可降至硫酸 3g/L 以下。用这类浆果酿造的葡萄酒口感不厚实，没有清爽感。应该通过一定的处理，提高其含酸量。OIV（2006）允许的增酸方法有：葡萄汁的混合、离子交换法、化学方法和微生物法等。

（1）化学增酸：OIV 规定，对葡萄汁的直接增酸只能用酒石酸，其用量最多不能超过 1.50g/L。一般认为，当葡萄酒的含酸量低于 4g（H_2SO_4）/L 和 pH 值大于 3.6 时，可以直接增酸。在实践中，一般每 1000L 葡萄汁中添加 1kg 酒石酸。需直接增酸时，最好在酒精发酵开始时添加。

（2）葡萄汁混合增酸：未成熟（特别是未转色）的葡萄浆果中有机酸含量很高（硫酸 20~25g/L，以硫酸计），其有机酸可在 SO_2 的作用下溶解，进一步提高酸度。但这一方法至少要加入酸葡萄 40kg/1000L，才能使酸度提高 0.5g/L（以硫酸计）。

此外，还可以通过增酸酵母菌的使用或离子交换等方式提高葡萄汁或葡萄酒的含酸量。

【实施步骤】

改良葡萄汁的具体步骤如下所述。

（1）若生产酒度为 11%（体积分数）葡萄酒，计算葡萄汁应达到的糖度。

（2）根据所测得葡萄汁的糖度和应达到的糖度，计算蔗糖的添加量。

（3）准确称量所需添加的蔗糖量。

（4）将蔗糖加入葡萄汁，并搅拌均匀。

（5）根据所需酸度，计算降酸剂（碳酸钙）的用量，并准确称量。

（6）将碳酸钙加入葡萄汁，并搅拌均匀。

？ 思考题

（1）添加果胶酶的作用是什么？过量添加会有什么影响？

（2）SO_2 有哪些危害？为什么要添加 SO_2？

（3）SO_2 添加的方法有哪些？

（4）现有 5000L 潜在酒度为 10%（体积分数）的发酵用葡萄汁，酿造葡萄酒要求酒度为 12%（体积分数）。用添加蔗糖的方法提高其潜在酒度需要添加的蔗糖量是多少？若用酒度 40% 的浓缩葡萄汁提高其酒度，其用量应该是多少？

（5）简述葡萄汁酸度调整的方法有哪些？

🔗 标准与链接

一、相关标准

《葡萄酒企业良好生产规范》（GB/T 23543—2009）

二、相关链接

1. 中国酒业协会　https://www.cada.cc

2. 中华酿酒传承与创新教学资源库　http://jszyk.36ve.com

葡萄汁巴氏消毒

项目十三

葡萄酒的酿造

知识目标

（1）了解酵母菌的种类、形态和来源。

（2）掌握葡萄酒酵母的扩培方法。

（3）掌握活性干酵母的使用方法。

（4）掌握干红葡萄酒的酿造工艺和设备的使用方法。

（5）掌握干红葡萄酒的浸渍发酵过程。

（6）掌握干白葡萄酒的酿造工艺和设备的使用方法。

（7）掌握干白葡萄酒的发酵过程。

（8）了解白兰地的酿造过程。

技能目标

（1）能够熟练进行酵母菌的扩培操作。

（2）能够正确进行活性干酵母的活化。

（3）能够正确使用红葡萄酒浸渍发酵设备，把握浸渍发酵的时间和温度。

（4）能够正确进行白葡萄的和缓压榨操作，准确控制白葡萄酒的低温发酵温度。

（5）能够在葡萄酒的发酵过程中有效防止氧化的发生。

葡萄酒的酿造

任务一 酵母菌的扩培

🍷 **任务分析**

> 葡萄酒酿酒酵母菌是实现葡萄汁到葡萄酒转变的关键微生物，且对葡萄酒的风味和品质有着重要的影响。酵母菌菌种是葡萄酒酿造企业的核心资源。酒母指含有大量能将糖类物质发酵成乙醇的人工酵母培养液。纯种酵母接种液由经过筛选得到的优良葡萄酒酵母菌菌株制备而得，这些菌株一般保存在葡萄酒厂实验室中。纯种酵母菌菌株扩大培养的前几个阶段必须要无菌操作，所以必须由训练有素的微生物工作者精心操作。

🍺 **任务实施**

酵母菌扩培的方法

【相关知识】

1. 葡萄酒酿造酵母

酵母菌的种类很多，在葡萄汁和葡萄酒中也存在着很多不同的酵母菌菌株，它们具有不同的形态特征和生化特性，有的利于葡萄酒酿造，有的不利于葡萄酒酿造。可直接参与葡萄酒酿造的酵母菌有酿酒酵母属、裂殖酵母属、类酵母属等，其中最重要的是酿酒酵母属。

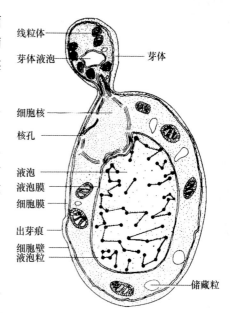

图 13-1　酿酒酵母细胞

酿酒酵母细胞（图 13-1）为圆形、亚圆形、卵形、椭圆形或圆柱形到长形，偶有丝状细胞，单个、成双、偶尔短链或小簇。其细胞形状以圆形和长形为主，长和宽之比通常为 2，大小为（8～9）μm×（15～20）μm，常形成假丝，但不发达也不典型，产乙醇能力为 17%，转化 1% 乙醇需 17～18g/L 糖，抗 SO_2 能力强（250mg/L）。酿酒酵母菌在葡萄酒酿造过程中占有重要地位，因为它可将葡萄汁中的绝大部分糖转化为乙醇。

葡萄酒的酿造可以是自然发酵也可以是纯种发酵。自然发酵是利用葡萄上及酒厂中存在的天然酵母菌进行发酵。纯种发酵是在葡萄汁中接种已知的酵母菌菌株进行发酵。纯种发酵减少了自然发酵过程中可能遇到的不确定因素，目前，葡萄酒厂越来越多的利用纯培养优良酵母菌进行发酵。

用于葡萄酒生产的优良酵母菌必须具备以下特征。

（1）发酵能力强，有低温发酵能力。

（2）发酵完全（残糖少或无残糖）。

（3）具有稳定的发酵特性，发酵行为可以预测。

（4）具有良好的乙醇耐受能力。

（5）不产生不良气味物质。

（6）具有良好的 SO_2 耐受能力。

（7）发酵结束时，便于从酒中分离。

（8）生成 H_2S 的能力低。

（9）有适当生成高级醇和酯类的能力，酒质的香味好。

除此之外，优良酵母菌还应具有耐高压、高温，不失香，酒体协调，易于长期贮存等优点。

2. 原种保存

取澄清葡萄汁或麦汁作培养基，调整其糖度至 12%～14%，pH 值为 5～6，再加 2%～2.5% 的琼脂，加热至 90～95℃使琼脂熔化。将培养基分装于已洗净并经干热杀菌的试管中，每管加量约为制成斜面后占试管长度的 1/3 为宜，塞上棉塞，在 0.1MPa 下蒸汽灭菌 30min，灭菌后趁热摆成斜面。培养基冷却凝固后，将试管置于 28～30℃下进行恒温培养，若无杂菌繁殖，说明没有染菌，可移植原种。在无菌条件下，将原种接种于培养基斜面上，在 28～30℃条件下恒温培养 3d，待菌株繁殖好后，取出置于10℃以下，可保存3个月。3个月后必须进行重新移植培养，以免菌种衰老变异。

3. 活化

纯种酵母扩大培养之前，由于菌种长期在低温下保藏，细胞已处于衰老状态，需要将其转接到新鲜麦汁斜面上，25～28℃培养3～4d，使其活化。

4. 液体试管培养

在经干热灭菌的大试管中装入10mL灭菌的新鲜澄清葡萄汁，用0.1MPa的蒸汽灭菌20min，冷却备用。在无菌条件下，接种已活化的酵母菌至液体试管中，接种后摇匀，使酵母菌均匀分布，在25～28℃下培养24～28h，发酵旺盛时转接到锥形瓶中培养。

5. 锥形瓶培养

取容量为500mL的锥形瓶进行干热灭菌，冷却后注入250mL新鲜澄清的葡萄汁，并用0.1MPa的蒸汽灭菌20min，冷却备用。在无菌条件下每瓶接入液体培养试管2支，摇匀后置于25～28℃恒温箱中培养24～30h，发酵旺盛时转入玻璃瓶中培养。

6. 玻璃瓶培养

将10L的玻璃瓶或容量稍大的卡氏罐洗净、控干水分，装入新鲜澄清的葡萄汁6L，在常压下蒸煮1h以上，冷却后加入亚硫酸，使其SO_2含量为80mg/L，放置4～8h后，接种2个发酵旺盛的锥形瓶培养的酵母菌，摇匀并加发酵栓（图13-2），有时也可用棉栓，放置于20～25℃下培养2～3d。培养期间需进行数次摇瓶，发酵旺盛时转入酒母罐（桶）培养。

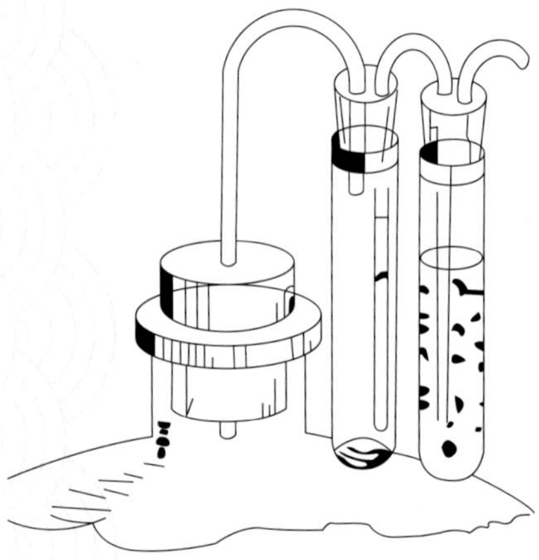

图13-2　发酵栓

7. 酵母罐（桶）培养

酵母培养罐的形式多样。酵母罐一般采用通风培养，这样培养的酵母菌繁殖快、质量好。其使用方法是：先用直接蒸汽对酵母培养罐进行灭菌，并冷却备用。葡萄汁在灭菌罐中被蒸汽加热至80℃，然后用冷却水将其温度降至30℃以下，之后装入已灭菌冷却的酵母培养罐，装入量不能超过酵母培养罐容量的80%。添加SO_2，使其含量达到80～100mg/L，间隔4h后接种发酵旺盛的玻璃瓶培养的酵母菌5%～10%。控制温度在25℃以下，并定时通入无菌空气数分钟，培养2d左右至发酵旺盛时即可取出2/3～3/4作酵母使用。剩下的部分可继续添加葡萄汁进行分割培养，但是随着分割培养次数的增加，酵母会渐渐变得不纯。此时，应将酵母培养罐彻底洗净、灭菌，然后重新从试管纯种开始扩大培养。

一些小酒厂也可采用两只 200～300L 的带盖木桶或不锈钢罐进行酵母菌培养。木桶洗净后必须用硫磺进行烟熏灭菌，放置 4h 后注入新鲜成熟的葡萄汁，注入量为木桶容积的 80%，添加 SO_2，使其含量达到 100～150mg/L，静置过夜。吸取上清液至另一桶中，立即接种 1～2 个玻璃瓶培养的酵母菌液，在 25℃以下进行培养。每天用乙醇消毒过的木耙搅动 1～2 次，使葡萄汁与空气接触，以加速酵母菌的生长繁殖。经 2～3d 达到发酵旺盛期即可作为酵母使用。每次取量 2/3 作为酵母，剩余 1/3 做分割培养。

8. 酵母菌的使用

一般在待发酵的葡萄浆（汁）中添加 SO_2 后放置 4～8h 才能接种酵母菌，这是为了减少游离 SO_2 对酵母菌生长和发酵的影响。酵母菌的添加量视具体情况而定，一般为 1%～10%，酿酒季节初期，一般添加量为 3%～5%；酿酒季节中期，因发酵容器上附着有大量的酵母菌，添加量可减至 1%～2%；如果所用的葡萄有病害或破裂污染，在接种酵母菌时应增加用量至 5% 以上。

【实施步骤】

酵母菌扩培具体步骤如下所述。

（1）挑取 2～3 环保藏的酵母菌菌种转接到新鲜麦汁斜面上，28℃活化 3d。

（2）挑取 2～3 环斜面活化的酵母菌，接入 15mL 新鲜麦汁液体试管培养基，28℃培养 24h。

（3）取 2 管试管酵母菌培养液接种到 250mL 灭菌冷却后的无 SO_2 葡萄汁培养基，28℃培养 24h。

（4）将 250mL 的酵母菌培养液转接至 5L 灭菌冷却后的无 SO_2 葡萄汁培养基，28℃培养 24h。

（5）在 25L 通风培养罐中加入 20L 新鲜葡萄汁，通入蒸汽灭菌 30min，冷却至 30℃后添加偏重亚硫酸钾或亚硫酸使葡萄汁中的 SO_2 浓度为 80mg/L，4h 后接入 5L 步骤（4）培养的酵母菌培养液，25℃通风培养 48h。

葡萄酒活性干酵母的使用

【相关知识】

葡萄酒活性干酵母是经人工选育，并大量培养的优良葡萄酒酵母。将这种酵母菌在与保护剂共存，经低温真空脱水干燥，用惰性气体（一般为氮气）进行保护等条件下，密封包装成商品进行出售。由于这种酵母菌具有潜在的活性，所以被称为活性干酵母。它有效地解决了葡萄酒厂扩大培养酵母的麻烦，以及新鲜酵母菌不易保存等缺点，为葡萄酒的生产提供了极大的便利。目前，各大葡萄酒生产国均有多种优良的葡萄酒活性干酵母出售，每个葡萄酒厂都可根据生产的需要进行选择。

活性干酵母的使用必须抓住 3 个重要的环节，即复水活化、适应环境和防止污染。

其正确的使用方法有以下两种。

1）复水活化后直接使用

活性干酵母不能直接投入葡萄浆（汁）中使用，必须要先经过复水，才能恢复其活性。在确定了活性干酵母的加入量之后，在其中加入含 4% 葡萄糖（或蔗糖）的温水，也可加入无 SO_2 的稀葡萄汁，水温为 35～38℃，添加比例为 1∶10（即 1 份活性干酵母需要加入 10 份活化用水），缓慢搅拌，使之混匀溶解，静置使其慢慢复水活化，其间每 10min 轻轻搅拌一次。20～30min 后酵母菌完成活化，即可添加到葡萄汁中进行发酵。

2）活化后扩大培养制成酒母使用

这种方法可减少活性干酵母的用量，降低生产成本。将活化后的酵母菌，接种到含有 SO_2 80～100mg/L 的澄清葡萄汁中进行扩大培养，扩大比例为 5～10 倍，当酵母菌培养至发酵旺盛期时，再次进行扩大培养 5～10 倍，即可作为酒母使用。为了防止扩大培养过程中的污染，活化后的酵母菌每次扩培以不超过 3 级为宜。其扩大培养条件与一般的葡萄酒酒母扩大培养相同。

【实施步骤】

葡萄酒活性干酵母的使用步骤如下所述。

（1）准确称取活性干酵母 500g。

（2）将称量好的活性干酵母加入 5L 葡萄汁或 4% 蔗糖水溶液中。

（3）轻微搅拌使其混匀，并在 38℃保温 30min。

思考题

（1）优良葡萄酒酿造酵母菌应该具备哪些特点？

（2）保藏的酵母菌菌种如何制备成酒母？

（3）使用活性干酵母的优缺点有哪些？

（4）为什么葡萄有破裂污染时要加大接种量？

标准与链接

一、相关标准

《葡萄酒企业良好生产规范》（GB/T 23543—2009）

二、相关链接

1. 中国酒业协会　https://www.cada.cc

2. 中华酿酒传承与创新教学资源库　http://jszyk.36ve.com

任务二　干红葡萄酒的酿造

任务分析

红葡萄酒一般是带渣发酵，在发酵过程中既有酵母菌将糖类转变为乙醇的作用，也有从葡萄皮中浸提色素的作用。本任务利用经破碎、除梗的红葡萄汁，连同葡萄皮渣进行带渣发酵，将葡萄汁和葡萄皮渣加入金属罐中，接种后浸渍发酵，当很难观察到 CO_2 气泡时，结束主发酵，出罐、压榨分离，得到干红葡萄酒。

任务实施

浸 渍 发 酵

【相关知识】

干红葡萄酒是采用优良的红皮酿酒葡萄、带渣发酵将糖类物质转化为乙醇，同时将固体物质中的单宁、色素等酚类物质溶解在酒中，酿制而成的一种葡萄酒。它的乙醇含量一般为 9%～13%。

1. 浸渍发酵设备

红葡萄经破碎除梗后直接进入发酵阶段，发酵的主要目的是进行酒精发酵及色素物质、芳香物质的浸提。红葡萄酒的发酵方式按照发酵过程中是否隔氧可分为开放式发酵和密闭发酵。可用于发酵的容器有木桶、泥砖池、钢筋水泥池、陶缸及金属罐等。随着工艺方法的改进和要求的不断提高，浸渍发酵设备也在不断改进，旧的发酵容器多为开放式水泥池，后来逐步被新型发酵罐所取代。下面分别对上述浸渍发酵容器的材料、结构和优缺点进行介绍。

1）木桶（图 13-3）

木桶一般为椭圆形、圆形（上部小、下部大）。桶木一般为橡木（亦称柞木）、山毛榉木、栎木及栗木，其中以橡木最好，它质地坚硬，内含特有的芳香；其次是山毛榉木。

2）泥砖池

泥砖池主要分为石头发酵池和砖砌发酵池两种，其必须进行防腐处理，如铺一层瓷砖或玻璃等。

图 13-3　木桶

3）钢筋水泥池

钢筋水泥池的优点是建筑费用比木桶低，保温效果好，洗刷也较方便。其缺点是：①空气不能透入，发热极慢，一经发热就不易散发（特别是大型池），但这一缺点，安装冷却设备就可克服；②水泥或石头（如涂料破裂）被酸所侵袭，会使酒增添一种石头味，但只要使用前注意检查，就可以避免这个缺点。

4）陶缸

小型生产以采用内涂釉陶缸最为理想。陶缸本身是中性的，不怕酸，价格便宜，容易取得，但不涂釉的陶缸切忌使用。

5）金属罐

金属罐可用于大型工业化生产，其主要材质有不锈钢和碳钢，碳钢必须涂以防腐蚀涂料。现代金属罐中有立式循环喷淋发酵罐、卧式旋转发酵罐、自喷式循环发酵罐等，

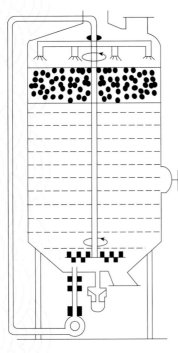

图 13-4　循环喷淋式发酵罐

并配备了温度控制系统，有半自动的，也有计算机自动控制的。

（1）循环喷淋式发酵罐（图 13-4）。这种发酵罐在进行浸渍发酵时是相对密闭的，用泵从下方抽取酒液，在保持一定压力的情况下，有规律地均匀喷淋在皮盖上，循环打破饱和层，大面积地更换"皮渣层"中的酒液，使色素、香味物质和酚类物质溶解，并不断提取。

（2）卧式转动罐（图 13-5）。这种发酵罐采用轴向进料方式，有加热、冷却系统，能够控制浸渍温度，且具有一定的保压能力。当发酵罐内压力达到一定程度时才开始排气，发酵缸启动时产生的 CO_2 覆盖在罐中葡萄浆果的上表面，浸没全部皮渣，既能防止氧化，又有 CO_2 浸渍的作用。

为保证葡萄酒的质量，并充分浸渍皮渣上的色素和香气物质，需将皮盖压入葡萄醪中。压盖的方式有两种：一种是人工压盖，可用木棍搅拌，将皮渣压入汁中，也可采用循环喷淋的方式；另一种方式是在发酵池四周制成卡口，装上压板，压板的位置恰好使皮盖浸没与葡萄汁中，如图 13-6 所示。

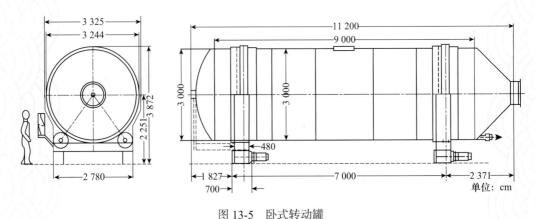

图 13-5　卧式转动罐

2. 浸渍发酵过程的管理

红葡萄酒与白葡萄酒的主要区别在于颜色、口感和香气。这些区别主要来源于葡萄汁对果皮、种子和果梗的浸渍作用。果皮、种子和果梗中含有构成红葡萄酒质量特征的物质，这些物质也可称为优质单宁，同时也含有构成生青味、植物味及苦味的劣质单宁。在浸渍发酵过程中，那些具有良好香气和口感优质的单宁最先被浸出。在红葡萄酒的酿造过程中，决定浸渍发酵强度的因素包括浸渍发酵时间、酒度和温度。我们需要尽可能地使优质单宁充分地进入葡萄酒中，并防止劣质单宁进入酒中。

1）浸渍发酵时间

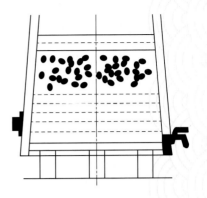

图 13-6　压板压皮盖示意图

在浸渍发酵过程中，随着葡萄汁与皮渣接触的时间增加，葡萄汁中的单宁含量会不断提高，其升高的速度先快后慢。因此，如果需要酿造以果香和清爽感为特征的新鲜红葡萄酒（即酿造当年或次年可被饮用的红葡萄酒），则应缩短浸渍发酵时间，降低单宁含量，保留足够的酸度；相反，如果需要酿造长期在橡木桶中成熟，然后在瓶内成熟的陈酿红葡萄酒，则应加强浸渍发酵作用，提高单宁含量。

2）温度

温度是影响浸渍的重要因素之一。提高温度可加强浸渍发酵作用，30℃条件下浸渍发酵酿造的葡萄酒与20℃条件下相比较，单宁含量要高 25%～50%。在红葡萄酒的酿造过程中，浸渍和发酵是同时进行的，必须保证两个方面的需要。所以温度不能过高，以避免发酵终止，以及细菌性病害和挥发酸升高；同时温度也不能过低，以保证良好的浸渍效果。25～30℃则可保证以上两个方面的要求。

3. 出罐与压榨

（1）经过一段时间的浸渍和发酵后，发酵液中的绝大部分糖类物质被分解成乙醇和CO_2。当很难观察到CO_2起气泡，品温也不再升降时，主发酵已基本结束，即可进行出罐分离。

（2）根据发酵罐的不同，可采用筛网、葡萄藤条等方法，控出自流酒。自流酒直接泵入干净的贮藏罐中，满罐存贮，温度控制在 20～24℃，控制总 SO_2 低于 60mg/L，以利于下一步的苹果酸 - 乳酸发酵。

（3）自流酒分离完成后，应将发酵罐中的皮渣取出。如果是人工操作，需等 2～3h再进罐操作，因为发酵容器中还存在大量的CO_2，要等到CO_2完全逸出后再进行除渣。皮渣经压榨后得到的葡萄酒单独存放，对这些压榨酒的处理方式可以有：与自流酒混合；下胶、过滤后与自流酒混合；蒸馏等。

（4）苹果酸 - 乳酸发酵对葡萄酒品质有着重要的影响，不仅能够降酸，还能进行风味修饰，更重要的是关系到葡萄酒品质的稳定性。所以，苹果酸 - 乳酸发酵是提高红葡萄酒质量的必需工序，应尽量在红葡萄酒出罐后立即进行。进行苹果酸 - 乳酸发酵必须做到以下几点：①原酒的 SO_2 含量不能高于 60mg/L；②用优选酵母发酵，防止酒中产生 SO_2；③酒精发酵必须完全（含糖量小于 2g/L）；④当酒精发酵结束时，不能对葡萄酒进行 SO_2 处理；⑤葡萄酒 pH 值不能低于 3.2；⑥接种乳酸菌（大于 10^6cfu/mL）；⑦在 18～20℃的条件下，填满、密封发酵；⑧苹果酸 - 乳酸发酵结束后，立即分离转罐，同时进行 SO_2（50～80mg/L）处理。

【实施步骤】

红葡萄浸渍发酵具体步骤如下所述。

（1）浸渍发酵相关设备洗净、消毒。将清水注入葡萄酒发酵罐中，开启循环泵，循环清洗 15min；在发酵罐中注入 1% 氢氧化钠、90℃的热碱水，开启循环泵，循环清洗 20min；加入清水冲洗发酵罐至排出的废液不含氢氧化钠。

（2）根据发酵罐的容积，将制备好的葡萄汁和皮渣装入发酵设备，装入量约为发酵罐总容积的 80%。

（3）将制备好的接种酵母菌按 1% 的接种量加入发酵设备中，与葡萄浆混合均匀，并快速密封发酵罐。

（4）浸渍发酵过程中，严格控制温度（28℃），每间隔 12h 时间进行一次压"皮盖"操作，并注意观察浸渍发酵情况。浸渍发酵过程出现问题应及时处理；发酵 3～10d，至观察到无 CO_2 气泡产生，结束主发酵。

（5）在取样口安放筛网，打开取样阀，用干净的不锈钢桶收集自流酒，并转入干净的橡木桶。

（6）自流酒控干后，取出葡萄皮渣，装入干净布袋。将布袋放入气动压榨机榨汁，并收集压榨酒转入干净的橡木桶。

思考题

（1）试分析干红葡萄酒各种发酵设备的优缺点？

（2）红葡萄经破碎除梗后浸渍发酵的目的是什么？

（3）红葡萄经破碎除梗后浸渍发酵应该遵循的原则有哪些？

（4）红葡萄酒酿造过程中为什么要进行压皮盖操作？压皮盖的方法有哪些？

标准与链接

一、相关标准

《葡萄酒企业良好生产规范》（GB/T 23543—2009）

二、相关链接

1. 中国酒业协会　https://www.cada.cc

2. 中华酿酒传承与创新教学资源库　http://jszyk.36ve.com

任务三　干白葡萄酒的酿造

任务分析

> 白葡萄酒酿造与红葡萄酒酿造不同，白葡萄酒采用的是澄清葡萄汁发酵，以防止在发酵过程中因浸渍作用和氧化作用等导致葡萄酒颜色加深。本任务将经破碎、除梗、压榨所得的白葡萄汁，装入发酵设备中进行低温发酵，以进行白葡萄酒的酿造。

任务实施

发 酵 控 制

【相关知识】

白葡萄酒是用白葡萄或红皮白肉葡萄为原料，经酒精发酵后获得的乙醇饮料，其发酵过程中不发生对葡萄固体部分浸渍的现象。酿造优质干白葡萄酒的工艺特点是：皮渣分离，果汁澄清，低温发酵，防止氧化。

1. 皮渣分离

白葡萄酒与红葡萄酒的前加工工艺不同。白葡萄经破碎、压榨后皮渣分离，果汁单独进行发酵，而红葡萄酒是带渣发酵，之后再进行压榨分离。也就是说，白葡萄酒的压榨在发酵前，红葡萄酒的压榨在发酵后。

一般来说，白葡萄的前处理工序包括除梗破碎和缓压榨等工艺过程。若想获得葡萄皮中更多的芳香物质，可在除梗破碎后进行适当的低温浸皮，然后再和缓压榨。

1）除梗破碎

在除梗破碎过程中，必须保持设备的低速运转，否则会增加葡萄汁中的悬浮物比例，从而降低白葡萄酒的质量。对该工序的总体要求是除梗完全，破碎适中，尤其对需要低温浸皮的白葡萄，破碎必须适度。

2）低温浸皮

低温浸皮工艺要求葡萄成熟度好，无霉烂果粒，果皮中含有丰富的香味分子的葡萄品种，如雷司令、赛芙蓉、长相思等品种。在浸提过程中要避免野生酵母的繁殖，需要添加 SO_2 至 80mg/L 左右。浸提罐的温控性能要精确、灵敏、自动化，浸提温度 3~5℃、时间 24~48h 为宜。

3）和缓压榨

葡萄汁中悬浮物含量的多少主要由压榨取汁设备的性能决定。因此，如何选择一套能满足工艺要求的压榨设备来制取高质量的葡萄汁尤其关键。常用的果汁分离设备有连续螺旋式果汁分离机、卧式气压机、卧式双压板压榨机和真空气囊压榨机等。葡萄的破碎和榨汁，不论采用何种设备和方法，均要求出汁率高，果汁香味损失小，能最大限度地防止氧化。

采用连续螺旋式果汁分离机，低速而轻微地施压与过浆，葡萄汁与皮渣的分离速度快，生产效率高，能缩短葡萄汁与空气的接触时间，减少葡萄汁的氧化，并且残留在葡萄汁中的果肉等纤维物质小，有利于澄清。但是，其出汁率只能达到60%，并且皮渣内尚含有果汁，需要与压榨机配合使用。

相比较而言，真空气囊压榨机（图13-7）能更好地达到酿造高档干白葡萄酒对果汁的质量要求。它可以快速地分离果汁，并且出汁率可高达75%~80%；压榨的次数少，且压榨压力低于大气压，可有效提高葡萄汁的质量；一般的压榨机属于开放式操作，果汁与空气直接接触，同时在挤压过程中容易压出一些多余且氧化的固形物，所酿之酒果香淡薄、抗性差，贮存过程中易滋生膜菌和发生浑浊现象。真空气囊压榨机在密封状态下抽真空以不同的压力进行和缓压榨，逐级取汁，降低了固形物的含量，从而防止了果汁的氧化。

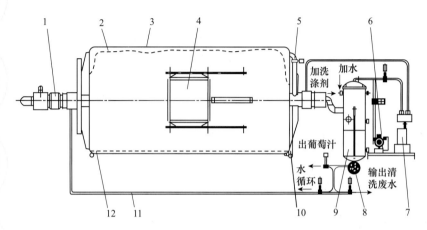

1. 输液管及阀门；2. 压榨气囊；3. 水平旋转罐；4. 进料或卸料阀；5. 气管弯头；6. 真空泵；
7. 引风机；8. 汁液泵；9. 汁液收集立罐；10. 汁液收集弯头；11. 自动清洗系统；12. 钻孔分离汁液板

图 13-7　真空气囊压榨机

2. 果汁澄清

葡萄在生长过程中，表面易附着尘土和野生杂菌，并在运输、破碎、榨汁等步骤中还会增加杂物，且容易导致大量果胶析出，杂物会给果汁带来不良的怪味，果胶容易导致果汁浑浊，阻碍颗粒快速沉降，降低葡萄汁收得率。为了提高葡萄酒的质量，在酒精发酵前应通过澄清处理将以上物质除去。

1）SO_2 浸渍澄清

为防止葡萄汁的氧化，应添加 60～80mg/L SO_2，其添加量可根据葡萄的成熟度、卫生状况及 pH 值等因素决定。SO_2 加入后搅拌均匀，然后静置 16～24h，待葡萄汁中的悬浮物全部下沉后，以虹吸法或从澄清罐高位阀门放出清汁。如果有制冷条件，可将葡萄汁温度降至 15℃ 以下，不仅可加快沉降速度，而且澄清效果会更佳。

2）果胶酶法

果汁中含有的果胶物质，会使果汁浑浊不清，并且还会起着保护其他物质的作用，阻碍果汁的澄清。果胶酶可使果胶分解生成半乳糖醛酸和果胶酸，使葡萄汁的黏度下降，原来存在于葡萄汁中的固形物质失去依托而沉降下来，以增加澄清效果，同时也有加快过滤速度，提高出汁率的作用。

3）皂土澄清法

皂土，亦称膨润土，是一种由天然黏土精制的胶体铝硅酸盐。它溶解于水中的胶体带负电荷，而葡萄汁中的蛋白质等微粒带正电荷，正负电荷结合可使蛋白质等微粒下沉。在使用时，以 10～15 倍水缓慢加入皂土中，浸润 12h 以上，然后补加部分温水，用力搅拌成浆液，然后以 4～5 倍葡萄汁稀释，用酒泵循环 1h 左右，使其充分与葡萄汁混合均匀。根据澄清情况及时分离，若配合明胶使用，效果更佳。注意皂土澄清法不能重复使用，否则可能是酒体变得淡薄，降低酒的质量。一般用量为 1.5g/L。

4）机械澄清法

机械澄清法是利用离心机高速旋转产生巨大的离心力，使葡萄汁与杂质因密度不同而得到分离。离心力越强，澄清效果越好。它不仅使杂质得到分离，也能除去大部分野生酵母菌，为人工酵母菌的使用提供有利条件。离心前在果汁内加入皂土或果胶酶，效果会更好。机械澄清法的优点是短时间内果汁达到澄清，减少香气的损失，全部操作机械化、自动化，既可提高成品质量，又可降低劳动强度，缺点是价格昂贵，耗电量大。

3. 低温发酵

（1）白葡萄酒发酵多采用人工培育的优良酵母（或固体活性干酵母）进行低温发酵。温度过高会产生以下危害：①易于氧化，减少原葡萄品种的果香；②低沸点芳香物质易于挥发，降低酒的香气；③酵母菌活力减弱，易感染醋酸菌、乳酸菌等杂菌，造成细菌性病害。

（2）随着生产技术的发展，白葡萄酒发酵设备由简单变得复杂，容量由小变大，由手工操作到机械化、自动化，种类由少到多，而且生产不同品种的白葡萄酒所使用的发酵设备也各有特点。白葡萄酒的发酵设备应满足以下要求：①发酵设备的容量能够满足葡萄酒生产的要求；②发酵设备的材料应不容易溶出或极少溶出对葡萄酒生产有不利影响的物质；③发酵设备应符合所生产的葡萄酒品种的特殊工艺，并能够确保酿酒的正常进行和葡萄酒的质量；④发酵设备的容量应与葡萄酒生产工厂的生产能力相对应，尽可能采用定型、机械化、自动化的设备。发酵设备应力求操作简单，结构合理。

可用于白葡萄酒酿造的发酵设备有木桶、水泥池、不锈钢罐等。绝大多数葡萄酒厂生产干白葡萄酒时采用的是不锈钢罐。

（3）白葡萄酒发酵时发酵温度应控制在 12～15℃，并密切注视发酵动态，使发酵缓慢平稳地进行，以保持酒的果香，使酒体更细腻、协调。发酵旺盛期，多数情况下需要进行人工降温，降温装置对于中小型发酵罐大多采用罐顶外喷淋，使冷却水在罐外形成水膜以进行冷却，对于较大的发酵罐，在罐内应安装冷却蛇管，管内通冷却水或盐水降温。冷却时发酵罐内必须不停搅拌，防止局部受冷影响正常发酵。有时也可采用蛇管冷却或罐外喷淋相结合的方法进行冷却，这是控制发酵温度最有效的办法。

（4）当发酵液中还原糖低于 2g/L 时，表明发酵结束，将发酵罐温度降到 8～10℃，使酵母及其悬浮物快速沉降，静置 5d 后分离除去酒泥，送入后发酵罐。后发酵罐装入量为容器的 95%，温度控制在 18～20℃，当液面平静（20～30d）后发酵结束。

4. 防止氧化

（1）葡萄中含有酪氨酸酶，该酶能氧化临位酚，生成醌，而白葡萄中含有多种酚类化合物，如色素、单宁、芳香物质等，一旦这些物质与空气接触就很容易在酪氨酸酶的作用下生成棕色聚合物，使白葡萄酒的颜色变深，酒的新鲜感减少，甚至使酒产生氧化味，从而引起白葡萄酒外观和风味上的不良变化。特别是霉变的葡萄，其霉菌产生的漆霉比酪氨酸酶能氧化更多物质，不仅能使单酚和临位的双酚氧化，而且还能使间位和对位的双酚和二胺、抗坏血酸氧化。漆霉与葡萄酒的花色素和鞣酸进行作用的能力，要比酪氨酸酶高 30 倍。

（2）氧化作用对白葡萄酒质量的影响很大，为了避免氧化作用的发生，可以采取以下措施：①葡萄榨汁前分选出霉烂葡萄，并做到立即将葡萄汁同籽、梗及皮分开。②添加 SO_2 是防止葡萄汁氧化的有效方法。为了取得良好的效果，SO_2 应在取汁过程中立即加入葡萄汁中，并迅速与葡萄汁混合均匀，此法结合抗坏血酸能起到更好的抗氧化作用。③酪氨酸酶能部分的与悬浮物结合在一起，加入膨润土能与蛋白质产生絮凝沉淀，从而除去悬浮物中的部分氧化酶，防止氧化。④加入果胶酶进行澄清处理，也能除去葡萄汁中易氧化的一些悬浮物及多酚物质，达到抗氧化的目的。⑤在葡萄汁中通入一些惰性气体，或尽可能填满容器，减少葡萄汁与氧的接触也是一种很好的防止氧化的方法。⑥氧化酶氧化活性的适宜温度是 30～45℃，因此，迅速将果汁降温到 8～12℃，可有效减低葡萄汁的褐变力度。⑦热处理能有效破坏酪氨酸酶和漆酶的活性，当温度超过 65℃时，它们的活性被完全抑制，所以在一定条件下进行热处理，能提高葡萄酒的稳定性。

【实施步骤】

白葡萄酒酿造过程中发酵控制具体步骤如下所述。

（1）将发酵相关设备洗净、消毒。在葡萄酒发酵罐中注入清水，开启循环泵，循环清洗 15min；在发酵罐中注入 1% 氢氧化钠、90℃的热碱水，开启循环泵，循环清洗 20min；加入清水冲洗发酵罐至排出的废液不含氢氧化钠。

（2）根据发酵罐的容积，将制备好的澄清葡萄汁注入发酵设备中，注入量约为发酵罐总容积的 80%。

（3）将制备好的酒母按 1% 的接种量加入发酵设备中，与葡萄汁混合均匀，并快速密封发酵罐。

（4）严格控制温度（15℃），发酵过程中不能开启发酵罐，严格防止进氧，并注意观察浸渍发酵情况。发酵过程出现问题应及时处理，发酵 6～12d，每隔 24h 测定发酵液糖度，待糖度降至 2g/L 时结束主发酵。

（5）将主发酵罐温度降至 8℃左右，静置 5d；取上层清液送入后发酵罐中。

（6）后发酵罐装入量为容器的 95%，温度控制在 18℃左右，后发酵 20d。

? 思考题

（1）干红葡萄酒和干白葡萄酒酿造工艺的区别有哪些？

（2）干白葡萄酒发酵的工艺特点是什么？为什么这样做？

（3）白葡萄酒低温发酵有哪些优点？

（4）白葡萄酒防止氧化的方法有哪些？

⚲ 标准与链接

一、相关标准

《葡萄酒企业良好生产规范》（GB/T 23543—2009）

二、相关链接

1. 中国酒业协会　https://www.cada.cc

2. 中华酿酒传承与创新教学资源库　http://jszyk.36ve.com

白兰地生产

项目十四 葡萄酒的澄清和稳定性处理

知识目标

（1）掌握葡萄酒的自然澄清方法和转罐方式。

（2）理解机械澄清设备的工作原理。

（3）掌握机械澄清设备的使用方法。

（4）理解化学澄清剂的使用原理。

（5）掌握化学澄清剂的使用方法。

（6）了解引起葡萄酒浑浊的因素。

（7）掌握葡萄酒热处理的方法和相关设备的使用方法。

（8）掌握葡萄酒冷处理方法和相关设备的使用方法。

技能目标

（1）能够根据葡萄酒的实际状况，选择合适的澄清方式。

（2）能够正确进行葡萄酒的转罐操作。

（3）具备熟练操作各种澄清设备的能力。

（4）根据葡萄酒浑浊的原因和浑浊的程度，能够正确选择化学澄清剂并确定其用量。

葡萄酒的澄清
和稳定性处理

任务一 葡萄酒的澄清

🍷 任务分析

> 浑浊的葡萄酒会影响其感官品质，并影响其饮用，然而酿造的原酒通常不够澄清，需要进行澄清操作。本任务是进行葡萄酒的澄清处理，分别用自然澄清、化学澄清和机械澄清的方法处理经发酵、出汁得到的新鲜葡萄酒，按照工艺要求进行化学澄清剂添加、转罐、机械澄清等操作。

📖 任务实施

葡萄酒的自然澄清和化学澄清

【相关知识】

1. 自然澄清

自然澄清是通过自然静置沉降的方法促进葡萄酒的澄清。葡萄酒在贮藏和陈酿过程中，一些悬浮物在重力的作用下沉降到贮存容器的基部，可以通过转罐等方式将其除去。

转罐是将葡萄酒从一个贮酒容器转移到另一个贮酒容器的操作，在此过程中可将葡萄酒与沉淀物（酒脚）进行分离。

1）转罐的目的

（1）澄清。转罐可使葡萄酒与沉淀物（酒脚）分离，澄清酒液。

（2）通气。转罐过程中，葡萄酒与空气接触，可增加溶解氧。

（3）挥发。转罐有利于 CO_2 和其他挥发性物质的排出。

（4）均质化。转罐能使葡萄酒中的各层混合均匀。

（5）调整 SO_2 浓度。

2）转罐方式

转罐方式分为两种，开放式转罐和封闭式转罐（图 14-1）。利用橡木桶贮存葡萄酒，在换桶时若需要与氧气接触则采用开放式换桶，若无须与氧气接触则采用密闭式换桶。

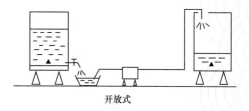

开放式

2. 化学澄清

化学澄清是通过加入澄清剂，吸附葡萄酒中的胶体物质和单宁、蛋白质及金属复合物、某些色素、果胶质等发生絮凝反应，再通过自然沉降或过滤手段去除沉淀物，从而达到葡萄酒澄清的目的。在葡萄酒生产术语中，化学澄清操作也可称作"下胶"。

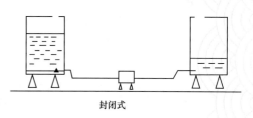

封闭式

图 14-1 转罐示意图

常用的澄清剂有明胶、皂土、鱼胶、蛋清、膨润土等。

加入明胶可以改善过度苦涩的葡萄酒的风味。因为，明胶能够降低红葡萄酒中的单宁含量，从而降低单宁带来的涩味，在白葡萄酒中使用较少。切记：明胶是一种蛋白质，如果在葡萄酒中加入过多就会导致蛋白质浑浊。此外，鱼胶、牛奶、蛋清等蛋白类物质也有类似的澄清作用。

膨润土的主要作用是吸附葡萄酒或葡萄汁中的蛋白质，从而防止蛋白质给葡萄酒带来的浑浊。其作用原理是：带负电荷的膨润土与带正电荷的蛋白质之间会产生静电吸附作用，或氢键结合，从而达到吸附蛋白质分子的目的。蛋白质分子所带的电荷取决于葡萄汁或葡萄酒的 pH 值，通常是带正电荷，pH 值越低，其正电荷就越高。

【实施步骤】

葡萄酒的化学澄清的步骤如下所述。

（1）按 100mg/L 葡萄酒的量准确称取明胶。

（2）明胶用 10 倍的冷水浸泡 24h。

（3）将泡开的明胶捣碎并搅拌混匀。

（4）将明胶溶液加入葡萄酒中并搅拌均匀。

（5）静置 2d 后取上清液转罐，去除罐底的沉淀物。

葡萄酒的机械澄清

【相关知识】

葡萄酒的机械澄清是通过过滤、离心等方法，将葡萄酒中的悬浮物和一些微生物除去，从而达到澄清的目的。机械澄清较快，其澄清速度根据机械设备的能力而定。目前，主要的机械澄清方法是过滤，少数情况下采用离心方法进行澄清。

1. 过滤

过滤就是用机械方法使某一液体穿过多孔物质，将该液体的固相部分和液相部分分开。根据过滤原理可分为筛析过滤和吸附过滤。筛析过滤是利用过滤层的孔目小于杂质直径的原理，达到澄清的目的，一般情况下，筛析过滤时，短时间内葡萄酒较为浑浊，然后越来越澄清。吸附过滤时，过滤层的孔目大于杂质的直径，但是杂质可以与过滤介质发生吸附作用从而被固定在过滤介质的表面，达到澄清的作用。这类过滤机刚开始过滤出来的葡萄酒很清，但是由于吸附的杂质越来越多，会减弱或丧失其吸附能力。

1）硅藻土过滤机

硅藻土是一种通用的吸附剂和助滤剂，具有很强的吸附能力，特别善于吸附截留溶液中的悬浮颗粒，并且具有很好的过滤性和化学稳定性。在溶液中加入硅藻土进行过滤，可以得到清亮的滤液。硅藻土过滤机就是根据硅藻土的吸附特性研制出来的，它能够将葡萄酒中的细小蛋白类和胶体等悬浮物滤除。

常用的硅藻土过滤机由滤罐、原料泵、循环计量罐、计量泵、流量计、视镜、粗滤器、残渣过滤器、清洗喷水管和一系列阀门构成。其操作可分为以下 4 步。

（1）预涂。预涂的目的是在滤网上形成一个硅藻土滤层，这样可使最初输入的酒液达到理想的澄清度，并保护滤网或滤筒，以便于脱除后期失效的滤饼。预涂的方法是通入一定量的硅藻土粉浆，通过循环计量罐和过滤罐之间的内部过滤循环，使硅藻土滤层先分布于滤网表面。

（2）过滤。过滤时是利用滤网对硅藻土提供支撑作用。随着过滤的进行，需要不断添加硅藻土，所以滤层会逐渐增厚，过滤阻力就会不断增加。当过滤管路上的前后压力表显示的前后压力差达到设备的最大许可值时，就要停止过滤。

（3）残液过滤。通过残液过滤器可对停止过滤后的过滤罐和循环计量罐内的残余酒液进行过滤。

（4）排渣清洗。过滤完毕后，打开排渣孔排渣，然后开启清洗喷水系统对过滤罐、循环计量器及管路进行彻底清洗。

2）板框过滤机

板框过滤机体积小，效率高，操作简便。它由许多滤板和滤框交替排列组装而成，最常用的过滤介质是纸板。纸板可分为石棉板、纸板和聚乙烯纤维板等几类。

过滤时，用泵输送滤浆进入滤浆通道，从每个通道进入每个滤框中。在纸板的过滤作用下，形成的滤液沿滤板的凹槽流至每个滤板下方的阀门排出。固体颗粒则被截留在滤框内形成滤饼，直至框内被滤饼充满为止。

如果需要洗涤滤饼，则由过滤阶段转为洗涤阶段。在洗涤阶段时，将洗水通过洗水通道，使其从洗涤板左上角的洗水进口进入板两侧表面的凹槽中，然后洗水横向穿过滤布和滤饼，最后从非洗涤板下端的洗液出口排出。在洗涤过程中需要关闭洗涤板下端的滤液出口阀门。

洗涤结束后，要拆卸板框，取出滤饼，并将滤布、板和框洗涤干净，重新组装后则可进入下一次操作。

3）膜过滤

膜分离技术是借助于膜的孔径，在推动力的作用下，把大于标示膜孔径的物质分子加以截留，以实现溶质的分离、分级和浓缩的过程。膜过滤机主要用于装瓶前的除菌过滤中，最常见的膜过滤机结构是将膜支成圆筒形，安装在一只立式圆筒过滤室内。目前常采用的方法是，深层澄清过滤和薄膜除菌过滤相结合。膜过滤机的核心部件是膜滤芯，它能确保精密过滤并达到理想过滤精度，按成膜材料的不同可将其大致分为：聚丙烯（PP）滤芯、尼龙（N-1，N66）滤芯、磺化聚醚砜（PES）滤芯、聚偏二氟乙烯（PVDF）滤芯及聚四氟乙烯（PTFE）滤芯等。膜过滤机的操作方法如下所述。

（1）澄清膜的安装。

（2）薄膜除菌膜的安装。

（3）灭菌。

（4）过滤。

（5）过滤结束，清洗。

2. 离心

自然沉降的一个重要缺陷是沉降速度慢，而离心机则可对其进行改善，使沉降力增加成千甚至上万倍，传统的离心机在加速离心的作用下，离心力可达重力的5000～8000倍，超速离心机则可以达到14 000～15 000倍。沉降力的增加，大大增加了沉降速度，从而缩短了沉降所需的时间。目前常见的离心设备是蝶式离心机和卧式螺旋离心机。

1）蝶式离心机

蝶式离心机由一组没有锥顶的锥形碟片组成，这些碟片安装在一根中心轴上。这个中心轴是空心的，待离心的葡萄酒从轴的顶部注入，然后分布到离心机转鼓的底部。离心机启动后，其中的转鼓、外壳和碟片一起高速旋转，产生离心力。分布在转鼓底部的液流被强迫通过碟片之间的间隙，最后从蝶形片的上部流出。当液流通过碟片之间的间隙时，固体悬浮物沉积在每只碟片的下方，并被甩到碟片外侧，最后集聚到转鼓的外壁上。停止离心后，通过排渣操作可自动排出在转鼓外壁集聚的固体。

2）卧式螺旋离心机

卧式螺旋离心机具有一个带有长锥形端的圆形外筒，圆筒内具有一根锥度相同的大螺距螺杆。这些部分都围绕一根水平的轴按相同的方向旋转，以此产生离心力。入口的流液通过螺杆的空心轴中心进入外筒的中部，液体和固体都被离心力甩向圆筒的边缘，其中的固体会附着在圆筒内壁上。这种离心机的螺杆的转速要比外筒转速每分钟快几转，因此它对筒壁上的固体有一种推刮作用，并将刮下来的固体推送到液层中，以软膏泥的形式连续输出。澄清后的液体连续从另一端的出口流出机外。因此，与蝶式离心机相比，卧式螺旋离心机最大的优点在于可以连续操作，不用单独停下来进行排渣操作。

【实施步骤】

葡萄酒机械澄清步骤如下所述。

1. 硅藻土过滤机的清洗杀菌

（1）直接用水对过滤机进行循环清洗 5～10min。

（2）使用 85～90℃的热水对过滤机进行循环杀菌 30～35min。

2. 预涂硅藻土

（1）第一预涂层（架桥层）。在 0.2～0.3MPa 的压力下，将脱氧水或已滤酒与粗土按 1：（5～10）混合，以循环的方式进行预涂，预涂层粗硅藻土用量为 0.7～0.8kg/m^2。

（2）中间循环。第一次预涂结束后，关闭硅藻土计量添加泵，过滤机循环一段时间直至出口处的液体变得清亮。

（3）第二预涂层（过滤层）。仍然用脱氧水或已滤酒混合硅藻土（细土），总预涂用土量为 0.8～1kg/m^2，预涂过程需 15～20min。

3. 过滤葡萄酒液

（1）打开过滤机的循环泵，缓慢调节进口处阀门，将待过滤的酒液泵入，顶出过滤内部无菌脱氧水。

（2）确认无菌脱氧水全部顶出后，调节阀门增加流速进行循环，同时打开硅藻土计量添加泵，不断更新滤层，保持滤层通透性，使酒液的浑浊度快速下降。

（3）观察出口的酒液澄清后，将阀门由"循环状态"转换至"过滤状态"，开始过滤。

（4）过滤过程中以 0.02～0.04MPa/h 的速度增加压差。

（5）过滤进出口处压差达到设备所标定的极限压差（0.3MPa）时马上停止过滤。

4. 清洗硅藻土过滤机并排渣

（1）过滤结束后，泵入无菌脱氧水将过滤机内残留的酒液顶出。

（2）将过滤机内部的压力缓慢卸掉，将过滤机松开。

（3）使用刮刀小心将支撑滤网表面附着的硅藻土刮下来，用水枪将滤网冲洗干净。

（4）刮掉的硅藻土用专用容器回收，经处理后再进行排放。

（5）打开过滤机循环泵，用水进行正反向的循环冲洗，直至出口处的水清亮为止。

（6）用 85～90℃的热水对过滤机进行循环杀菌 30～35min 后备用。

❓ 思考题

（1）葡萄酒常用的化学澄清剂有哪些？其作用原理分别是什么？

（2）葡萄酒自然澄清的主要优缺点有哪些？

（3）葡萄酒物理澄清方法有哪些？试分析其优缺点。

🔗 标准与链接

一、相关标准

《葡萄酒企业良好生产规范》（GB/T 23543—2009）

二、相关链接

1. 中国酒业协会　https://www.cada.cc

2. 中华酿酒传承与创新教学资源库　http://jszyk.36ve.com

任务二　葡萄酒的稳定性处理

🍷 任务分析

澄清处理之后的葡萄酒是不稳定的，在所处环境条件（温度等）变化的情况下可能会重新出现浑浊。本任务是进行葡萄酒的稳定性处理，分别用加热和降温的方法处理澄清过的葡萄酒，以加速葡萄酒重新产生沉淀，防止葡萄酒在贮藏过程中产生沉淀，从而增加葡萄酒的稳定性。

📋 任务实施

热　处　理

【相关知识】

经过澄清处理后的葡萄酒是澄清的，但是经过一段时间之后就有可能再次出现浑浊。这说明，葡萄酒中的成分在不断变化，不可能永远澄清，这一现象称为葡萄酒的稳定性。葡萄酒的稳定性处理并不是要把葡萄酒固定在某一状态，而是尽量阻止或延缓浑浊的再次出现，以保证其颜色和澄清度的稳定。

引起葡萄酒重新变得浑浊或出现沉淀的原因主要有三个方面：氧化性浑浊、微生物性浑浊和化学性浑浊。氧化性浑浊主要是氧在葡萄酒中多酚氧化酶（包括漆霉和酪氨酸酶）的作用下，将葡萄酒中的多酚物质等成分氧化，使葡萄酒浑浊、颜色加深。微生物性浑浊主要是醋酸菌、乳酸菌及酵母菌等在葡萄酒表面生长繁殖，分泌黏液状物质，并形成菌膜，从而引起浑浊。化学性浑浊主要是葡萄酒中的铁、铜、蛋白质、色素、酒石酸氢钾及中性酒石酸钙等含量过高而引起的沉淀。

将葡萄酒在较高的温度下处理一定时间，不仅可以阻止葡萄酒中微生物的活动，还能改善葡萄酒的品质，增加葡萄酒的稳定性。葡萄酒的热处理主要有两方面效应：加速葡萄酒成熟和提高葡萄酒的稳定性。

1. 加速葡萄酒成熟

在热处理的情况下，促进葡萄酒成熟的氧化反应、色素水解和酯化反应等速度加快。热处理必须在密闭的条件下进行，以避免过度氧化而引起葡萄酒变质。

2. 提高葡萄酒稳定性

热处理对葡萄酒稳定性的影响是多方面的：第一，热处理能够导致葡萄酒中的蛋白质变性，使之在冷却之后出现凝结，凝结后的蛋白质会逐渐沉淀或使葡萄酒保持一种稳定的浑浊，后一种情况需要结合过滤或下胶处理除去；第二，热处理可以使葡萄酒中过多的铜离子析出，形成胶体，通过下胶处理能将之除去；第三，热处理可使葡萄酒中的保护性胶粒变大，加强保护作用；第四，热处理可破坏结晶核，从而防止结晶沉淀；第五，热处理能破坏葡萄酒中的氧化酶，防止氧化变质。

葡萄酒热处理的方法很多，有的厂家用水浴加热瓶内的葡萄酒，有的将葡萄酒升温到45～48℃再进行装瓶。一般在大量处理葡萄酒时，都采用板式换热器（图14-2），也有用红外设备对葡萄酒进行加热，最原始的方法是将葡萄酒穿过加热管通过水浴进行加热。

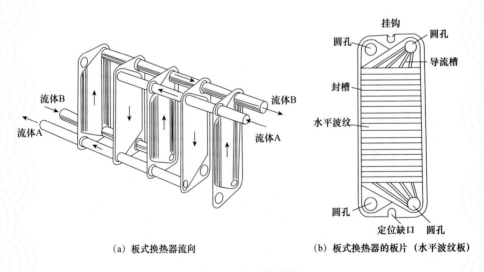

（a）板式换热器流向　　　　　　（b）板式换热器的板片（水平波纹板）

图14-2　板式换热器

板式换热器由一组平行排列的长方形薄金属板组成，并用夹紧装置将这些金属板固定于支架上。板片的四角有圆孔，通过连接可形成流体的进、出通道。冷、热流体分别从板片的两端逆向对流，并通过板片进行热交换。板式换热器的总传热系数大、单位体积设备的传热面积大，并且便于拆装，方便检修和清洗。

【实施步骤】

葡萄酒稳定性热处理的步骤如下所述。

（1）检查板式换热器能否正常工作，检查板式换热器是否出现漏液。

（2）准备足量的 90℃热水。

（3）将板式换热器的酒液流通管道用清水冲洗 10min；之后用 90℃热水进行热杀菌 20min。

（4）打开热水进口阀和出口阀，通入 90℃热水；再打开酒液进口阀和出口阀，通入澄清的酒液。

（5）用不锈钢桶收集出口阀流出的酒液，用三足式离心机离心除去热凝固物。

冷　处　理

【相关知识】

低温稳定性处理是葡萄酒生产过程中一道重要的工序，是稳定葡萄酒和改良葡萄酒质量的重要因素。

1. 冷处理效应

1）酒石沉淀

葡萄酒中的中性酒石酸钙和酸性酒石酸氢钾的溶解性受到温度、酒精度和 pH 值的影响，通过冷处理（0℃以下）可以加速酒石结晶沉淀，以便于通过过滤、离心等方法将其除去。

2）胶体沉淀

葡萄酒中的果胶、蛋白质、色素等物质以胶体形式存在。常温下这部分胶体以溶解状态存在于酒中，当温度降低时，这些胶体就会析出沉淀使葡萄酒变浑浊。通过冷处理可以加速这些胶体的沉淀，将之除去以后，葡萄酒在低温状态时将不会导致葡萄酒的浑浊。

3）铁和磷化合物沉淀

低温处理，能使酒中某些低价铁盐氧化成高价铁盐，这些高价铁盐会引起葡萄酒浑浊。通过低温处理后，除去这些物质可提高葡萄酒的稳定性。同时，低温处理可促进铁的磷酸盐、单宁酸盐沉淀和蛋白质凝结，如果配合下胶处理，还能促进铁复合物的凝结，除去更多的铁。

4）加速细胞沉淀

低温条件下，可使酵母菌、细菌等微生物代谢缓慢或停滞，并逐渐沉淀，同时胶体物质的凝聚作用也能吸附这些微生物细胞，使之沉淀。

2. 冷处理设备及方式

冷冻，可分为间接冷冻和直接冷冻两种。间接冷冻是将贮酒罐放入冷库，靠冷库温

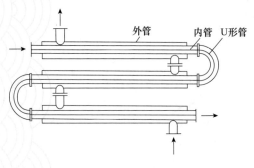

图 14-3 套管式换热器

度对罐中的酒进行冷处理。直接冷冻的方法有多种,可在冷冻保温罐内装冷却管;也可使用带夹层的冷冻罐,在夹层内通入冷冻剂给罐内的葡萄酒降温;而当今比较先进的冷冻设备主要有板式换热器(在用于冷处理时也可叫作薄板冷却器)和套管式换热器(图 14-3)等。

套管式换热器是将两种直径相同的只管套在一起,制成若干根同心套管。外管直接用接管进行串联,内管之间用 U 形弯管进行串联。使用时,一种流体在内管中流动,一种流体在外管中流动,两种流体可以逆流流动,在流动过程中通过金属传热进行热交换。根据传热的需要,可调整套管串联的数目,以达到预期的传热效果。

【实施步骤】

葡萄酒稳定性冷处理的步骤如下所述。

(1)检查套管式换热器是否能够正常工作,检查套管式换热器是否出现漏液。

(2)准备足量的 2℃冷水。

(3)将套管式换热器的酒液流通管道用清水冲洗 10min;之后用 90℃热水进行热杀菌 20min。

(4)打开冷水进口阀和出口阀,通入 2℃冷水;待内管温度下降至 2℃后再打开酒液进口阀和出口阀,通入澄清的酒液。

(5)用不锈钢桶收集出口阀流出的酒液,用三足式离心机离心除去冷凝固物。

思考题

(1)什么叫葡萄酒的澄清,什么叫葡萄酒的稳定?两者的区别和联系是什么?

(2)引起葡萄酒重新浑浊的原因有哪些?

(3)热处理效应和冷处理效应分别有哪些?

(4)试述板式换热器的工作原理。

(5)能否采用同一种设备进行葡萄酒稳定性的热处理和冷处理?为什么?

标准与链接

一、相关标准

1.《葡萄酒企业良好生产规范》(GB/T 23543—2009)

2.《葡萄酒、果酒通用分析方法》(GB/T 15038—2006)

二、相关链接

1. 中国酒业协会 https://www.cada.cc

2. 中华酿酒传承与创新教学资源库 http://jszyk.36ve.com

离子交换树脂处理

项目十五

葡萄酒副产物的资源化利用

知识目标

（1）掌握皮渣白兰地的生产方法。

（2）掌握从葡萄皮中提取色素的方法。

（3）掌握从葡萄籽中提取葡萄籽油的方法。

（4）了解葡萄皮渣的其他资源化利用的方法。

（5）掌握从葡萄酒脚中提取酵母功能性成分的方法。

技能目标

（1）能够正确进行皮渣白兰地生产的操作。

（2）能够正确进行从葡萄皮中提取色素的操作。

（3）能够正确进行从葡萄籽中提取葡萄籽油的操作。

（4）能够正确进行从葡萄酒脚中提取酵母功能性成分的操作。

葡萄酒副产物
的资源化利用

任务一　葡萄皮渣的资源化利用

🍷 任务分析

在葡萄酒分离、压榨后会产生大量葡萄皮渣，葡萄皮渣中含有大量有用的成分，若随意丢弃，不仅会造成资源的浪费，还会带来环境的污染。本任务通用葡萄皮渣的综合利用、葡萄皮利用及葡萄籽利用的方法，以实现葡萄皮渣的资源化利用。

🍺 任务实施

葡萄皮渣的综合利用

【相关知识】

葡萄皮渣是指葡萄压榨后产生的葡萄皮、葡萄籽、酵母菌沉淀等物质的混合物。葡萄酒酿造过程中，葡萄皮渣作为废弃物最终不进入葡萄酒中。在葡萄酒酿造过程中，产生的葡萄皮渣约占葡萄总重的20%～30%。我国每年产生的葡萄皮渣为28万～48万t。葡萄皮渣中含有大量的有机质，若随意丢弃会带来潜在的污染问题和环境威胁。葡萄皮渣中含有丰富、廉价的可再生资源，如多酚、膳食纤维、果胶、酒石酸、蛋白质、葡萄籽油等物质，若对葡萄皮渣进行回收利用，不仅可以减轻其对环境的污染，而且能生产出高附加值的产品，具有一定的社会效益、经济效益和生态效益。目前，西方葡萄酒生产大国包括法国、意大利、西班牙等，其70%以上的葡萄酿酒副产物都得到了很好的利用。

葡萄酒皮渣的综合利用主要有以下几种方式。

1. 制作饲料

（1）将葡萄皮渣不做其他加工，可直接作为粗饲料。干燥的葡萄皮渣，粗蛋白、粗脂肪和粗纤维等含量丰富，可混在常规饲料中使用。但是葡萄皮渣中含有较多的纤维物质，能快速通过动物的胃肠，导致其养分的吸收利用率降低，可能会降低饲料的利用效率，因此使用比例不可过高。

（2）将葡萄皮渣发酵后作饲料。利用纤维素酶和木聚糖酶等组成的复合酶可降低葡萄皮渣中粗纤维的含量，还能消除抗氧化因子，可有效提高饲料的适口性和饲料的营养价值，对动物的生长也具有较大的促进作用。酶解后所产生的糖可用于酵母菌的生长，不仅可以提高饲料蛋白的品质，还能产生香味物质，促进动物的食欲。

（3）在常规饲料中增加葡萄皮渣能降低饲料的成本，增加效益；但是比例过大，也会降低营养物质的均衡及饲喂的效果。

2. 生产皮渣白兰地

白兰地是以水果为原料，经过发酵、蒸馏、贮藏后酿造而成的高度蒸馏酒。葡萄蒸馏时，可将乙醇、酯类、醛类、酸类等物质被浓缩成为香味丰富的白兰地。红葡萄酒是带渣发酵的，发酵后的葡萄皮渣经压榨后仍含有乙醇、酯类、醛、酸等物质，可通过蒸馏对这些物质进行分离提取而获得皮渣白兰地。白葡萄酒皮渣含一定量的糖和香味物质，可加酵母发酵后获得乙醇、酯类、醛、酸等物质，通过蒸馏对这些物质进行分离提取也可获得皮渣白兰地。

3. 制醋

在香醋制作酒精发酵阶段，待醅料入池，糖化、酒化产酯 3～4d 后，可均匀拌入葡萄皮渣，2～3d 后酒精发酵结束，转入正常的醋酸发酵，即可制成食醋。因葡萄皮渣中含有的大量抗氧化物，如类黄酮、黄酮醇、花青素和可溶性单宁等，用葡萄皮渣酿造的香醋不仅能够开胃健脾，解腥去湿，而且还具有很高的医疗保健作用。

4. 制备活性炭

葡萄皮渣可生产活性炭，并且产品质量高、无异味，具有低灰、多孔、吸附力和脱色力强等特点。皮渣活性炭生产方法为：用 25%～40% 硫酸热解，冷却后水洗，分离，烘干。皮渣活性炭在葡萄酒中的用量为 2～5kg/10 000L，可用于脱色、去臭、澄清。

【实施步骤】

生产皮渣白兰地具体步骤如下所述。

（1）称取 10kg 发酵后的红葡萄皮渣。

（2）将称量好的葡萄皮渣缓慢、均匀地在蒸馏器中铺平。

（3）调整蒸馏器火力大小，控制蒸馏速度为 10L/h。

（4）收集皮渣白兰地，并贮存。

葡萄皮中有用成分的提取

【相关知识】

葡萄皮中有很多有用成分，可以经过分离、提取、纯化后得到充分应用，以提高其价值。

1. 提取色素

葡萄色素属于天然花色苷类色素，其安全、无毒，可作为食品及化妆品等的着色剂，葡萄色素具有抗氧化和清除自由基的作用，有一定的药用与保健价值。用葡萄皮渣提取葡萄皮紫（红）色素的生产工艺为

葡萄皮渣 → 洗净 → 晾干 → 粉碎 → 溶剂浸提 → 减压浓缩 → 干燥 → 产品

溶剂浸提时，溶剂可用 0.1mol/L 的盐酸或 80% 的乙醇与 0.5% 的柠檬酸（二者之间的比例为 10∶2），调整溶剂的 pH 值为 3.0～4.0，料液比为 1∶10（质量比），于 60～80℃下浸提 60min。

此外，也可采用超声波辅助提取。工艺条件为：料液比为 1∶10（质量比），pH 值为 3.0，超声波温度为 60℃，超声波提取时间为 40min。

2. 提取无色多酚

葡萄中的无色多酚如白藜芦醇、原花青素、单宁等，对保护人体心血管系统、清除自由基、抗氧化、抗突变、抗癌、抗辐射、促进细胞增殖等都有很好的生物学活性。研究发现，白藜芦醇具有抗肿瘤、心血管保护、植物雌激素、防治骨质疏松和对肝脏保护等作用。常用的白藜芦醇提取法有酶法辅助提取、超声波提取及超临界 CO_2 萃取等。

酶法辅助提取工艺条件为：葡萄皮渣与纤维素酶的质量比为 1000∶1，在 60℃条件下酶解 90min，酶解后加入乙酸乙酯，在 30℃条件下浸提 0.5h，浸提 2 次。超声波提取法提取酿酒葡萄皮渣中白藜芦醇的工艺条件为：乙醇体积分数为 80%，料液比为 1∶15（质量比），提取温度为 70℃，提取时间为 5min。超临界 CO_2 萃取法配合 5%（体积比）乙醇作夹带剂萃取葡萄渣中的白藜芦醇，其条件为：操作压力为 10～40MPa，温度为 35℃。

3. 提取膳食纤维

葡萄皮渣中含有大量膳食纤维，其中包括多聚糖、木质素、含氮物质等。其性能接近于小麦麦麸食用纤维，具有良好的生理功能，如降低胆固醇等，可用于生产饮料与糕点。

葡萄皮渣用 96℃热水浸泡 2h，加酸分离，得到的产物中和至 pH 值为中性，然后

用清水清洗干净，得到的即为所需的膳食纤维。用此种方法提取膳食纤维，得率可达75%。膳食纤维的提取方法还有酶法、微生物发酵法、膜分离法、机械物理法和化学分离法等。纤维素酶提取方法的最佳条件为：2.0% 纤维素酶，提取温度为 55℃，提取时间为 210min，料液比为 1∶20。

【实施步骤】

从葡萄皮中提取色素的具体步骤如下所述。
（1）将葡萄皮水洗后，晾干。
（2）磨碎葡萄皮。
（3）用 0.1mol/L 盐酸在 80℃下浸提 1h。
（4）真空干燥箱 60℃干燥，得葡萄色素。

葡萄籽的利用

【相关知识】

提取葡萄籽油

在葡萄酒生产过程中，会产生占葡萄总量 3% 的葡萄籽，分离压榨后的葡萄皮渣中含有 1/2 的葡萄籽。葡萄籽含油量为 14%～17%，其主要成分为亚油酸、亚麻酸等多种不饱和脂肪酸。其中亚油酸为人体必需脂肪酸，含量达到 70% 以上。葡萄籽油具有很强的抗氧化能力，研究表明比维生素 C、维生素 E 抗氧化效果都明显，葡萄籽油系油脂提取物，对人体无毒、无副作用，既具有安全性，又在降低血脂胆固醇、软化血管等方面有特殊功效；既具有保健作用，又具有高温加热无烟的特性，因而葡萄籽油可作高级烹饪油。

葡萄籽油的提取方法主要有压榨法、溶剂法、超声波辅助法。

1）压榨法

常温压榨在挤压过程中易形成高温使不饱和脂肪酸分解，因此冷压榨是目前较常用的方法。在低于 87℃下对物料进行压榨，可以避免制油过程中对油脂营养成分的破坏，最大限度地保存葡萄籽油及冷榨饼中生物活性功能成分。

2）溶剂法

溶剂法因其简易方便而被广泛应用，但溶剂残留往往会带来食品安全隐患。以乙醚作溶剂，其最佳工艺为：提取时间为 120min，提取温度为 45℃，料液比为 1∶10（质量比）；在该优化条件下，提取率为 12.19%。

3）超声波辅助法

利用超声波辅助法提取葡萄籽油，当葡萄籽粉碎粒度为 40 目，以 60～90℃沸程石油醚为浸提溶剂时，最佳提取工艺参数为：提取温度为 40℃，料液比为 1∶9（质量比），提取时间为 50min，超声波功率为 360W。在最佳工艺条件下，葡萄籽油提取率可达 93.21%。此外，还有采用微波辅助提取、膨化浸出提取、生物酶法提取、超临界 CO_2 萃取等方法提取葡萄籽油。

【实施步骤】

从葡萄籽中提取葡萄籽油的步骤如下所述。

（1）将葡萄籽粉碎，过 40 目筛。

（2）筛下物按料液比 1∶9（质量比）加入石油醚。

（3）在温度 40℃、360W 超声波下提取 50min。

（4）分馏，纯化葡萄籽油。

思考题

（1）为什么要对葡萄皮渣进行资源化利用？

（2）红葡萄酒酿造过程产生的皮渣和白葡萄酒酿造过程产生的皮渣有哪些异同？

（3）葡萄皮渣资源化利用的方法有哪些？

标准与链接

一、相关标准

1.《葡萄酒企业良好生产规范》（GB/T 23543—2009）

2.《葡萄酒、果酒通用分析方法》（GB/T 15038—2006）

二、相关链接

1. 中国酒业协会　https://www.cada.cc

2. 中华酿酒传承与创新教学资源库　http://jszyk.36ve.com

任务二　葡萄酒脚的综合利用

任务分析

葡萄酒的澄清和稳定性处理后会产生大量的葡萄酒脚，酒脚中同样含有很多有用成分，若不加以利用也会造成资源的浪费和环境污染。本任务对葡萄酒脚进行资源化利用，从中提取蛋白、酒石酸、SOD 等有用成分。

任务实施

酵母中有用成分的提取

【相关知识】

葡萄酒脚又称作葡萄酒泥，是葡萄酒在发酵结束后、贮存期间的处理过程中得到的沉淀物或渣，是葡萄酒酿造过程中的主要副产物之一。其主要由微生物（主要是酵母菌残体）、酒石酸、蛋白质、酚类物质等组成。每生产 100t 的葡萄酒，可形成 2.5~4t 的葡萄酒泥。在实际生产中，大多数企业将酒泥直接丢弃，不仅浪费了宝贵的生物资源，也造成了环境污染。酒脚的综合利用主要是对其中的功能性成分进行提取，特别是对酵母菌中的功能性成分进行提取。

1. 酵母蛋白的提取

从酒脚中提取酵母蛋白的工艺为

酒泥→预处理→酵母泥→酵母悬浮液→超声波破壁→加酶促溶→离心分离→上清液→酵母蛋白粗提物→减压浓缩→烘干→酵母粗蛋白

预处理方法：酒脚中含有一些杂质，因此需要进行预处理。将酒脚按1∶3（质量比）加水搅拌均匀，用80目、100目筛各过筛一次，3000r/min离心15min。将离心后的酵母泥按1∶3配成悬浮液用于提取，效果最佳。

经处理后的酵母悬浮液在超声波功率600W，作用时间4s，间歇时间2s，作用90次的条件下，促溶效果最好。经超声波处理后，再添0.6%（质量比）的木瓜蛋白酶，在55℃、pH值5.5下，反应时间为30h，提取液中酵母蛋白含量可达到9.84g/L。

2. 从酵母泥中提取多糖

提取酵母蛋白后的残渣可用于提取多糖，其工艺为

提取酵母蛋白后沉淀→加碱水浴→用醋酸调pH值→离心收集上清液→乙醇沉淀→洗涤→加水溶解→过滤→滤液浓缩至原体积的1/5→干燥→酵母多糖粗提物→减压浓缩→烘干→酵母粗多糖

其操作方法为：酵母加酶促溶结束后，离心收集沉淀，加浓度为4%的氢氧化钠溶液，氢氧化钠溶液体积∶沉淀=4∶1，90℃热水浴3h后室温冷却，用醋酸中和至pH值为6~7，3000r/min离心15min，在上清液中加入2倍体积95%的乙醇沉淀。所得沉淀用丙酮洗涤2次、乙醚洗涤1次。沉淀溶解，过滤，滤液旋转蒸发，体积浓缩至原来的1/5，50℃下烘干，可得酵母粗多糖。

3. 提取酒石酸

酒石酸是一种用途广泛的有机酸，可以作为食品添加剂，也可以作为制药行业的原料，以及抗氧化增效剂、缓凝剂，鞣制剂、螯合剂、药剂等，广泛应用于医药、食品、制革、纺织等行业。酒泥中酒石酸含量为100~150kg/t，数量十分可观，因此可以利用富含酒石酸氢钾的酒泥为原料提取酒石酸。

提取酒石酸的一种工艺流程为

酒脚→酸浸→离心→沉降→过滤→酸解→脱色→结晶→酒石酸晶体

其操作要点：取预先经过蒸煮处理的酒脚，加浓度为38%盐酸进行酸浸，添加比例为8%，酸浸温度为82℃，酸浸时间为7min。酸浸结束后，离心、去残渣，得到上清液，向上清液中加入细粉状碳酸钙，边加边搅拌，使溶液达到pH值7.0，将生成的酒石酸钙移出，向余下的料液中加入氯化钙进行沉降、静置2.4h。将上述两步生成的沉淀物合并，然后加入40℃热水及37%的盐酸（比例为95∶5）进行溶解，最后酸解液经脱色、结晶，可得到酒石酸。

4. 提取谷胱甘肽（GSH）

GSH 是由 L- 谷氨酸、L- 半胱氨酸和甘氨酸经肽键缩合而成，是一种同时具有 γ- 谷氨酰基和巯基的生物活性三肽化合物。GSH 具有多种生理功能，如作为抗氧化剂，可保护酶和其他蛋白质的巯基免受氧化，对部分外源毒性物质具有解毒作用，可治疗肝损伤、延缓衰老、增强免疫力等。GSH 在临床医学、食品添加剂和化妆品等行业的需求不断增加，具有广阔的市场前景。谷胱甘肽在自然界中广泛分布于动物、植物和微生物细胞内，其中以酵母、小麦胚芽和动物肝脏中含量较为丰富。

从酒脚中提取谷胱甘肽的方法为：将葡萄酒与水以 1：1 混合（体积比），用 60 目筛筛分，4000r/min 离心 20min 取沉淀。重复上述步骤，直至所得沉淀为白色、上清液无色透明为止，收集沉淀，60℃鼓风干燥，磨粉。向酵母粉中按照 1：10 加入体积分数为 35% 的乙醇溶液，在 50℃下水浴处理 45min，冷却至室温，以 3000r/min 离心 10min，取上清液，可得到 GSH 浸提液。

【实施步骤】

从葡萄酒脚中提取酵母蛋白步骤如下所述。

（1）酒脚按 1：3 与水混合，过 80 目、100 目筛各 1 次。

（2）3000r/min，离心 15min。

（3）离心分离后的酵母泥加水按 1：3 配成悬浮液。

（4）600W 超声波处理，作用 4s，停 2s，共进行 90 次。

（5）添加 0.6%（质量分数）的木瓜蛋白酶，在 55℃、pH 值 5.5 下，反应时间为 30h。

（6）分离上清液于真空干燥箱中干燥，可得酵母蛋白。

❓ 思考题

（1）葡萄酒脚的主要成分是什么？

（2）葡萄酒脚的资源化利用方法有哪些？

（3）葡萄酒脚资源化利用的各种方法有哪些相同点？

（4）GSH 有什么功效？

🔗 标准与链接

一、相关标准

1.《葡萄酒企业良好生产规范》（GB/T 23543—2009）

2.《葡萄酒、果酒通用分析方法》（GB/T 15038—2006）

二、相关链接

1. 中国酒业协会　https://www.cada.cc

2. 中华酿酒传承与创新教学资源库　http://jszyk.36ve.com

葡萄酒泥中提取超氧化物歧化酶（SOD）

参 考 文 献

董永胜，2015. 有机物固体废弃物的处理及应用技术研究［M］. 北京：中国水利水电出版社.

黄杰涛，2013. 麦汁制备技术［M］. 北京：中国轻工业出版社.

黄亚东，2010. 啤酒生产技术［M］. 北京：中国轻工业出版社.

黄亚东，2014. 白酒生产技术［M］. 北京：化学工业出版社.

康玉鹏，孙佰波，丁东旭，2002. 用生物转盘法处理甜菜制糖废水［J］. 中国甜菜糖业（3）：47-48.

赖登燡，王久明，余乾伟，等，2000. 白酒生产实用技术［M］. 北京：化学工业出版社.

李大和，1997. 浓香型曲酒生产技术（修订版）［M］. 北京：中国轻工业出版社.

李大和，1999. 白酒工人培训教程［M］. 北京：中国轻工业出版社.

李大和，2012. 白酒酿造工教程（上）［M］. 北京：中国轻工业出版社.

李大和，2014. 白酒酿造工教程（下）［M］. 北京：中国轻工业出版社.

李华，王华，袁春龙，等，2019. 葡萄酒工艺学［M］. 北京：科学出版社.

梁宗余，2015. 白酒酿造技术［M］. 北京：化学工业出版社.

刘光成，2012. 啤酒过滤技术［M］. 北京：中国轻工业出版社.

逯家富，彭欣莉，2017. 啤酒生产实用技术［M］. 北京：科学出版社.

陆寿鹏，张安宁，2004. 白酒生产技术［M］. 北京：科学出版社.

罗惠波，2012. 白酒酿造技术［M］. 成都：西南交通大学出版社.

骆文隽，2007. 啤酒生产中硅藻土泥再生利用的研究［D］. 长春：吉林大学.

沈怡方，2010. 白酒生产技术全书［M］. 北京：中国轻工业出版社.

唐受印，戴友芝，刘忠义，等，2001. 食品工业废水处理［M］. 北京：化学工业出版社.

王贺，吴秋颖，2016. 二氧化碳的回收与利用［J］. 中国新技术新产品（4）：140.

王凯军，秦仁伟，2001. 发酵工业废水处理［M］. 北京：化学工业出版社.

谢恩润，2012. 麦芽制备技术［M］. 北京：中国轻工业出版社.

熊志刚，2012. 啤酒生产原料［M］. 北京：中国轻工业出版社.

徐立龙，任静，2017. 二氧化碳回收及利用分析［J］. 广州化工，45（11）：180-182.

余乾伟，2010. 传统白酒酿造技术［M］. 北京：中国轻工业出版社.

张安宁，张建华，2010. 白酒生产与勾兑教程［M］. 北京：科学出版社.

张书德，2009. 浅谈啤酒厂废硅藻土的回收再利用［J］. 企业管理（1）.

张秀玲，谢凤英，2015. 果酒加工工艺学［M］. 北京：化学工业出版社.

张翼，马军，李雪峰，等，2006. 活性炭生物转盘法处理化工废水［J］. 化工环保（4）：272-275.

周恒刚，2000. 白酒工艺学［M］. 北京：化学工业出版社.

周亮，2013. 啤酒包装技术［M］. 北京：中国轻工业出版社.

WOLFGANG KUNZE，2008. 啤酒工艺实用技术［M］. 湖北轻工职业技术学院翻译组，译. 北京：中国轻工业出版社.